普通高等教育"十三五"规划教材

电工与电子技术学习指导

穆 克 主编

化学工业出版社

·北京·

本书的主要内容包括电路理论基础、电子技术、常用电气设备及控制技术三部分。电路理论基础部分，主要介绍电路的基本概念及分析方法、一阶电路的暂态分析、正弦交流电路、三相电路及安全用电；电子技术部分，主要介绍二极管和三极管及基本放大电路、集成运算放大器、组合逻辑电路、触发器和时序逻辑电路、数/模和模/数转换；常用电气设备及控制技术部分，主要介绍变压器、交流电动机及电器控制电路。本书可作为理工科非电类专业及计算机专业的本、专科学生教材和广大自学读者学习电工电子技术课程的辅导教材，也可作为考研究生的参考书和电工电子技术教师的教学参考书。

图书在版编目（CIP）数据

电工与电子技术学习指导/穆克主编．—北京：化学工业出版社，2016.2

普通高等教育"十三五"规划教材

ISBN 978-7-122-26025-3

Ⅰ．①电…　Ⅱ．①穆…　Ⅲ．①电工技术-高等学校-教学参考资料②电子技术-高等学校-教学参考资料　Ⅳ．①TM②TN

中国版本图书馆 CIP 数据核字（2016）第 005749 号

责任编辑：满悦芝　石　磊　　　　　　　　　　文字编辑：颜克俭
责任校对：吴　静　　　　　　　　　　　　　　装帧设计：孙远博

出版发行：化学工业出版社（北京市东城区青年湖南街 13 号　邮政编码 100011）
印　　装：高教社（天津）印务有限公司
787mm×1092mm　1/16　印张 15　字数 372 千字　2016 年 4 月北京第 1 版第 1 次印刷

购书咨询：010-64518888（传真：010-64519686）　售后服务：010-64518899
网　　址：http://www.cip.com.cn
凡购买本书，如有缺损质量问题，本社销售中心负责调换。

定　　价：38.00 元

前　言

随着现代科学技术的发展，电工与电子技术在各个领域的应用越来越广泛，与新技术、新产品、新应用密切相关，在非电类学科中有着重要的地位和作用，是高等学校相关学科专业的一门重要技术基础课程。为使初学者更好地理解和掌握电工与电子技术的基本概念和基本原理，我们编写了这本《电工与电子技术学习指导》。

本书在编写过程中力求突出以下特色。

1. 遵循传统教材宗旨，保持常规教材结构顺序，以建立基本概念、阐明基础原理和基础知识为重点。

2. 以典型题为例，详细给出解决问题的过程，用填空题、选择题、判断题、基本题等多种题型强化对各知识点掌握，提高题用以满足有更高需求的学生。

3. 在内容安排上，由浅入深，循序渐进。

本书的主要内容包括电路理论基础、电子技术、常用电气设备及控制技术三部分。电路理论基础部分，主要介绍电路的基本概念及分析方法、一阶电路的暂态分析、正弦交流电路、三相电路及安全用电；电子技术部分，主要介绍二极管和三极管及基本放大电路、集成运算放大器、组合逻辑电路、触发器和时序逻辑电路、数/模和模/数转换；常用电气设备及控制技术部分，主要介绍变压器、交流电动机及电器控制电路。

本书由辽宁石油化工大学穆克任主编，林丽君、陆冬梅、褚俊霞、冯爱伟、李敏、姜丽、杨冶杰、祁军、赵强参与编写。具体编写分工如下：第1章由林丽君编写；第2章陆冬梅编写；第3章由褚俊霞编写；第4章由冯爱伟编写；第5章由李敏编写；第6章、第10章由穆克编写；第7章由姜丽编写；第8章由杨冶杰编写；第9章由祁军编写；第11章、第12章由赵强编写。编写过程中参阅了部分资料，编者在此对文献作者表示衷心感谢。

由于编者水平有限，书中难免存在不当之处，恳请使用本书的广大读者批评指正，并将意见和建议及时反馈给我们，以便修订时完善。

编者

2015 年 12 月

前　言

目　录

第1章 电路的基本概念及分析方法

1.1 基本要求

理解电路的基本概念，如电路模型、电压和电流的参考方向、电源的工作状态等。

掌握电路的基本定律——基尔霍夫定律。

掌握电路中电位的概念及计算。

掌握电路分析方法，如等效变换、支路电流法、结点电压法、叠加定理、戴维南定理。

了解非线性电阻电路的图解法。

1.2 学习指南

1.2.1 主要内容综述

（1）电路

电路指电流的通路。

作用：实现电能的传输和转换；传递和处理信号。

组成：电源、负载和中间环节。

电源：供应电能的设备，将其他形式的能量转换成电能。

负载：取用电能的设备，将电能转换为其他形式的能量。

中间环节：连接电源和负载的部分，起传输和分配电能的作用。

（2）电路分析

在已知电路结构和元件参数的条件下，讨论电路的激励与响应之间的关系。

激励：电源或信号源的电压或电流叫激励。

响应：在激励作用下，电路各部分产生的电压和电流叫响应。

（3）电路模型

由一些理想电路元件所组成的电路，称为电路模型，简称电路。

理想电路元件：理想电阻元件，简称电阻；理想电感元件，简称电感；理想电容元件，简称电容；理想电压源，简称电压源或恒压源；理想电流源，简称电流源或恒流源；理想电路元件可分为无源元件和有源元件、储能元件和耗能元件等。

理想元件的伏安特性见表1-1。

表 1-1 理想元件的伏安特性

名称	电阻	电感	电容	电压源	电流源
电路模型	u R i	u L i	u C i	u U_S i	I_S u i

名称	电阻	电感	电容	电压源	电流源
VCR	$u=iR$	$u_L=L\dfrac{di_L}{dt}$	$i_C=C\dfrac{du_C}{dt}$	$u=U_S$	$i=I_S$
常用单位	Ω、$k\Omega$	H、mH、μH	F、μF、pF	V、mV	A、mA

理想电压源为外界提供确定的电压，其端电压的大小不随外电路变化而变化。流过电压源的电流大小决定于外电路。

理想电流源为外界提供确定的电流，其电流的大小不随外电路变化而变化。理想电流源的端电压决定于外电路。

（4）基本物理量

① 电流　把单位时间里通过导体任一横截面的电量叫作电流强度，简称电流。通常用字母 $I(i)$ 表示，它的单位是安培（A）。规定正电荷定向运动的方向或负电荷定向移动的反方向为电流的实际方向。

② 电压　单位正电荷因受电场力作用从 A 点移动到 B 点所做的功，通常用字母 $U(u)$ 表示。它的单位为伏特（V）。电压的实际方向：规定由高电位端指向低电位端，即为电位降低的方向。

③ 电位　两点间的电压就是两点的电位差。即 $U_{ab}=U_a-U_b$。计算电位时，必须选定电路中某一点作为参考点，它的电位称为参考电位，通常设参考电位为零。比参考电位高的为正，低的为负。参考点在电路图上通常标上"接地"符号⊥。

④ 电功率　电流在单位时间内做的功叫作电功率，简称功率。电功率是用来表示消耗电能快慢的物理量，用 $P(p)$ 表示，它的单位是瓦特，简称瓦，符号是 W。

（5）名词

① 支路　电路中能通过同一电流的每个分支。

② 结点　三条或三条以上支路的连接点。

③ 回路　一条或多条支路构成的闭合电路。

④ 直流电路　电路中电流的方向不变，但电流的大小是可以改变的。

⑤ 交流电路　电路中电流大小和方向随时间作周期性的交替变化。

⑥ 二端网络　通过引出一对端子与外电路连接的网络常称为二端网络，通常分为两类即无源二端网络和有源二端网络。二端网络内部不含有电源的叫作无源二端网络，符号为 No，可以等效为一个电阻。二端网络内部含有电源的叫作有源二端网络，符号为 Ns。

（6）参考方向

① 在电路分析和计算时，可任意选定某一方向作为电流（电压）的方向，称为参考方向，或称为正方向。

注：电路图上所标的电流、电压、电动势的方向，一般都是参考方向。

② 电流的参考方向通常用箭头表示，还可以用双下标表示；电压的参考方向除用"+"、"−"表示外，还可以用双下标表示。

③ 在电流的参考方向选定后，凡实际电流（电压）的方向与参考方向相同时，为正值；凡实际电流（电压）的方向与参考方向相反时，为负值。

④ 在同一段电路中，电流的参考方向与电压的参考方向一致，即电流的参考方向是从

电压参考方向表示的高电位点流向低电位点，称 U 和 I 的参考方向为关联参考方向；反之为非关联参考方向。

（7）电源与负载的判断

① 利用功率：$P=UI$。

关联参考方向：$P>0$，实际吸收功率（负载作用）；$P<0$，实际发出功率（电源作用）。

非关联参考方向：$P<0$，实际吸收功率（负载作用），$P>0$，实际发出功率（电源作用）。

② 利用 U、I 的实际方向，电压 U 与 I 的实际方向相反，电流从"＋"流出，发出功率，是电源；电压 U 与 I 的实际方向相同，电流从"＋"流入；取用功率的是负载。

（8）实际电源

① 实际电源的两种模型。

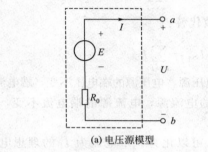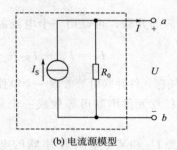

(a) 电压源模型　　　　　　　　(b) 电流源模型

图 1-1　电源两种模型

② 三种状态：有载、开路、短路。

（9）基本规律

① 欧姆定律　对于线性电阻，流过电阻的电流与电阻两端的电压成正比，即：

$$\begin{cases} R=\dfrac{U}{I}（关联参考方向） \\[2mm] R=-\dfrac{U}{I}（非关联参考方向） \end{cases}$$

② 基尔霍夫定律

a. KCL　在任一瞬间，流向某一节点的电流之和应该等于由该节点流出的电流之和。或连接在任一结点的所有支路电流的代数和恒等于零，即 $\sum I=0$。其中，规定参考方向向着节点的电流取正，背着节点的电流取负。电流定律通常应用于节点，也可应用于包围部分电路的任一假设的闭合面。

b. KVL　任一瞬时沿任一回路循行方向（顺时针方向或逆时针方向），回路中各段电压的代数和恒等于零。即 $\sum U=0$。其中，电压的参考方向与回路绕行方向一致取正，电压的参考方向与回路绕行方向相反取负。KVL 用于闭合回路，也可应用于回路的部分电路。

（10）等效变换法

① 等效变换定义　所谓两个电路是互为等效的，是指两个结构参数不同的电路在端子上有相同的电压、电流关系，因而可以互相代换。

② 电阻的等效变换

a. 电阻的串联　两个串联的电阻 R_1 和 R_2 可用一个等效电阻 R 来代替。

ⓐ 等效电阻等于各个串联电阻之和，即 $R=R_1+R_2$。

ⓑ 串联电阻上电压与电阻成正比，即 $\dfrac{U_1}{R_1}=\dfrac{U_2}{R_2}=\dfrac{U}{R}=I$。

b. 电阻的并联　两个并联的电阻 R_1 和 R_2 可用一个等效电阻 R 来代替。

ⓐ 等效电阻的倒数等于各电阻倒数之和，即 $\dfrac{1}{R}=\dfrac{1}{R_1}+\dfrac{1}{R_2}$ 或 $G=G_1+G_2$。

G 称为电导，是电阻的倒数，单位：西 [门子]。

ⓑ 通过并联电阻的电流与电阻成反比，即 $I_1R_1=I_2R_2=IR=U$。

③ 电源的等效变换

a. n 个电压源的串联，可以用一个电压源等效代替：

$$U_S=U_{S1}+U_{S2}+\cdots+U_{Sn}=\sum_{k=1}^{n}U_{Sk}$$

b. n 个电流源的并联，可以用一个电流源等效代替：

$$I_S=I_{S1}+I_{S2}+\cdots+I_{Sn}=\sum_{k=1}^{n}I_{Sk}$$

c. 电压源和任意元件并联可等效成一个单独的电压源，电压源的端电压不变，端电流改变。

d. 电流源和任意元件串联可等效成一个单独的电流源，电流源的端电流不变，端电压改变。

e. 理想电压源 U_S 和某个电阻 R 串联的电路，可以化为一个电流为 I_S 的理想电流源和这个电阻并联的电路，两者是等效的，其中 $U_S=I_S R$ 或 $I_S=\dfrac{U_S}{R}$。

（11）支路电流法

① 以 b 个支路的电流为未知量，列 $(n-1)$ 个结点的 KCL 方程。

② 用支路电流表示电阻电压，列 $[b-(n-1)]$ 个回路的 KVL 方程。

③ 联立求解 b 个方程，得到支路电流，然后再求其余电压。

（12）结点电压法

结点电压的公式：$U_{ab}=\dfrac{\sum\dfrac{E}{R}+\sum I_S}{\sum\dfrac{1}{R}}$ 得到结点电压后，再求各支路电流（仅适用于结点

数为 2 的电路）。

（13）叠加定理

在多个电源共同作用的线性电路中，任一支路中的电压和电流等于各个电源分别单独作用时在该支路中产生的电压和电流的代数和。

（14）等效电源定理

① 戴维南定理　任何一个线性有源二端网络，对于外电路来说，可用一个等效电压源来代替。等效电压源的电动势 E 等于有源二端网络输出端开路时的输出电压 U_{OC}（开路电压）；内电阻 R_0 等于二端网络内部所有独立电源为零值时在网络输出端的等效电阻。

② 诺顿定理　任何一个线性有源二端网络，对于外电路来说，可以用一个等效电流源来代替，等效电流源的电流 I_S 等于有源二端网络输出端短路时的输出电流 I_{SC}（短路电流），内电阻 R_0 等于有源二端网络内部所有独立电源为零值时在网络输出端的等效电阻。

戴维南定理和诺顿定理只适用于线性二端网络，且在只需要计算复杂电路中某一支路的

电压电流时，应用该定理十分简便。

1.2.2 重点难点解析

① 电路等效代换的效果是不改变外电路（或电路中未被代换的部分）中的电压、电流和功率。由此得出电路等效变换的条件是相互代换的两部分电路具有相同的伏安特性。等效的对象是外接电路（或电路未变化部分）中的电压、电流和功率。

② 使用叠加定理计算时只考虑某一电源单独作用时，注意其余电源"零值"处理，电压源置零后用短路线代替，电流源置零后用断路代替；注意计算某一支路总电流或总电压时各分量正、负符号的处理，原电路与分电路参考方向一致取"＋"号，相反取"－"；叠加定理只适用于线性电路计算电压及电流，不适用于计算功率。

③ 电源两种模型之间的等效变换需注意电压源与电流源的方向有对应关系，参考图 1-1 的对应关系。

④ 戴维南定理中，等效电压源的电动势 E 的方向与有源二端网络输出端开路时的输出电压 U_{OC}（开路电压）一致；求解二端网络等效电路时，内部独立电源需置零，电压源置零后用短路线代替，电流源置零后用断路代替。

1.3 习题与解答

1.3.1 典型题

【例 1-1】 电路如图 1-2 所示，已知 $I_1=11\text{mA}$，$I_4=12\text{mA}$，$I_5=6\text{mA}$。求 I_2，I_3 和 I_6。

解 由 KCL 可知

$I_6=I_4+I_5=12+6=18\text{mA}$

$I_2=I_1-I_6=11-18=-7\text{mA}$

$I_3=I_1-I_5=11-6=5\text{mA}$

【例 1-2】 试用结点电压法求图 1-3 所示电路中的各支路电流。

解

$$U_{ab}=\frac{\dfrac{25}{50}+\dfrac{100}{50}+\dfrac{25}{50}}{\dfrac{1}{50}+\dfrac{1}{50}+\dfrac{1}{50}}=\frac{150}{3}=50\text{V}$$

$$I_1=(25-50)/50=-0.5\text{A}$$

$$I_2=(100-50)/50=1\text{A},$$

$$I_3=(25-50)/50=-0.5\text{A}$$

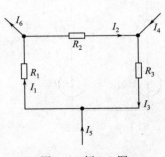

图 1-2 例 1-1 图

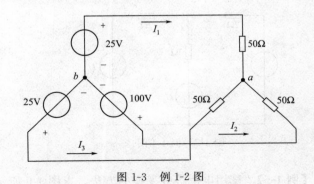

图 1-3 例 1-2 图

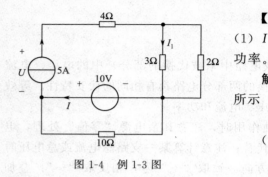

图 1-4　例 1-3 图

【例 1-3】　电路如图 1-4 所示，利用叠加定理求
（1）I_1；　（2）5A 电流源功率；　（3）10V 电压源的
功率。

解　（1）10V 电压源单独作用，分电路如图 1-5
所示

$$I_1'=0A,I'=10/10=1A,U'=-10V$$

（2）5A 电流源单独作用，分电路如图 1-6 所示

$$I_1''=2A,I''=5A,U''=5\times\left(4+\frac{6}{5}\right)=26V$$

（3）电源共同作用

$$I_1=I_1'+I_1''=2A,I=I'+I''=1+5=6A,U=U'+U''=26-10=16V$$

5A 电流源功率：$P_1=-U\times5=-16\times5=-80W$

10V 电压源的功率：$P_1=-10\times I=-10\times6=-60W$

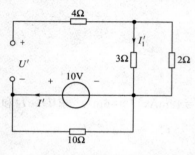

图 1-5　电压源单独作用

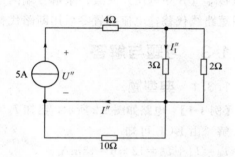

图 1-6　电流源单独作用

【例 1-4】　电路如图 1-7 所示，已知：$U_{S1}=18V$，$U_{S2}=12V$，$I=4A$，用戴维南定理求
电压源 U_S 等于多少？

解　将电流 I 所在支路设为外电路，其他支路组成有源二端网络，等效电路如图 1-8 所示，

其中

$$U_{OC}=\frac{\dfrac{U_{S1}}{2}+\dfrac{U_{S2}}{2}}{\dfrac{1}{2}+\dfrac{1}{2}}=9+6=15V,R_0=2//2=1$$

$$U_{OC}-U_S=(3+R_0)I\Rightarrow U_S=15-16=-1V$$

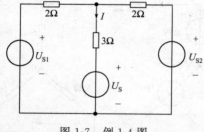

图 1-7　例 1-4 图

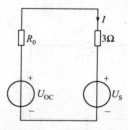

图 1-8　等效电路

【例 1-5】　试用电源等效变换的方法，求图 1-9 所示电路中的电流 I。

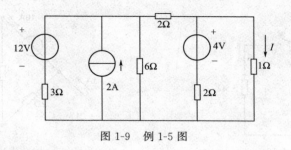

图 1-9　例 1-5 图

解　利用电源等效变换解题过程如下：

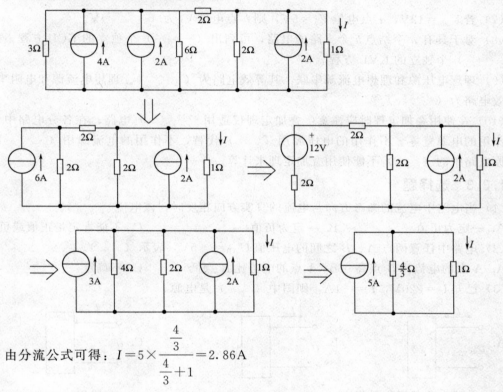

由分流公式可得：$I = 5 \times \dfrac{\dfrac{4}{3}}{\dfrac{4}{3} + 1} = 2.86\text{A}$

1.3.2　填空题

（1）电流所经过的路径叫作（　　　），通常由（　　）、（　　）和（　　）三部分组成。

（2）通常我们把负载上的电压、电流方向（一致）称作（　　　）方向；而把电源上的电压和电流方向（不一致）称为（　　　）方向。

（3）（　　）定律体现了线性电路元件上电压、电流的约束关系，与电路的连接方式无关；（　　）定律则是反映了电路的整体规律，其中（　　）定律体现了电路中任意结点上汇集的所有支路（　　）的约束关系，（　　）定律体现了电路中任意回路上所有元件上（　　）的约束关系，具有普遍性。

（4）额定值为 220V、40W 的灯泡，接在 110V 的电源上，其输出功率为（　　　）W。

（5）如图 1-10 所示电路在开关闭合时 $U_{ab}=$（　　　）V，在开关断开时 $U_{ab}=$（　　　）V。

（6）如图 1-11 所示电路，$I=$（　　　）A，$U=$（　　　）V，$R=$（　　　）Ω。

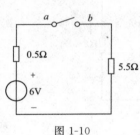

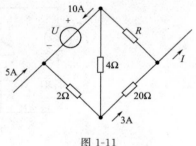

图 1-10　　　　　　　　　　　　　　图 1-11

(7) 若 $U_{ab}=12\text{V}$，a 点电位 $V_a=5\text{V}$，则 b 点电位 V_b 为（　　　）V。

(8) 对于具有 n 个结点 b 个支路的电路，可列出（　　　）个独立的 KCL 方程，可列出（　　　）个独立的 KVL 方程。

(9) 理想电压源和理想电流源串联，其等效电路为（　　　）。理想电流源和电阻串联，其等效电路为（　　　）。

(10) 在使用叠加定理时应注意：叠加定理仅适用于（　　　）电路；在各分电路中，要把不作用的电源置零。不作用的电压源用（　　　）代替，不作用的电流源用（　　　）代替。原电路中的（　　　）不能使用叠加定理来计算。

1.3.3　选择题

(1) 当电路中电流的参考方向与电流的真实方向相反时，该电流（　　　）。

A. 一定为正值　　　　　　B. 一定为负值　　　　　　C. 不能肯定是正值或负值

(2) 电路中任意两点 A、B 之间的电压值 $U_{AB}=-5\text{V}$，表示（　　　）。

A. A 点的电势比 B 点高　　B. A 点的电势比 B 点低　　C. 不确定

(3) 已知 $U=220\text{V}$，$I=-1\text{A}$，则图中（　　　）是电源。

A.　　　　　　　　　　　　B.　　　　　　　　　　　　C.

(4) 电路中负载增加是指（　　　）。

A. 负载电阻 R 增大　　　　B. 负载电流 I 增大　　　　C. 电源端电压 U 增高

(5) 如图 1-12 所示电路，发出功率的电源是（　　　）。

A. 电压源　　　　　　　　　B. 电流源　　　　　　　　　C. 电压源和电流源

(6) 如图 1-13 所示电路，三个电阻共消耗的功率为（　　　）。

A. 15W　　　　　　　　　　B. 9W　　　　　　　　　　C. 无法计算

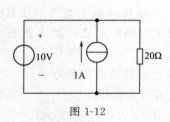

图 1-12

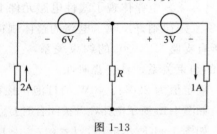

图 1-13

8

(7) 如图 1-14 所示电路，a、b 两端的电压 U_{ab} 为（　　　）。

A. $-40V$　　　　　　　　B. $40V$　　　　　　　　C. $-25V$

(8) 如图 1-15 所示电路，a、b 两端的电压 U_{ab} 为（　　　）。

A. $0V$　　　　　　　　B. $2V$　　　　　　　　C. $-2V$

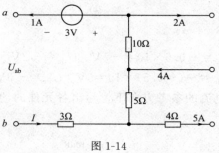

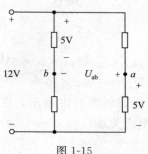

图 1-14　　　　　　　　　　　　　　　图 1-15

(9) 如图 1-16 所示电路，A 点的电位 V_A 为（　　　）。

A. $2V$　　　　　　　　B. $4V$　　　　　　　　C. $-2V$

(10) 如图 1-17 所示电路，电路中的结点电压 U_{AO} 为（　　　）。

A. $2V$　　　　　　　　B. $1V$　　　　　　　　C. $4V$

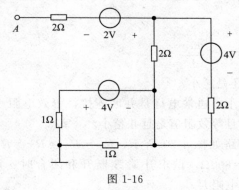

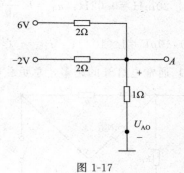

图 1-16　　　　　　　　　　　　　　　图 1-17

1.3.4　判断题

(1) 由一些实际电路元件所组成的电路，就是实际电路的电路模型。（　　　）

(2) 正电荷运动的方向称为电流的参考方向。（　　　）

(3) 电压是产生电流的根本原因。因此电路中有电压必有电流。（　　　）

(4) 理想电流源输出恒定的电流，其输出端电压由内电阻决定。（　　　）

(5) 额定电流为 10A 的发动机，只接了 6A 的照明负载，电路的电流为 10A。（　　　）

(6) U_{ab} 表示 a 端的实际电位高于 b 端的实际电位。（　　　）

(7) 理想电流源的内阻 $R_0 = 0$。（　　　）

(8) 两个电路等效，即它们无论其内部还是外部都相同。（　　　）

(9) 电路等效变换时，如果一条支路的电流为零，可按短路处理。（　　　）

(10) 叠加定理适用于各支路各元件电压的计算，但不适用于功率的计算。（　　　）

1.3.5　基本题

(1) 一段电路如图 1-18 所示，电阻及电源电动势的数值均已示于图中，分别计算图

（a）、（b）两种情况下的 U_{ab}、U_{bc}、U_{dc} 和 U_{de}。

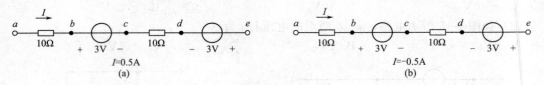

图 1-18

解 （a）$U_{ab}=0.5\times10=5\mathrm{V}$、$U_{bc}=3\mathrm{V}$、$U_{dc}=-0.5\times10=-5\mathrm{V}$、$U_{de}=-3\mathrm{V}$

（b）$U_{ab}=-0.5\times10=-5\mathrm{V}$、$U_{bc}=3\mathrm{V}$、$U_{dc}=-(-0.5)\times10=5\mathrm{V}$、$U_{de}=-3\mathrm{V}$

（2）电路如图 1-19 所示，在指定的电压和电流的参考方向下，写出各元件的约束方程（电压、电流关系）。

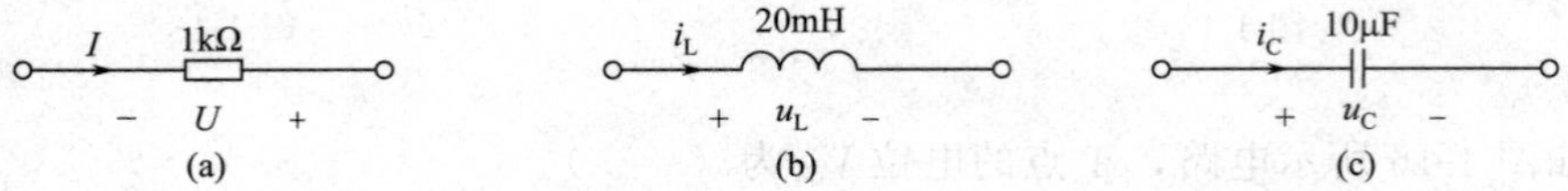

图 1-19

解 （a）$1\mathrm{k\Omega}=1000\Omega$：$U=-IR=-1000I$

（b）$20\mathrm{mH}=0.02\mathrm{H}$：$u_{\mathrm{L}}=L\dfrac{\mathrm{d}i_{\mathrm{L}}}{\mathrm{d}t}=0.02\dfrac{\mathrm{d}i_{\mathrm{L}}}{\mathrm{d}t}$

（c）$10\mu\mathrm{F}=1\times10^{-5}\mathrm{F}$：$i_{\mathrm{C}}=-C\dfrac{\mathrm{d}u_{\mathrm{C}}}{\mathrm{d}t}=-1\times10^{-5}\dfrac{\mathrm{d}u_{\mathrm{C}}}{\mathrm{d}t}$

（3）通常电灯开的越多，总负载电阻值越大还是越小？

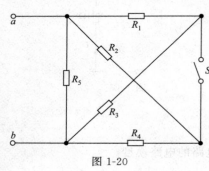

图 1-20

解 越小，通常电灯是并联连接，等效电阻小于各分电阻，且等效阻值是越并越小。

（4）电路如图 1-20 所示，$R_1=R_2=R_3=R_4=300\Omega$，$R_5=600\Omega$，试求开关 S 断开和闭合时 a 和 b 之间的等效电阻 R_{ab}。

解 当 S 断开时

$R_{ab}=R_5//(R_1//R_2+R_3//R_4)=200\Omega$

当 S 闭合时

$R_{ab}=R_5//(R_1+R_3)//(R_2+R_4)=200\Omega$

（5）电路如图 1-21 所示，求电路中的等效电阻 R_{ab}。

解 （a）$R_{ab}=(4//4+10//10)//7=3.5\Omega$

（b）$R_{ab}=8//8+3//6=6\Omega$

（6）在图 1-22 中，如果 I_A、I_B、I_C 的参考方向如图中所设，这三个电流有无可能都是正值？

解 不可能，如果三个电流都是正值表示闭合电路只有流入的电流没有流出的电流，这是不符合基尔霍夫电流定律的。所以一定有电流为负值，其实际方向为流出闭合电路。

（7）电路如图 1-23 所示，为复杂电路的一部分，求电压 U_1、U_2。

解 由图列 KVL 方程

L_1：$U_1+4\mathrm{V}-3\mathrm{V}=0\Rightarrow U_1=-1\mathrm{V}$

L_2：$U_1-U_2-2\mathrm{V}=0\Rightarrow U_2=U_1-2\mathrm{V}=-3\mathrm{V}$

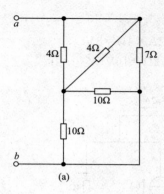

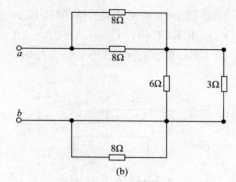

图 1-21

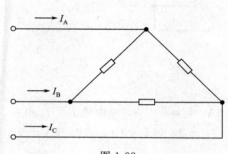

图 1-22

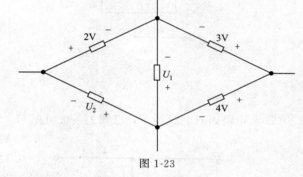

图 1-23

（8）电路如图 1-24 所示，（a）求各电阻的电压；（b）求各恒压源的电流。

解 规定参考方向如图 1-25 所示，

（a）由 KVL 得 $2V-5V+U_1=0 \Rightarrow U_1=3V$

同理 $U_2=-15V$ $U_3=-12V$ $U_4=-30V$

（b）$I_1=\dfrac{3V}{3\Omega}=1A$ $I_2=-1.5A$ $I_3=-1A$ $I_4=-1.5A$

由 KCL 得，$I_{OA}=I_1+I_2=-0.5A$，同理 $I_{OB}=0A$ $I_{OC}=-2.5A$ $I_{OD}=3A$

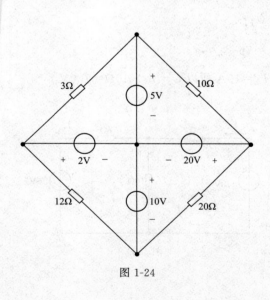

图 1-24

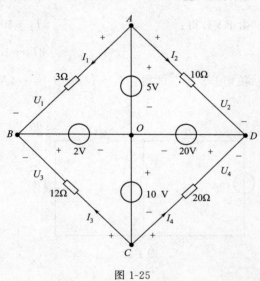

图 1-25

11

(9) 试求图 1-26 所示电路中的电压 U。

解 (a) 由 KCL 得：$I_R = 5A - 3A = 2A \Rightarrow U = I_R R = 2A \times 4\Omega = 8V$

(b) 由 KCL 得：$I_R = 2A + 6A = 8A \Rightarrow U = I_R R = 8A \times 2\Omega = 16V$

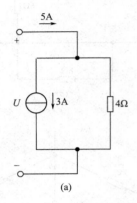
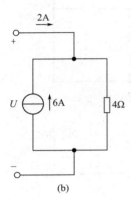

(a)　　　　　　　　　　(b)

图 1-26

(10) 电路如图 1-27 所示，已知 $I_1 = 0.01A$、$I_2 = 0.3A$，$I_5 = 9.61A$，求电流 I_3、I_4 和 I_6。

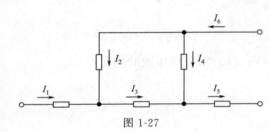

图 1-27

解 $I_1 + I_2 = I_3 \Rightarrow I_3 = 0.01A + 0.3A = 0.31A$

$I_3 + I_4 = I_5 \Rightarrow I_4 = I_5 - I_3 = 9.61A - 0.31A = 9.3A$

$I_6 = I_2 + I_4 = 9.6A$

(11) 用支路电流法求图 1-28 所示电路中的电压 U。

解 规定电流参考方向如图 1-29 所示，

由 KCL 得：　　　　　　　　　$I_1 + I_2 = I_3$　　　　　　　①

由 KVL 得：　　　　　　　$5I_1 + 10I_3 = 170$　　　　　　②

　　　　　　　　　　　　　$6I_2 + 10I_3 = 76$　　　　　　③

联立①、②、③得：$I_1 = 14A$　$I_2 = -4A$　$I_3 = 10A$ 所以 $U = I_3 \times 10\Omega = 100V$

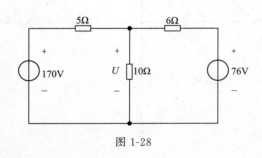
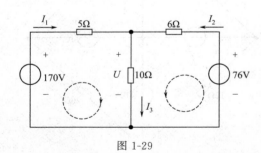

图 1-28　　　　　　　　　　图 1-29

（12）用支路电流法求图 1-30 所示电路中的电流 I。

解 由 KCL 得：$20A = I_1 + I$ ①

$40A + I = I_2$ ②

由 KVL 得：$3\Omega \times I_2 + 2\Omega \times I - 5\Omega \times I_1 = 0$

③

联立①②③得：$I = -2A$

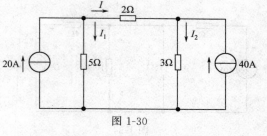

图 1-30

（13）在图 1-31 所示电路中，U_S 和 I_S 为已知量，各个电阻的数值也是已知的，列写出求解该电路各支路电流所必需的独立方程。

解 规定电流参考方向如图 1-32 所示。

由 KCL 得：$I - I_1 - I_3 = 0$，$I_1 + I_S - I_2 = 0$，$I_3 - I_S - I_4 = 0$

由 KVL 得：$L_1: I_1 R_1 + I_2 R_2 - I_4 R_4 - I_3 R_3 = 0$ $L_2: IR + I_1 R_1 + I_2 R_2 = U_S$

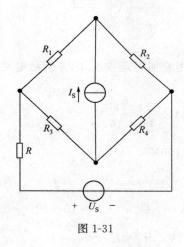

图 1-31

图 1-32

（14）用结点电压法计算图 1-33 所示电路中的电压 U。

解 15V 电压源串联总电阻为

$$R = 0.6 + \frac{24}{10} = 3\Omega$$

$$U = \frac{\frac{15}{3} + \frac{2}{1}}{\frac{1}{3} + 1 + 1} = 3V$$

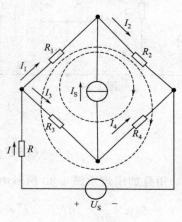

图 1-33

（15）用结点电压法求图 1-34 所示电路中恒流源的电压 U。

解 如图 1-35 所示，设 a 点 b 点间电压为 U_{ab}，$R_{ab} = \frac{5 \times 10}{5 + 10}\Omega = \frac{10}{3}\Omega$

由弥尔曼定理得：$U_{ab} = \dfrac{\dfrac{40}{2} - 3}{\dfrac{1}{2} + \dfrac{3}{10}}V = 21.25V$ $U = U_{ab} - 3A \times 4\Omega = 9.25V$

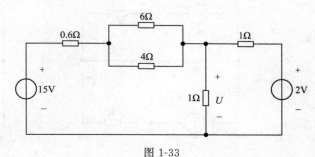

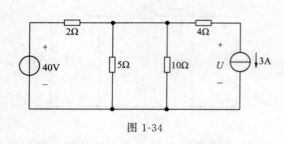

图 1-34

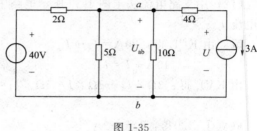

图 1-35

（16）用结点电压法求图 1-36 所示电路中的电压 U。

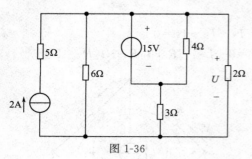

图 1-36

解 由弥尔曼定理得：

$$U=\frac{\sum\frac{E}{R}-\sum I_S}{\sum\frac{1}{R}}\text{V}=\frac{\frac{15}{3}+2}{\frac{1}{2}+\frac{1}{3}+\frac{1}{6}}\text{V}=7\text{V}$$

（17）用叠加定理求图 1-28 所示电路中的电压 U。

解
$$U_1=170\text{V}\times\frac{3}{7}=\frac{510}{7}\text{V}\qquad U_2=76\text{V}\times\frac{5}{14}=\frac{380}{14}\text{V}$$

$$U=U_1+U_2=\frac{1400}{14}\text{V}=100\text{V}$$

（18）用叠加定理求图 1-30 所示电路中的电流 I。

解 $I'=20\text{A}\times\dfrac{5}{10}=10\text{A}\qquad I''=40\text{A}\times\dfrac{3}{10}=-12\text{A}\qquad I=I'+I''=10-12=-2\text{A}$

（19）如图 1-37（a）所示电路，已知电路中 $E=12\text{V}$，$R_1=R_2=R_3=R_4$，$U_{ab}=10\text{V}$。若将理想电压源除去后〔如图 1-37（b）所示〕，试问这时的 U_{ab} 等于多少？

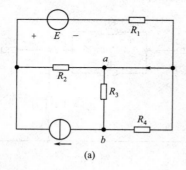

(a)

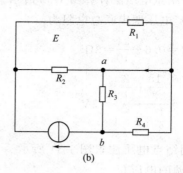

(b)

图 1-37

解 电压源单独作用时，$R_1=R_2=R_3=R_4$，所以 $U_{ab}=\dfrac{E}{4}=3\text{V}$

在（a）图中 $U_{ab}=10\text{V}$ 所以在（b）图中 $U_{ab}=10\text{V}-3\text{V}=7\text{V}$

（20）应用戴维南定理计算图 1-38 所示电路中 2Ω 电阻中的电流 I。

解 由戴维南定理可知，图 1-38 电路可以等效为图 1-39 电路。当 a，b 两端开路时，

求开路电压 U_{OC}，$U_{OC}=E$。将有源二端网络中电源置零求等效电阻 R_{eq}，$R_{eq}=R_0$。

由结点电压法知 $U_{MN}=\dfrac{\dfrac{6}{3}+\dfrac{12}{6}}{\dfrac{1}{3}+\dfrac{1}{6}}V=8V \Rightarrow E=U_{OC}=8-2\times1=6V$

$R_0=\dfrac{3\times6}{9}\Omega+2\Omega=4\Omega$　由图 1-39 可知，$I=\dfrac{E}{4\Omega+2\Omega}=1A$

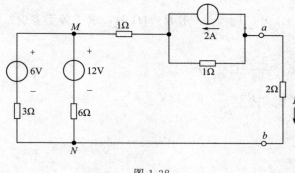

图 1-38　　　　　　　　　　　　　　　图 1-39

（21）应用戴维南定理计算图 1-40 所示电路中的电流 I。

解　断开 R_L 两端可知：

$$E=U_{OC}=-(150-120-20)=-10V$$
$$R_0=0\Omega$$

由戴维南定理得：$I=\dfrac{E}{R_L}=\dfrac{-10V}{10\Omega}=-1A$

（22）应用戴维南定理计算图 1-41 所示电路中的电流 I。

解　断开 2Ω 电阻两端可知：

$$E=U_{OC}=15-5=10V$$
$$R_0=3\Omega$$

由戴维南定理得：$I=\dfrac{10V}{3\Omega+2\Omega}=2A$

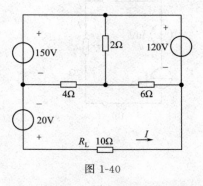

图 1-40

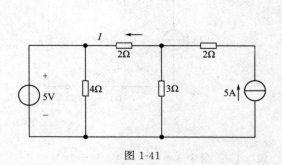

图 1-41

（23）计算图 1-42 所示电路中电阻 R_L 上的电流 I_L：（a）用戴维南定理；（b）用诺顿定理。

15

解 （a）由戴维南定理得 R_L 两端断路得：

$$E = U_{OC} = 32 - 2 \times 8 = 16V$$

$$R_0 = 8\Omega$$

$$I_L = \frac{16V}{8\Omega + 24\Omega} = 0.5A$$

（b）由诺顿定理得 R_L 两端短路得：

$$I_S = \frac{32V}{8\Omega} - 2A = 2A 、 R_0 = 8\Omega 、 I_L = 2A \times \frac{1}{4} = 0.5A$$

（24）电路如图 1-43 所示，当 $R = 4\Omega$ 时，$I = 2A$。求 $R = 1\Omega$ 时，求 I 等于多少？

解 由戴维南定理知：

$$R_0 = \frac{3 \times 6}{9}\Omega = 2\Omega$$

$$U_{OC} = I(R_0 + R) = 2 \times 6 = 12V$$

若 $R = 1\Omega$，

则 $I = \dfrac{U_{OC}}{R_0 + R} = \dfrac{12}{2+1} = 4A$

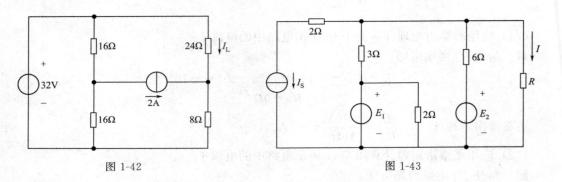

图 1-42   图 1-43

（25）图 1-44 所示的两个电路中，负载电阻 R_L 中的电流 I 及其两端的电压 U 各为多少？如果在图（a）中除去（断开）与理想电压源并联的理想电流源，在图（b）中除去（短接）与理想电流源串联的理想电压源，对计算结果有无影响？

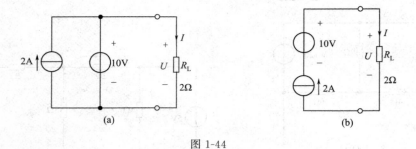

图 1-44

解 （a）图中 $I = \dfrac{10}{5} = 2A$，$U = 10V$

（b）图中 $I = 2A$ $U = 2A \times 2\Omega = 4V$

16

如果在图（a）中除去（断开）与理想电压源并联的理想电流源，在图（b）中除去（短接）与理想电流源串联的理想电压源，对计算结果无影响。

（26）试用电压源与电流源等效变的方法计算图 1-45 所示电路中的电流 I。

解 将 2A 电流源并联 3Ω 电阻等效变换为电压源与电阻串联：

$$E = I_S R_0 = 6V \quad R = 3Ω \quad R_总 = 7Ω + 3Ω = 10Ω$$

$$I_总 = \frac{15V}{10Ω} = 1.5A \quad I = \frac{I_总}{2} = 0.75A$$

1.3.6 提高题

（1）在图 1-46 所示电路中，已知：$U_S = 24V$，$R_1 = 20Ω$，$R_2 = 30Ω$，$R_3 = 15Ω$，$R_4 = 100Ω$，$R_5 = 25Ω$，$R_6 = 12Ω$。求 U_S 的输出功率 P。

解：$I = \dfrac{24}{(30//15 + 20)//25//100 + 12} = 1A \quad P = U_S I = 24 \times 1 = 24W$

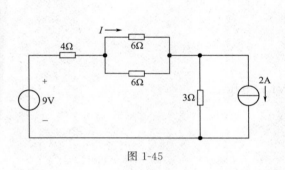

图 1-45

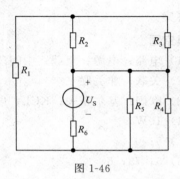

图 1-46

（2）电路如图 1-47 所示，已知：$I_S = 2A$，$U_S = 12V$，$R_1 = R_2 = 4Ω$，$R_3 = 8Ω$。求：（a）S 断开后 A 点电位 V_A；（b）S 闭合后 A 点电位 V_A。

解 （a）$V_A = 12 + 2 \times 8 = 28V$

（b）$V_A = \dfrac{12}{4+8} \times 4 = 4V$

（3）电路如图 1-48 所示，试应用戴维南定理，求图中的电 I。

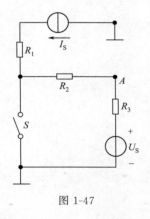

图 1-47

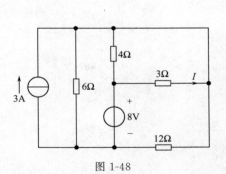

图 1-48

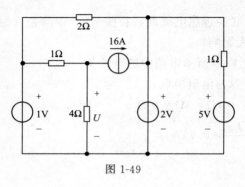

图 1-49

解
$$U=\frac{8/4+3}{1/4+1/4}=10\text{V}$$

$$U_{\text{OC}}=8-U=8-10=-2\text{V}$$

$$R_{\text{eq}}=6//4//12=2\Omega$$

$$I=\frac{U_{\text{OC}}}{R+R_{\text{eq}}}=\frac{-2}{3+2}=-0.4\text{A}$$

（4）电路如图 1-49 所示，试应用戴维南定理，求图中的电压 U。

解
$$U_{\text{OC}}+1\times16=1\Rightarrow U_{\text{OC}}=-15\text{V}, R_{\text{eq}}=1\Omega\Rightarrow I=\frac{U_{\text{OC}}}{R+R_{\text{eq}}}=\frac{-15}{4+1}=-3\text{A}$$

$$U=4\times(-3)=-12\text{V}$$

答案

填空题

（1）电路；电源；负载；中间环节

（2）关联；非关联

（3）欧姆；基尔霍夫；KCL；电流；KVL；电压

（4）10W

（5）6；0

（6）5；78；6

（7）−7

（8）$n-1$；$b-n+1$

（9）理想电流源；理想电流源

（10）线性；短路；开路；功率

选择题

（01）—（05）B B A B B；（06）—（10）B A C C B。

判断题

（01）—（05）× × × × ×；（06）—（10）× × × × √。

第2章　一阶电路的暂态分析

2.1　基本要求

理解一阶线性电路的暂态和稳态的概念。

掌握换路定则。

理解一阶线性电路的零输入响应、零状态响应、全响应的概念，以及时间常数的物理意义。

掌握一阶线性电路的三要素法。

2.2　学习指南

2.2.1　主要内容综述

（1）换路定则

① 换路　电路的接通、断开、短路，电压的改变或电流的改变等，电路结构的改变或电路参数的改变称为换路。

② 稳态　电路中电流和电压在给定条件下到达某一稳定值的状态称为稳态。

③ 暂态　从一种稳定状态经过换路到达另种新的稳定状态所经历一个短暂的过程称为暂态。

④ 换路定则　含有储能元件（电感 L 和电容 C）的电路，从一种稳定状态变为另一种稳定状态时，由于能量不能跃变，在换路瞬间，电感元件中的电流和电容元件两端的电压不能跃变，称为换路定则，可表示如下。

设：$t=0$，表示换路瞬间（定为计时起点）；

$t=0_-$，表示换路前的终了瞬间；

$t=0_+$，表示换路后的初始瞬间（初始值）。

电感电路：$i_L(0_+)=i_L(0_-)$

电容电路：$u_C(0_+)=u_C(0_-)$

⑤ 初始值的确定　在 $t=0_+$ 时电路中任一处的电压和电流的值称为初始值。

根据换路定则求初始值分为以下三步。

第一步，按 $t=0_-$ 时的电路求出换路前 $t=0_-$ 时的电容电压 $u_C(0_-)$ 和电感电流 $i_L(0_-)$ 的值。

第二步，由换路定则确定 $u_C(0_+)$ 和 $i_L(0_+)$ 的值。

第三步，按 $t=0_+$ 时的等效电路，求出换路后（$t=0_+$）的各支路电流和各元件上的电压。

（2）一阶电路的暂态响应

① 一阶电路的零输入响应　无电源激励，仅靠储能元件的初始储能作用下产生的响应。

电路中各电流、电压具有如下形式：

$$f(t) = f(0_+)e^{-\frac{t}{\tau}}$$

a. RC 电路的零输入响应　即电容的放电过程。

$$u_C = U_0 e^{-\frac{t}{RC}} = u_C(0_+)e^{-\frac{t}{\tau}}, i_C = -\frac{U_0}{R}e^{-\frac{t}{RC}} = -\frac{U_0}{R}e^{-\frac{t}{\tau}}$$

$U_0 = u_C(0_+) = u_C(0_-)$，$\tau = RC$，$R$ 为换路后的电路中除去电容后所得无源二端网络的等效电阻。

b. RL 电路的零输入响应　即电感的放电过程。

$$i_L = I_0 e^{-\frac{t}{L/R}} = i_L(0_+)e^{-\frac{t}{\tau}}, u_L = -RI_0 e^{-\frac{t}{L/R}} = -RI_0 e^{-\frac{t}{\tau}}$$

式中 $I_0 = i_L(0_+) = i_L(0_-)$，$\tau = \frac{L}{R}$，$R$ 为换路后的电路中除去电感后所得无源二端网络的等效电阻。

② 一阶电路的零状态响应　储能元件的初始储能为零，仅在电源激励作用下产生的响应。电路中各电流、电压具有如下形式：

$$f(t) = f(\infty)(1 - e^{-\frac{t}{\tau}})$$

a. RC 电路的零状态响应：即电容的充电过程。

$$u_C = U(1 - e^{-\frac{t}{RC}}) = u_C(\infty)(1 - e^{-\frac{t}{\tau}}), i_C = \frac{U}{R}e^{-\frac{t}{RC}} = \frac{U}{R}e^{-\frac{t}{\tau}}$$

式中，U 为换路后的电路除去电容所得有源二端网络的等效的电压源电压（$t = \infty$），$\tau = RC$，R 为换路后的电路中除去电容后所得无源二端网络的等效电阻。

b. RL 电路的零状态响应：即电感的充电过程。

$$i_L = \frac{U}{R}(1 - e^{-\frac{t}{L/R}}) = i_L(\infty)(1 - e^{-\frac{t}{\tau}}), u_L = Ue^{-\frac{t}{L/R}} = Ue^{-\frac{t}{\tau}}$$

式中，U 为换路后的电路除去电容所得有源二端网络的等效的电压源电压（$t = \infty$），$\tau = \frac{L}{R}$，R 为换路后的电路中除去电感后所得无源二端网络的等效电阻。

（3）一阶电路的全响应

既有电源激励，又有储能元件的初始储能，两者共同作用下产生的响应。

全响应＝零输入响应＋零状态响应＝稳态分量＋暂态分量

① RC 电路的全状态响应

$$u_C = U_0 e^{-\frac{t}{RC}} + U(1 - e^{-\frac{t}{RC}}) = U + (U_0 - U)e^{-\frac{t}{RC}}$$

② RL 电路的全状态响应

$$i_L = I_0 e^{-\frac{t}{L/R}} + \frac{U}{R}(1 - e^{-\frac{t}{L/R}}) = \frac{U}{R} + \left(I_0 - \frac{U}{R}\right)e^{-\frac{t}{L/R}}$$

（4）一阶电路暂态分析的三要素

一阶电路暂态分析的三要素：初始值 $f(0_+)$，稳态值 $f(\infty)$，时间常数 τ。

① 求初始值 $f(0_+)$

a. 换路前的电路处于稳态，将其中电感看做短路，电容看做开路，求出电容电压 $u_C(0_-)$ 和电感电流 $i_L(0_-)$，其他元件的电压、电流不必求解。由换路定则可求出 $i_L(0_+) = i_L(0_-)$，$u_C(0_+) = u_C(0_-)$，即为它们的初始值。

b. 取换路后的电路（$t = 0_+$），将电路中的电容用其 $u_C(0_+)$ 作为理想电压源代替，电

路中的电感用其 $i_L(0_+)$ 作为理想电流源代替，获得直流纯电阻电路，求出各支路电流和各元件两端压，即为初始值 $f(0_+)$。

② 求稳态值 $f(\infty)$　取换路后的电路，将其中电感看作短路，电容看做开路，获得直流电阻电路，求出各支路电流和各元件两端电压，即为它们的稳态值 $f(\infty)$。

③ 求时间常数 τ

RC 电路：$\tau = RC$

RL 电路：$\tau = \dfrac{L}{R}$

τ 具有时间量纲，单位为秒（s），

④ 利用三要素，可以简便地求解一阶电路的各响应，计算公式如下：

$$f(t) = f(\infty) + [f(0_+) - f(\infty)]e^{-\frac{t}{\tau}}$$

这种方法只适用于含有一个储能元件的一阶电路在直流（或阶跃）信号激励下的过程分析。

2.2.2　重点难点解析

本章重点介绍了换路定则、一阶电路的暂态响应、一阶电路的全响应和一阶电路暂态分析的三要素。

（1）换路定则

含有储能元件（电感 L 和电容 C）的电路，从一种稳定状态变为另一种稳定状态时，由于能量不能跃变，在换路瞬间，电感元件中的电流和电容元件两端的电压不能跃变，称为换路定则，可表示如下。

电感电路：$i_L(0_+) = i_L(0_-)$

电容电路：$u_C(0_+) = u_C(0_-)$

（2）一阶电路的暂态响应

① 一阶电路的零输入响应　无电源激励，仅靠储能元件的初始储能作用下产生的响应。电路中各电流、电压具有如下形式：

$$f(t) = f(0_+)e^{-\frac{t}{\tau}}$$

② 一阶电路的零状态响应　储能元件的初始储能为零，仅在电源激励作用下产生的响应。电路中各电流、电压具有如下形式：

$$f(t) = f(\infty)(1 - e^{-\frac{t}{\tau}})$$

一阶电路的全响应：既有电源激励，又有储能元件的初始储能，两者共同作用下产生的响应。

全响应＝零输入响应＋零状态响应＝稳态分量＋暂态分量

（3）一阶电路暂态分析的三要素

$$f(t) = f(\infty) + [f(0_+) - f(\infty)]e^{-\frac{t}{\tau}}$$

2.3　习题与解答

2.3.1　典型题

【例 2-1】　如图 2-1 所示电路中，$R = 3\text{k}\Omega$，$R_1 = 2\text{k}\Omega$，$R_2 = 4\text{k}\Omega$，$E = 10\text{V}$，开关 S 在 $t = 0$ 时闭合，开关 S 闭合前电路已处于稳态，试求开关 S 闭合后各元件电压、电流的初始值。

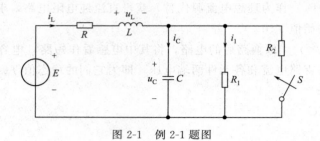

图 2-1　例 2-1 题图

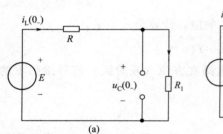
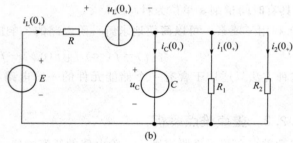

(a)　　　　　　　　(b)

图 2-2　例 2-1 题图解

解　（1）根据图 2-2（a）所示的 $t=0_-$ 时的等效电阻电点路，可得：

$$u_C(0_-)=\frac{R_1}{R+R_1}E=\frac{2\times10^3}{(2+3)\times10^3}\times10\text{V}=4\text{V}$$

$$i_L(0_-)=\frac{E}{R+R_1}=\frac{10}{(2+3)\times10^3}\text{A}=2\text{mA}$$

根据换路定则可求得 $t=0_+$ 时的 $u_C(0_+)$ 和 $i_L(0_+)$，即：

$$u_C(0_+)=u_C(0_-)=4\text{V}$$

$$i_L(0_+)=i_L(0_-)=2\text{mA}$$

（2）根据图 2-2（b）所示的 $t=0_+$ 时的等效电路，可计算图所示电路中各元件电压、电流的初始值。

$$i_1(0_+)=\frac{u_C(0_+)}{R_1}=\frac{4}{2\times10^3}\text{A}=2\text{mA}$$

$$i_2(0_+)=\frac{u_C(0_+)}{R_2}=\frac{4}{4\times10^3}\text{A}=1\text{mA}$$

$$i_C(0_+)=i_L(0_+)-i_1(0_+)-i_2(0_+)=(2-2-1)\text{mA}=-1\text{mA}$$

$$u_L(0_+)=E-Ri_L(0_+)-u_C(0_+)=(10-3\times10^3\times2\times10^{-3}-4)\text{V}=0\text{V}$$

【例 2-2】　如图 2-3 所示电路中开关 S 打开以前已达稳态，求 $t\geqslant0$ 时的 i_C。

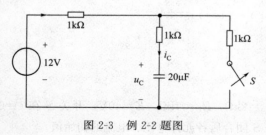

图 2-3　例 2-2 题图

解　可利用三要素法先求出电容电压 $u_C(t)$，然后再利用电容元件的伏安关系求出电容电流 $i_C(t)$。

（1）求初始值

在 $t<0$ 开关 S 打开前电路已达稳态，电容相当于开路，这时电容上的电压

$$u_C(0_-) = \frac{12}{1+1} \times 1 \text{V} = 6 \text{V}$$

根据换路定则。有 $u_C(0_+) = u_C(0_-) = 6 \text{V}$。

（2）求稳态值

在 $t \to \infty$ 时，开关 S 已打开，对于新稳态电路，电容相当于开路，这时电容上的电压 $u_C(\infty)$ 为：

$$u_C(\infty) = 12 \text{V}$$

（3）求时间常数

$t > 0$ 后的电路，将独立电源置于零（电压源短路），从电容量两端看进去的等效电阻 R 为：

$$R = (10^3 + 10^3)\Omega = 2 \times 10^3 \Omega = 2 \text{k}\Omega$$

则时间常数 τ 为：

$$\tau = RC = 2 \times 10^3 \times 20 \times 10^{-6} \text{s} = 0.04 \text{s}$$

（4）求 $t \geq 0$ 电容电压 $u_C(t)$

利用三要素计算公式，有：

$$u_C(t) = u_C(\infty) + [u_C(0_+) - u_C(\infty)] e^{-\frac{t}{\tau}}$$

$$= [12 + (6-12) e^{-\frac{t}{0.04}}] \text{V} = (12 - 6e^{-25t}) \text{V}$$

$$i_C(t) = C \frac{\mathrm{d}u_C}{\mathrm{d}t} = 20 \times 10^{-6} \times 6 \times 25 \times e^{-25t} \text{A} = 3e^{-25t} \text{mA}$$

【例 2-3】 电路如图 2-4 所示，开关 S 闭合前电路已达稳态，当 $t=0$ 时开关 S 闭合，试求 $t>0$ 时 i_L 和 i，并画出 i_L 和 i 随时间变化曲线。

解 利用三要素法求 i_L 和 i

（1）求初始值

在 $t<0$ 开关 S 没有闭合，电路中没有外加电源激励，所以电路中没有电流，即 $i_L(0_-) = 0 \text{A}$。

根据换路定则电感电流的初始值为：

$$i_L(0_+) = i_L(0_-) = 0 \text{A}$$

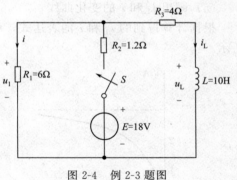

图 2-4 例 2-3 题图

i 的初始值由 $t = 0_+$ 时的等效电路，如图 2-5（a）所示，电路中的电感用其 $i_L(0_+)$ 作为理想电流源代替，因为 $i_L(0_+) = i_L(0_-) = 0 \text{A}$，所以电感相当于开路。

$$i(0_+) = \frac{R_2}{R_1 + R_2} \times 15 = 2.5 \text{A}$$

（2）求稳态值

在 $t \to \infty$ 时，开关 S 处于闭合，对于新稳态电路，电感相当于短路，这时电路如图 2-5（b）所示

$$i_L(\infty) = \frac{R_1 /\!/ R_2}{R_1 /\!/ R_2 + R_3} \times 15 = 3 \text{A}$$

$$i(\infty) = \frac{R_3 /\!/ R_2}{R_3 /\!/ R_2 + R_1} \times 15 = 2 \text{A}$$

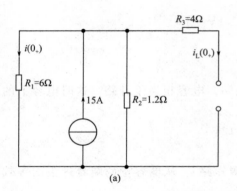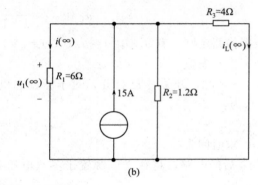

(a)　　　　　　　　　　(b)

图 2-5　例 2-3 题图解

（3）求时间常数

$$\tau = \frac{L}{R} = \frac{L}{R_1 /\!/ R_2 + R_3} = \frac{10}{5} = 2\text{s}$$

（4）求 i_L 和 i

根据三要素计算公式

$$i_L(t) = i_L(\infty) + [i_L(0_+) - i_L(\infty)] e^{-\frac{t}{\tau}}$$

$$= [3 + (0-3)e^{-\frac{t}{2}}]\text{A} = 3(1 - e^{-0.5t})\text{A}$$

$$i(t) = i(\infty) + [i(0_+) - i(\infty)] e^{-\frac{t}{\tau}}$$

$$= [2 + (2.5-2)e^{-\frac{t}{2}}]\text{A} = 2 + 0.5e^{-0.5t})\text{A}$$

（5）画出 i_L 和 i 的变化曲线

根据计算得到的 i_L 和 i 的表达式，可以画出 i_L 和 i 随时间变化曲线如图 2-6（a）、（b）所示。

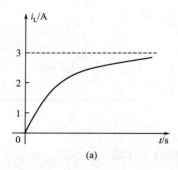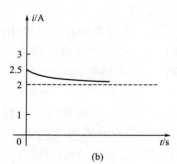

(a)　　　　　　　　　　(b)

图 2-6　例 2-3 题图解

【**例 2-4**】　电路如图 2-7 所示，在开关 S 闭合前电路已达稳态，求开关 S 闭合后电感电流 i_L 和电容电压 u_C 随时间变的化规律。

解　（1）如图 2-8（a）所示，开关闭合前，电路已达稳态，电容相当于开路，电感相当于短路，这时有：

$$u_C(0_-) = 0 \qquad i_L(0_-) = 1\text{A}$$

根据换路定则可得初始值为：

$$u_C(0_+) = u_C(0_-) = 0 \qquad i_L(0_+) = i_L(0_-) = 1\text{A}$$

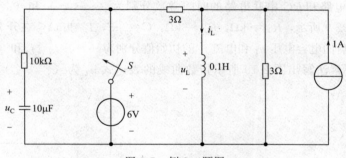

图 2-7　例 2-4 题图

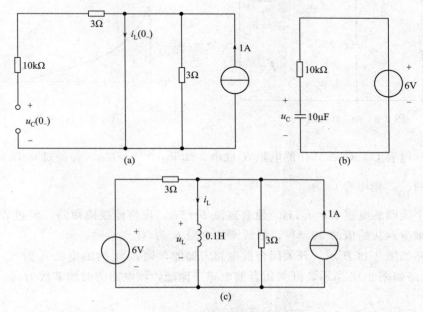

图 2-8　例 2-4 题图解

（2）在 $t \geq 0$ 时，开关 S 闭合，电路变成两个一阶电路，如图 2-8（b）所示，对于 RC 电路有：

$$u_C(\infty)=6\mathrm{V} \qquad \tau_1=R_1 C=10\times10^3\times10\times10^{-6}\mathrm{s}=0.1\mathrm{s}$$

所以

$$u_C(t)=6(1-\mathrm{e}^{-10t})\mathrm{V}$$

如图 2-8（c）所示，对于 RL 电路有

$$i_L(\infty)=\left(1+\frac{6}{3}\right)\mathrm{A}=3\mathrm{A} \qquad \tau_2=\frac{L}{R_2}=\frac{0.1}{\dfrac{3\times3}{3+3}}\mathrm{s}=\frac{1}{15}\mathrm{s}$$

所以

$$i_L(t)=[3+(1-3)\mathrm{e}^{-15t}]\mathrm{A}=(3-2\mathrm{e}^{-15t})\mathrm{A}$$

2.3.2　填空题

（1）在电路的暂态过程中，电路的时间常数越大，则电流和电压的增长或衰减就（　　　　）。

（2）电容两端的电压为 $u_C(t)=18+36\mathrm{e}^{-2t}\mathrm{V}$，则其暂态响应为（　　　　）。

（3）电路的初始储能为零，仅由外加激励作用于电路引起的响应称为（　　　　），电路无外加激励电源，仅由储能元件的初始储能引起的响应称为（　　　　）。

（4）*RL* 串联电路和 *RC* 串联电路的时间常数分别为（　　　　）和（　　　　）。

（5）电路如图 2-9 所示，$R_1 = 6\text{k}\Omega$，$R_2 = 3\text{k}\Omega$，$C = 2\mu\text{F}$，$I = 9\text{mA}$，在开关 *S* 闭合前电路处于稳态，开关闭合后的电容电压 u_C 和电流 i_C 的初始值分别为（　　　　）和（　　　　）。

（6）试用三要素法写出图 2-10 所示指数曲线的表达式 u_C 为（　　　　）。

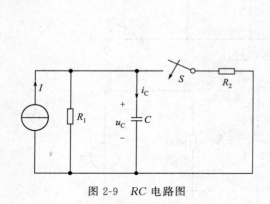

图 2-9　*RC* 电路图

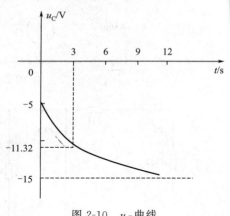

图 2-10　u_C 曲线

（7）有一电容 *C*，对 $2.5\text{k}\Omega$ 的电阻 *R* 放电，如 $u_C(0_-) = U_O$，并经过 0.1s 后电容电压降到初始值的 $\dfrac{1}{10}$，则电容 *C* 为（　　　　）。

（8）一个线圈的电感 $L = 0.1\text{H}$，通有直流 $I = 5\text{A}$，现将此线圈短路，经过 $t = 0.1\text{s}$ 后，线圈中电流减少到初始值的 36.8%，则线圈的电阻 *R* 为（　　　　）。

（9）电路如图 2-11 所示，开关闭合前电感未储能，则 $t \geqslant 0$ 时的电流 i_L 为（　　　　）A。

（10）电路如图 2-12 所示，开关闭合前电感未储能，该电路的时间常数为（　　　　）。

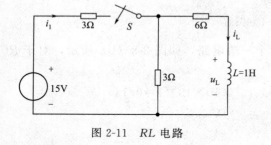

图 2-11　*RL* 电路

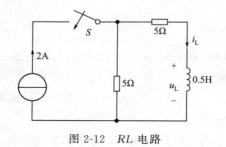

图 2-12　*RL* 电路

2.3.3　选择题

（1）在直流稳态时，电感元件上（　　　）。

A. 有电流，有电压　　　　　B. 有电流，无电压　　　　　C. 无电流，无电压

（2）在直流稳态时，电容元件上（　　　）。

A. 有电流，有电压　　　　　B. 无电流，有电压　　　　　C. 有电流，无电压

（3）如图 2-13 所示，开关 *S* 闭合前电路已处于稳态，试问闭合开关的瞬间，$u_L(0_+)$ 为（　　　）。

A. 0V　　　　　　　　　　B. 100V　　　　　　　　　　C. 63.2V

(4) 如图 2-14 所示，开关 S 闭合前电路已处于稳态，试问闭合开关的瞬间，初始值 i_L (0_+) 和 i(0_+) 分别为（　　）。

A. 0A，1.5A　　　　　B. 3A，3A　　　　　C. 3A，1.5A

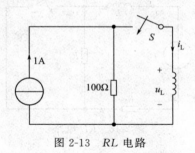

图 2-13　RL 电路　　　　　　图 2-14　RL 电路

(5) 如图 2-15 所示，开关 S 闭合前电路已处于稳态，试问闭合开关的瞬间，电流初始值 i(0_+) 为（　　）。

A. 1A　　　　　　　B. 0.8A　　　　　　C. 0A

(6) 如图 2-16 所示，开关 S 闭合前电容元件和电感元件均未储能，试问闭合开关瞬间发生跃变的是（　　）。

A. i 和 i_1　　　　　B. i 和 i_3　　　　　C. i 和 u_C

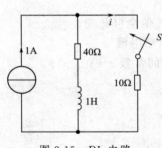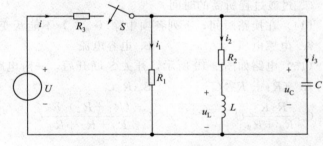

图 2-15　RL 电路　　　　　　图 2-16　RL 电路

(7) 在电路的暂态过程中，电路的时间常数 τ 越大，则电流和电压的增长或衰减就（　　）。

A. 越快　　　　　　　B. 越慢　　　　　　　C. 无影响

(8) 电路的暂态过程从 $t=0$ 大致经过（　　）时间，就可以到达稳定状态。

A. τ　　　　　　　B. ($3\sim5$)τ　　　　　　C. 10τ

(9) RL 串联电路的时间常数 τ 为（　　）。

A. RL　　　　　　　B. $\dfrac{L}{R}$　　　　　　C. $\dfrac{R}{L}$

(10) 如图 2-17 所示电路中，在开关 S 闭合前电路已处于稳态。当开关闭合后，（　　）。

A. i_1，i_2，i_3 均不变　　　　B. i_1 不变，i_2 增长为 i_1，i_3 衰减为零

C. i_1 增长，i_2 增长，i_3 不变

(11) 如图 2-18 所示电路中，开关闭合前电路处于稳态，开关闭合后，$i_L(t)$ 的响应是

（　　）。

A. 零输入响应　　　　　　B. 零状态响应　　　　　　C. 全响应

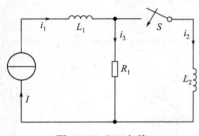

图 2-17　RL 电路　　　　　　　　　　　　　图 2-18　RL 电路

（12）RL 电路在零状态条件下，时间常数的意义是（　　）。

A. 响应由零值增长到稳态值的 0.632 倍时所需时间

B. 响应由零值增长到稳态值的 0.368 倍时所需时间

C. 过渡过程所需的时间

（13）电路在零状态条件下，时间常数的意义是（　　）。

A. 响应由零值增长到稳态值的 0.632 倍时所需时间

B. 响应由零值增长到稳态值的 0.368 倍时所需时间

C. 过渡过程所需的时间

（14）在换路瞬间，下列各项中除（　　）不能跃变外，其他全可跃变。

A. 电感电压　　　　　　B. 电容电流　　　　　　C. 电感电流

（15）电路如图 2-19 所示，开关 S 断开后，一阶电路的时间常数 $\tau =$（　　）。

A. $(R_1 + R_2)C$　　　　　　B. R_2C

C. $\dfrac{R_1 R_2}{R_1 + R_2}C$　　　　　　D. $\dfrac{(R_1 + R_2)R_3}{R_1 + R_2 + R_3}C$

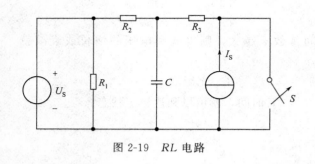
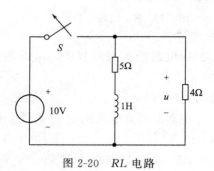

图 2-19　RL 电路　　　　　　　　　　　　图 2-20　RL 电路

（16）如图 2-20 所示电路中，换路前电路已达到稳态，在 $t = 0$ 瞬间将开关 S 断开，则 $u(0_+)$ 是（　　）。

A. 10V　　　　　　B. 8V　　　　　　C. −8V　　　　　　D. −10V

（17）电路在零输入条件下，时间常数的意义是（　　）。

A. 响应衰减到初始值的 0.632 倍时所需时间

B. 响应衰减到初始值的 0.368 倍时所需时间

C. 过渡过程所需的时间

(18) $i(t)=(1+e^{-\frac{t}{4}})$A 为某支路电流的解析式,则电流的初始值为(　　)。

A. 1A　　　　　　　　B. 2A　　　　　　　　C. 3A

(19)换路瞬间,下列说法中正确的是(　　)。

A. 电感电流不能跃变　　B. 电感电压必然跃变　　C. 电容电流必然跃变

2.3.4　判断题

(1)RC 串联电路中的电压和电流的关系为: $u=Ri+\frac{1}{c}\int i\,\mathrm{d}t$。　　　　　　　　(　　)

(2)如果一个电容元件两端的电压为零,则电容无储能。　　　　　　　　　　(　　)

(3)如果一个电感元件两端的电压为零,则电感无储能。　　　　　　　　　　(　　)

(4)对换路瞬间电感中的电流和电容上的电压不能跃变。　　　　　　　　　　(　　)

(5)如果一个电感元件两端的电压为零,其储能也一定为零。　　　　　　　　(　　)

(6)如果一个电容元件中的电流为零,其储能一定为零。　　　　　　　　　　(　　)

(7)电感元件中通过恒定电流时可视为短路,此时电感 L 为零。　　　　　　(　　)

(8)电容元件两端加恒定电压时可视为开路,此时电容 C 为无穷大。　　　　(　　)

(9)在电路的暂态过程中,电路的时间常数 τ 越小,则电流和电压的增长或衰减就越快。

(　　)

(10)在换路瞬间,电容电流和电感电压不能跃变。　　　　　　　　　　　　　(　　)

2.3.5　基本题

(1)如图 2-21(a),(b)所示各电路在换路前都处于稳态,试求换路后电流初始值 $i(0_+)$ 和稳态值 $i(\infty)$。

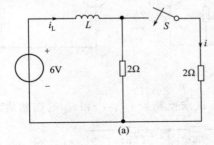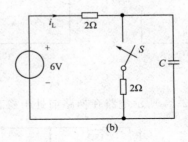

图 2-21

解　① 画出 $t=0_-$ 时的图,如图 2-22(a)所示电路,则有:

$$i_L(0_-)=\frac{6}{2}=3\mathrm{A}$$

根据换路定则,有 $i_L(0_+)=i_L(0_-)=3\mathrm{A}$

画出 $t=0_+$ 时的电路图, 如图 2-22 (b) 所示, 则有:

$$i(0_+)=\frac{2}{2+2}\times 3=1.5\mathrm{A}$$

画出 $t=\infty$ 时的电路图, 如图 2-22 (c) 所示, 则有:

$$i(\infty)=\frac{6}{2}=3\mathrm{A}$$

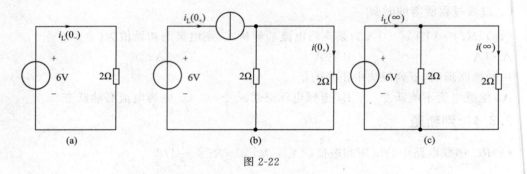

图 2-22

② 画出 $t=0_-$ 时的图，如图 2-23（a）所示，则有：

$$u_C(0_-)=6\text{V}$$

根据换路定则，有：

$$u_C(0_+)=u_C(0_-)=6\text{V}$$

画出 $t=0_+$ 时的图，如图 2-23（b）所示，则有：

$$i(0_+)=\frac{6-6}{2}=0\text{A}$$

画出 $t=\infty$ 时的电路图，如图 2-23（c）所示，则有：

$$i(\infty)=\frac{6}{2+2}=1.5\text{A}$$

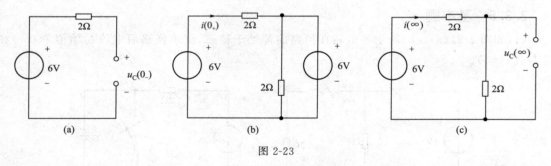

图 2-23

（2）图 2-24 所示电路在换路前处于稳态，试求换路后 i_L、i_S 和 u_C 的初始值和稳态值。

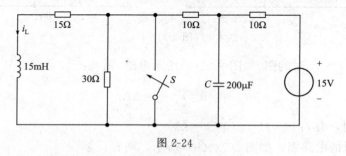

图 2-24

解 画出 $t=0_-$ 时的图，如图 2-25（a）所示，则有：

$$i_L(0_-)=\frac{15}{10+10+\dfrac{15\times30}{15+30}}\times\frac{30}{15+30}\text{A}=\frac{1}{3}\text{A}$$

$$u_C(0_-)=\left(15-\frac{15}{10+10+\frac{15\times30}{15+30}}\times10\right)\text{V}=10\text{V}$$

根据换路定则，有：

$$u_C(0_+)=u_C(0_-)=10\text{V}$$

$$i_L(0_+)=i_L(0_-)=\frac{1}{3}\text{A}$$

画出 $t=0_+$ 时的图，如图 2-25（b）所示，则有：

$$i_S(0_+)=\frac{u_C(0_+)}{10}-i_L(0_+)=\left(\frac{10}{10}-\frac{1}{3}\right)\text{A}=\frac{2}{3}\text{A}$$

画出 $t=\infty$ 时的电路图，如图 2-25（c）所示，则有：

$$i_L(\infty)=0\text{A}$$

$$u_C(\infty)=\left(\frac{15}{10+10}\times10\right)\text{V}=7.5\text{V}$$

$$i_S(\infty)=\frac{15}{10+10}\text{A}=\frac{3}{4}\text{A}=0.75\text{A}$$

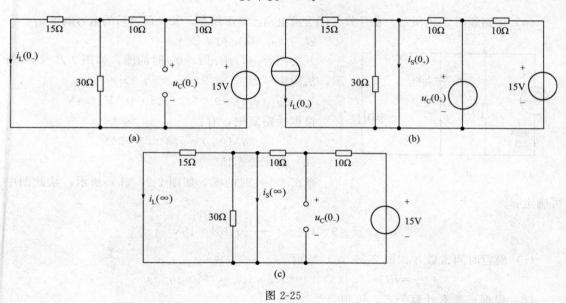

图 2-25

（3）图 2-26 电路中，$I=10\text{mA}$，$R_1=3\text{k}\Omega$，$R_2=3\text{k}\Omega$，$R_3=6\text{k}\Omega$，$C=2\mu\text{F}$。在开关 S 闭合前电路已处于稳态。在 $t=0$ 时闭合开关 S，求在 $t\geqslant0$ 时 i_1 和 u_C。

解 画出 $t=0_-$ 时的图，如图 2-27（a）所示，则有

$$u_C(0_-)=R_3I=6\times10^3\times10\times10^{-3}\text{V}=60\text{V}$$

根据换路定则，有 $u_C(0_+)=u_C(0_-)=60\text{V}$

开关 S 闭合后，由于电流源被短接，因此是一个零输入响应电路，换路后电路可等效为如图 2-27（b）所示电路，其等效电阻为：

$$R=R_1+R_2//R_3=\left(3+\frac{3\times6}{3+6}\right)\text{k}\Omega=5\text{k}\Omega$$

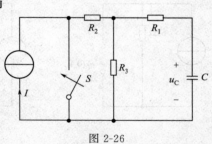

图 2-26

电路时间常数 τ 为：

$$\tau = RC = 5 \times 10^3 \times 2 \times 10^{-6}\,\text{s} = 10^{-2}\,\text{s}$$

零输入响应：

$$u_C(t) = u_C(0_+) e^{-\frac{t}{\tau}} = 60 e^{-100t}\,\text{V}$$

由于 i_1 参考方向与 u_C 参考方向相反，所以有：

$$i_1 = -C \frac{\mathrm{d}u_C}{\mathrm{d}t} = 100 \times 2 \times 10^{-6} \times 60 e^{-100t}\,\text{A} = 12 e^{-100t}\,\text{mA}$$

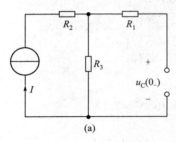 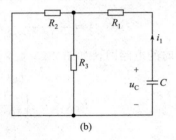

图 2-27

（4）电路如图 2-28 所示，在开关 S 闭合前电路已处于稳态，求 S 闭合后的电容电压 u_C。

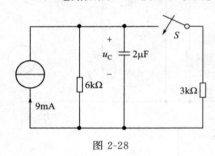

图 2-28

解 （a）确定初始值

开关闭合前，画出 $t = 0_-$ 时的图，如图 2-29（a）所示，从图中可得：

$$u_C(0_-) = 9 \times 10^{-3} \times 6 \times 10^3\,\text{V} = 54\,\text{V}$$

根据换路定则，有：

$$u_C(0_+) = u_C(0_-) = 54\,\text{V}$$

（b）确定稳态值

画出 $t = \infty$ 时的图，如图 2-29（b）所示，从此图中可确定：

$$u_C(\infty) = 9 \times 10^{-3} \times \frac{3 \times 6}{3+6} \times 10^3 = 18\,\text{V}$$

（c）确定时间常数，如图 2-29（c）所示

$$\tau = RC = (3//6) \times 10^3 \times 2 \times 10^{-6}\,\text{s} = 4 \times 10^{-3}\,\text{s}$$

（d）根据三要素计算公式，可得：

$$u_C(t) = u_C(\infty) + [u_C(0_+) - u_C(\infty)] e^{-\frac{t}{\tau}}$$

$$= 18 + [54 - 18] e^{-\frac{t}{4 \times 10^{-3}}} = (18 + 36 e^{-250t})\,\text{V}$$

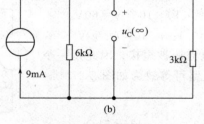 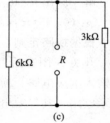

图 2-29

(5) 电路如图 2-30 所示，换路前电路已处于稳态，试是求换路后 u_C。

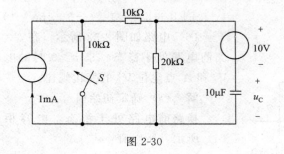

图 2-30

解 （a）确定初始值

画出 $t=0_-$ 时的图，如图 2-31（a）所示，从图中可得

$$u_C(0_-)=(1\times10^{-3}\times20\times10^3-10)V=10V$$

根据换路定则，有：

$$u_C(0_+)=u_C(0_-)=10V$$

（b）确定稳态值

画出 $t=\infty$ 时的图，如图 2-31（b）所示，从此图中可确定

$$u_C(\infty)=\left[1\times10^{-3}\times\frac{10}{10+(10+20)}\times20\times10^3-10\right]V=-5V$$

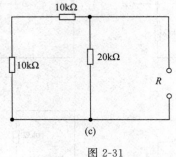

图 2-31

（c）确定时间常数

开关闭合后，除去电容及电源置零（电压电源短路，电流源开路）的等效电路图，如图 2-31（c）所示，从图中可确定 R 为：

$$R=(10+10)//20=\frac{(10+10)\times20}{10+10+20}\times10^3\Omega=10k\Omega$$

$$\tau=RC=10\times10^3\times10\times10^{-6}s=0.1s$$

（d）根据三要素计算公式，可得：

$$u_C(t)=u_C(\infty)+[u_C(0_+)-u_C(\infty)]e^{-\frac{t}{\tau}}$$
$$=-5+[10+5]e^{-\frac{t}{0.1}}=(-5+15e^{-10t})V$$

（6）电路如图 2-32 所示，在 $t=0$ 时将开关 S 断开，换路前电路处于稳态。求 $t\geqslant 0$ 时的电容电压 u_C、B 点电位 V_B 和 A 点电位 V_A 的变化规律。

解 （a）确定初始值

换路前电路处于稳态，电容相当于开路，如图 2-33 (a) 所示，所以有：

$$u_C(0_-)=\frac{5}{5+25}\times 6V=1V$$

根据换路定则，有：

$$u_C(0_+)=u_C(0_-)=1V$$

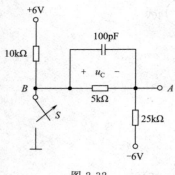

图 2-32

（b）确定稳态值

开关 S 打开后达到稳态，电容相当于开路，如图 2-33 (b) 所示，由此有：

$$u_C(\infty)=\frac{6+6}{10+5+25}\times 5V=1.5V$$

（c）确定时间常数 τ，如图 2-33 (c) 所示

$$\tau=RC=[5//(10+25)]\times 10^3\times 100\times 10^{-12}s=0.4375\mu s$$

（d）根据三要素计算公式，可得电容电压 u_C

$$u_C(t)=u_C(\infty)+[u_C(0_+)-u_C(\infty)]e^{-\frac{t}{\tau}}$$
$$=1.5+[1-1.5]e^{-\frac{t}{0.4375\times 10^{-6}}}=(1.5-0.5e^{-2.29\times 10^6 t})V$$

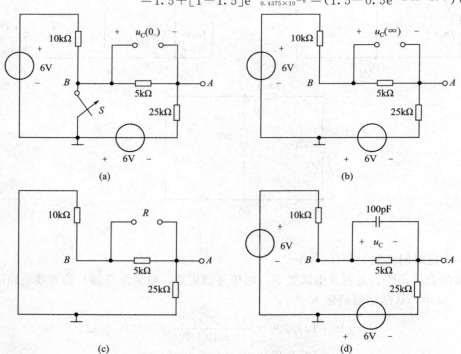

图 2-33

(e) $t\geq 0$ 时的 B 点电位 V_B 和 A 点电位 V_A，如图 2-33（d）所示

$$i_C = C\frac{\mathrm{d}u_C}{\mathrm{d}t} = 10^2\times 10^{-12}\times 2.29\times 10^6\times 0.5\times e^{-2.29\times 10^6 t}\approx 0.114e^{-2.29\times 10^6 t}\ \mathrm{mA}$$

$$V_B = 6-\left[i_C+\frac{u_C}{5}\right]\times 10^{-3}\times 10\times 10^3 = 3-0.14e^{-2.29\times 10^6 t}\ \mathrm{V}$$

$$V_A = V_B - u_C = (3-0.14e^{-2.29\times 10^6 t})-(1.5-0.5e^{-2.29\times 10^6 t})$$
$$=(1.5+0.36e^{-2.29\times 10^6 t})\mathrm{V}$$

（7）电路如图 2-34 所示，在换路前电路已处于稳态，在 $t=0$ 时将开关 S 断开，试求 $t\geq 0$ 时的 i_L、i，并作出它们的变化曲线。

解　（a）开关处于位置 1 时达到稳定状态，L 相当于短路

$$i = \frac{-3}{1+\dfrac{2\times 1}{2+1}} = -1.8\mathrm{A}$$

$$i_L(0_-) = i\times\frac{2}{2+1} = -1.2\mathrm{A}$$

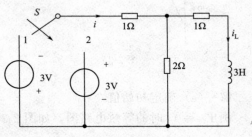

图 2-34

（b）开关 S 合到 2 时，根据换路定则有：
$$i_L(0_+) = i_L(0_-) = -1.2\mathrm{A}$$

将 $i_L(0_+)$ 当作恒流源代替电感 L，并与 2Ω 电阻组成电流源，该电流源可等效变换为 $-2.4\mathrm{V}$，2Ω 的电压源，参考方向为下"+"上"-"。由此可得：

$$i(0_+) = \frac{3+(-2.4)}{1+2} = 0.2\mathrm{A}$$

（c）时间常数　$\tau = \dfrac{L}{R} = \dfrac{3}{1+\dfrac{2\times 1}{2+1}} = 1.8\mathrm{s}$

（d）当 $t=\infty$ 到达稳态时，L 短路

$$i(\infty) = \frac{3}{1+\dfrac{2\times 1}{2+1}} = 1.8\mathrm{A}$$

$$i_L(\infty) = \frac{2}{2+1}\times i(\infty) = \frac{2}{3}\times 1.8 = 1.2\mathrm{A}$$

（e）根据三要素计算公式，可得总电流为：
$$i(t) = i(\infty)+[i(0_+)-i(\infty)]e^{-\frac{t}{\tau}}$$
$$= 1.8+[0.2-1.8]e^{-\frac{t}{1.8}}$$
$$= (1.8-1.6e^{-\frac{t}{1.8}})\mathrm{A}$$

电感电流为：
$$i_L(t) = i_L(\infty)+[i_L(0_+)-i_L(\infty)]e^{-\frac{t}{\tau}}$$
$$= 1.2+[-1.2-1.2]e^{-\frac{t}{1.8}}$$
$$= (1.2-2.4e^{-\frac{t}{1.8}})\mathrm{A}$$

（f）i 和 i_L 的变化曲线如图 2-35 所示。

(8) 电路如图 2-36 所示，在 $t=0$ 时闭合开关 S，使用三要素法求 $t \geq 0$ 时的 i_L、i_1 和 i_2。（换路前电路处于稳态）

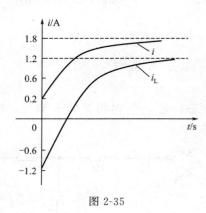

图 2-35

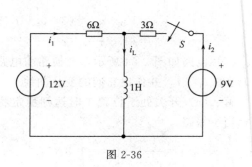

图 2-36

解 （a）确定初始值

画出 $t=0_-$ 时的等效电路图，如图 2-37（a）所示，由此可以求出 $i_L(0_-)$ 为

$$i_L(0_-) = \frac{12}{6}A = 2A$$

根据换路定则，有

$$i_L(0_+) = i_L(0_-) = 2A$$

画出 $t=0_+$ 时的等效电路图，如图 2-37（b）所示，由此可以求出 $i_1(0_+)$ 和 $i_2(0_+)$。

对结点 a，列 KCL 方程，有：

$$i_1(0_+) + i_2(0_+) = 2 \tag{①}$$

对外回路，列 KVL 方程，有：

$$12 - 9 = 6 \times i_1(0_+) - 3 \times i_2(0_+) \tag{②}$$

联立求解方程①和方程②，解得：

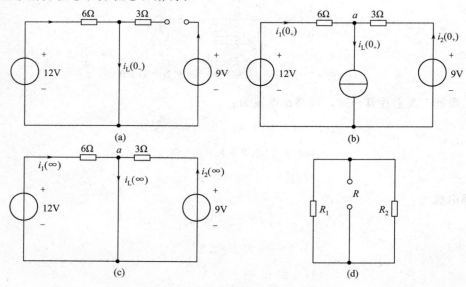

图 2-37

$$i_1(0_+)=1\text{A}, \quad i_2(0_+)=1\text{A}$$

(b) 确定稳态值

画出 $t=\infty$ 时的等效电路,如图 2-37 (c) 所示,由此可以求得 $i_\text{L}(\infty)$、$i_1(\infty)$ 和 $i_2(\infty)$。

$$i_1(\infty)=\frac{12}{6}\text{A}=2\text{A} \quad i_2(\infty)=\frac{9}{3}\text{A}=3\text{A}$$

$$i_\text{L}(\infty)=i_1(\infty)+i_2(\infty)=(2+3)\text{A}=5\text{A}$$

(c) 确定时间常数

画出除去电感,并将电源置零的等效电路图,如图 2-37 (d) 所示,由此可以求出等效电阻 R 为:

$$R=6//3=\frac{6\times3}{6+3}=2\Omega$$

时间常数 $\quad \tau=\dfrac{L}{R}=\dfrac{1}{2}\text{s}=0.5\text{s}$

(d) 根据三要素计算公式,i_L、i_1 和 i_2 的表达式

$$\begin{aligned}
i_1(t)&=i_1(\infty)+[i_1(0_+)-i_1(\infty)]\text{e}^{-\frac{t}{\tau}}\\
&=[2+(1-2)\text{e}^{-\frac{t}{0.5}}]=(2-\text{e}^{-2t})\text{A}\\
i_2(t)&=i_2(\infty)+[i_2(0_+)-i_2(\infty)]\text{e}^{-\frac{t}{\tau}}\\
&=[3+(1-3)\text{e}^{-\frac{t}{0.5}}]=(3-2\text{e}^{-2t})\text{A}\\
i_\text{L}(t)&=i_\text{L}(\infty)+[i_\text{L}(0_+)-i_\text{L}(\infty)]\text{e}^{-\frac{t}{\tau}}\\
&=[5+(2-5)\text{e}^{-\frac{t}{0.5}}]=(5-3\text{e}^{-2t})\text{A}
\end{aligned}$$

2.3.6 提高题

(1) 图 2-38 所示电路原已稳定,$t=0$ 时将开关 S 闭合。已知:$U_\text{S1}=6\text{V}$,$U_\text{S2}=24\text{V}$,$R_1=3\Omega$,$R_2=6\Omega$,$C=0.5\mu\text{F}$。利用三要素法求 S 闭合后的 $u_\text{C}(t)$。

解 (a) 确定初始值

画出 $t=0_-$ 时的等效电路图,如图 2-39 (a) 所示,由此可以求出

$$u_\text{C}(0_+)=u_\text{C}(0_-)=U_\text{S1}=6\text{V}$$

(b) 确定稳态值,如图 2-39 (b) 所示

$$u_\text{C}(\infty)=\frac{U_\text{S1}R_2}{R_1+R_2}+\frac{U_\text{S2}R_1}{R_1+R_2}=12\text{V}$$

(c) 确定时间常数,如图 2-39 (c) 所示

$$\tau=\frac{R_1R_2}{R_1+R_2}C=1\times10^{-6}\text{s}$$

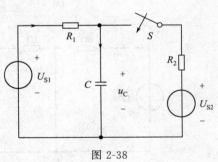

图 2-38

(d) 根据三要素计算公式,$u_\text{C}(t)$ 的表达式

$$u_\text{C}(t)=u_\text{C}(\infty)+u_\text{C}(0_+)-u_\text{C}(\infty)\text{e}^{-\frac{t}{\tau}}=12-6\text{e}^{-10^6t}\text{V}$$

(2) 求图 2-40 所示电路中 $t\geqslant0$ 时的 $i_\text{L}(t)$、$u_\text{L}(t)$。

解 (a) $t=0_-$ 时,如图 2-41 (a) 所示,换路前电路稳定,$i_\text{L}(0_-)=\dfrac{12}{6}=2(\text{A})$

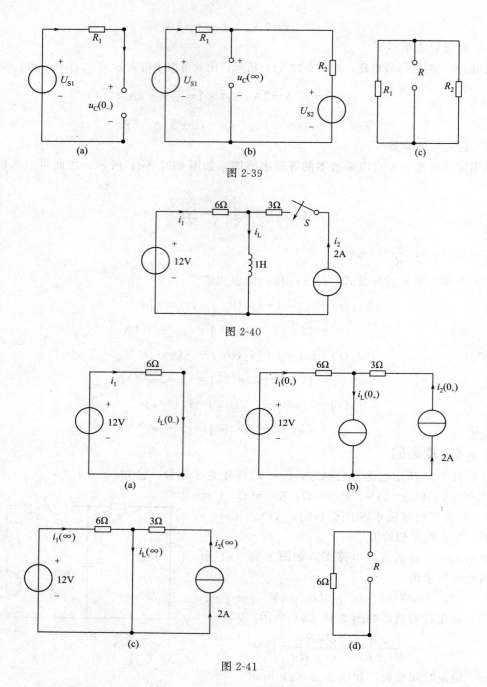

图 2-39

图 2-40

图 2-41

（b）$t=0_+$ 时换路，如图 2-41（b）所示，根据换路定则，有 $i_L(0_+)=i_L(0_-)=2(\text{A})$

（c）$t=\infty$，电路稳定，如图 2-41（c）所示，将电感视作短接

$$i_L(\infty)=2+2=4(\text{A})$$

（d）时间常数，如图 2-41（d）所示

$$\tau=\frac{L}{R}=\frac{1}{6}\text{s}$$

（e）利用三要素法

$$i_L(t) = i_L(\infty) + [i_L(0_+) - i_L(\infty)]e^{-\frac{t}{\tau}} = 4 + (2-4)e^{-6t} = 4 - 2e^{-6t}, (t \geqslant 0)$$

$$u_L(t) = L\frac{di_L}{dt} = 12e^{-6t}, (t \geqslant 0)$$

(3) 图 2-42 所示电路原已稳定，$t = 0$ 时将开关 S 闭合。已知：$R = 1\Omega$，$R_1 = 2\Omega$，$R_2 = 3\Omega$，$C = 5\mu F$，$U_S = 6V$。用三要素法求 S 闭合后的 $u_C(t)$。

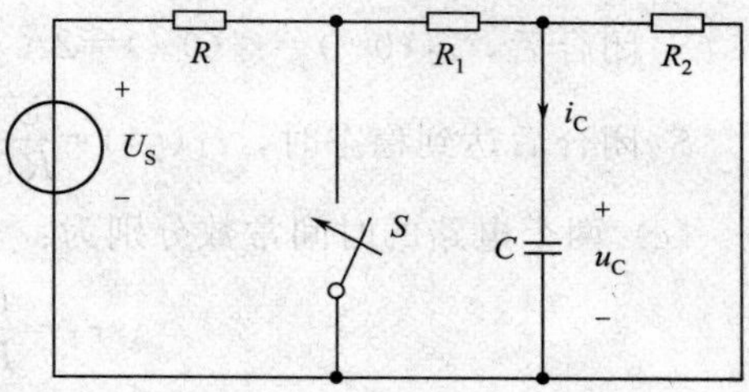

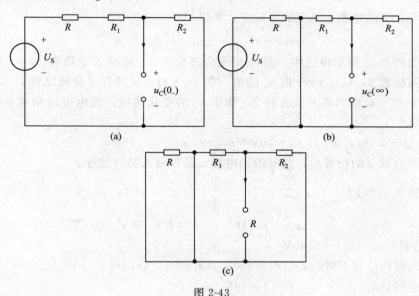

图 2-42

解 （a）$t = 0_-$ 时，如图 2-43（a）所示，

$$u_C(0_+) = u_C(0_-) = \frac{R_2}{R + R_1 + R_2}U_S = 3V$$

（b）$t = \infty$，如图 2-43（b）所示，$u_C(\infty) = 0V$

（c）时间常数，如图 2-43（c）所示，$\tau = (R_1 // R_2)C = 6 \times 10^{-6}s$

（d）利用三要素法 $u_C = 3e^{-\frac{10^6}{6}t}V$

（a）

（b）

（c）

图 2-43

（4）如图 2-44 所示电路中，$R_1 = 2\Omega$，$R_2 = 1\Omega$，$L_1 = 0.01H$，$L_2 = 0.02H$，$U = 6V$。（a）试求 S_1 闭合后电路中电流 i_1 和 i_2 的变化规律；（b）S_1 闭合后电路达到稳定状态时再闭合 S_2，试求电流 i_1 和 i_2 的变化规律。

解 （a）当 S_1 闭合前电路无电流，即：

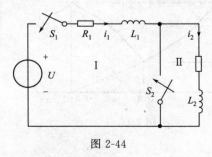

图 2-44

$$i_1(0_-) = i_2(0_-) = 0$$

S_1 闭合后两个线圈串联，总电阻及电感为：

$$R = R_1 + R_2, L = L_1 + L_2$$

求 RL 电路的零状态响应，由定义有：

$$i_1(t) = i_2(t) = \frac{U}{R_1 + R_2}(1 - e^{-\frac{t}{\tau_1}})$$

时间常数 $\tau_1 = \dfrac{L_1 + L_2}{R_1 + R_2} = \dfrac{0.01 + 0.02}{2 + 1} = 0.01s$

$$i_1(t)=i_2(t)=\frac{U}{R_1+R_2}(1-\mathrm{e}^{-\frac{t}{\tau_1}})=\frac{6}{2+1}(1-\mathrm{e}^{-\frac{t}{0.01}})=2(1-\mathrm{e}^{-100t})\mathrm{A}$$

（b）电路达到稳定状态时，两个电感相当于短路，$i_1(\infty)=i_2(\infty)=\dfrac{U}{R_1+R_2}=\dfrac{6}{1+2}=2\mathrm{A}$

S_2闭合后，$i_1(0_+)=i_2(0_+)=2\mathrm{A}$

S_2闭合后达到稳态时，$i_1(\infty)=\dfrac{U}{R_1}=\dfrac{6}{2}=3\mathrm{A}$，$i_2(\infty)=0$

（c）两个电路的时间常数分别为：

$$\tau_1=\frac{L_1}{R_1}=\frac{0.01}{2}=0.005\mathrm{s}$$

$$\tau_2=\frac{L_2}{R_2}=\frac{0.02}{1}=0.02\mathrm{s}$$

（d）对回路 I ，是全响应电路，所以

$$i_1(t)=3+(2-3)\mathrm{e}^{-\frac{t}{\tau_1}}=3-\mathrm{e}^{-\frac{t}{0.005}}=(3-\mathrm{e}^{-200t})\mathrm{A}$$

对回路 II ，无激励源，是零输入响应，所以

$$i_2(t)=2\mathrm{e}^{-\frac{t}{\tau_2}}=2\mathrm{e}^{-\frac{t}{0.02}}=2\mathrm{e}^{-50t}\mathrm{A}$$

（5）在如图 2-45 所示电路中，开关 S 先合在位置 1，电路处于稳态。$t=0$ 时，将开关从位置 1 合到位置 2，试求 $t=\tau$ 时 u_C 的值，在 $t=\tau$ 时，又将开关合到位置 1，试求 $t=2\times10^{-2}\mathrm{s}$ 时 u_C 的值。此时再将开关合到 2，作出 u_C 的变化曲线。充电电路和放电电路的时间常数是否相等？

解　（a）$t=0_-$ 时，$u_{C_1}(0_-)=10\mathrm{V}=u_{C_1}(0_+)$

（b）开关合到 2 的位置后，没有激励电源，是零输入响应过程。

时间常数为 $\tau_1=RC=(10+20)\times10^3\times\dfrac{1}{3}\times10^{-6}=0.01\mathrm{s}$

$$u_{C_1}=u_{C_1}(0_+)\mathrm{e}^{-\frac{t}{\tau_1}}=10\mathrm{e}^{-\frac{t}{0.01}}\mathrm{V}$$

当 $t=\tau_1$ 时，$u_{C_1}(\tau_1)=3.68\mathrm{V}$

（c）开关合到位置 1 时，$u_{C_2}(\tau_1{+})=u_{C_2}(\tau_1)=u_{C_1}(\tau_1)=3.68\mathrm{V}$

（d）稳态时，$u_{C_2}(\infty)=u_{C_1}(0_-)=10\mathrm{V}$

（e）时间常数 $\tau_2=RC=10\times10^3\times\dfrac{1}{3}\times10^{-6}=\dfrac{1}{3}\times10^{-2}\mathrm{s}\approx0.33\times10^{-2}\mathrm{s}$

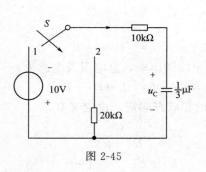

图 2-45

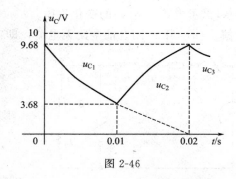

图 2-46

根据三要素计算公式

$$u_{C_2}(t)=10+(3.68-10)e^{-\frac{t-\tau_1}{\tau_2}}=\left[10-6.32e^{-300(t-0.01)}\right]V$$

当 $t=2\times10^{-2}$s 时，$u_{C_2}(0.02)=10-6.32e^{-3}\approx9.68$V

此时开关再合到 2，时间常数仍是 $\tau_1=0.01$s

$$u_{C_3}(t)=9.68e^{-\frac{t-0.02}{0.01}}=9.68e^{-100(t-0.02)}V$$

（f）其中充放电时间常数分别为 $\tau_1=0.01$s 和 $\tau_2=0.33\times10^{-2}$s 不相等。u_C 的变化曲线如图 2-46 所示。

答案

填空题

（1）越慢

（2）$36e^{-2t}$

（3）零状态响应；零输入响应

（4）$\dfrac{L}{R}$；RC

（5）54V；-1.8×10^{-2}

（6）$-15+10e^{-\frac{t}{3}}$

（7）17.4μF

（8）100Ω

（9）$1-e^{-7.5t}$

（10）0.05s

选择题

(01)—(05)B B B B C；(06)—(10)B B B B B；(11)—(15)C A A C B；
(16)—(19)A B B A。

判断题

(01)—(05)√ × ×√ ×；(06)—(10)× × ×√ ×。

第3章 正弦交流电路

3.1 基本要求

了解正弦量的基本概念，**掌握**正弦量的三要素。

理解正弦量的相量式和相量图表示，相量的基本运算。

理解单一元件的电压和电流相量关系及功率概念，**掌握**单一元件的相量电路图、电压与电流有效值之比和相量之比，有功功率和无功功率的概念。

理解 RLC 串联的电压和电流相量关系的计算，三个三角形关系，**掌握** RLC 的相量电路图、电压与电流有效值之比和相量之比，有功功率、无功功率和视在功率。

掌握阻抗的串联与并联。

了解功率因数概念，**理解**提高功率因数的方法。

了解谐振的概念，品质因数及通频带的概念，**掌握**串联谐振条件及特征。

3.2 学习指南

主要内容综述如下。

（1）正弦量的参考方向和相位

① 大小和方向随时间按正弦函数规律变化的电流或电压称为正弦交流电。正弦交流电的参考方向为其正半周的实际方向。

② 正弦交流电的三要素 一个正弦量是由频率（或周期）、幅值（或有效值）和初相位三个要素来确定。

a. 频率与周期 正弦量变化一次所需的时间（s）称为周期 T。正弦量每秒内完整变化的次数称为频率 f，单位：Hz。频率与周期的关系为：$f = \dfrac{1}{T}$。

角频率 ω：每秒变化的弧度，单位：rad/s。

$$\omega = \frac{2\pi}{T} = 2\pi f$$

b. 幅值与有效值

ⓐ 瞬时值 正弦量在任一时刻的值，用 e，u，i 表示。

ⓑ 幅值（或最大值） 瞬时值中的最大值，用 E_m，U_m，I_m 表示。

ⓒ 有效值 一个周期内，正弦量的有效值等于在相同时间内产生相同热量的直流电量值，用 E，U，I 表示。

幅值与有效值关系：$E_m = \sqrt{2}E$，$U_m = \sqrt{2}U$，$I_m = \sqrt{2}I$。

注意：符号不能混用。

c. 初相位 正弦量的相位（$\omega t + \varphi_i$）是反映正弦量变化进程的，初相位用来确定正弦量的初始值。画波形图时，如果初相位为正角，$t = 0$ 时的正弦量值应为正半周，从 $t =$

0 点向左，到向负值增加的零值点之间的角度为初相位的大小；如果初相位为负角，$t=0$ 时的正弦量值应在负半周，从 $t=0$ 向右，到向正值增加的零值点之间的角度为初相位的大小。

相位差：两个同频率的正弦量的相位之差等于初相位之差。

$$\varphi = \varphi_1 - \varphi_2$$

（2）相量表示

应注意：相量只能表示正弦量，而不能等于正弦量。只有正弦周期量才能用相量表示；只有同频率的正弦量才能画在同一向量图上。

（3）"j" 的数学意义和物理意义

① 数学意义　$j=\sqrt{-1}$ 是虚数单位。

② 物理意义　j 是旋转 90° 的旋转因子，即任意一个相量乘以 ±j 后，可以使其旋转 ±90°。

（4）电压与电流间的关系

各种形式的电压与电流间的关系式，是在电压、电流的关联方向下列出的；否则，式中带负号。

（5）R、L、C 串联电路中，当 $R \neq 0$ 时，X_L 与 X_C 的大小对于电路的性质有一定影响。

① 当 $X_L > X_C$，则 $U_L > U_C$，$\varphi > 0$ 电路中的电流将滞后于电路的端电压（感性电路）；

② 当 $X_L < X_C$，则 $U_L < U_C$，$\varphi < 0$，电路中的电流将超前于电路的端电压（容性电路）。

（6）R、L、C 并联电路

在 R、L、C 并联电路中，当电路的参数和电源的频率使得：

① $\dfrac{1}{X_L} > \dfrac{1}{X_C}$ 时，则 $I_L > I_C$，$\varphi > 0$，电路的总电流滞后于电路的端电压（感性电路）；

② $\dfrac{1}{X_L} < \dfrac{1}{X_C}$ 时，则 $I_L < I_C$，$\varphi < 0$，电路的总电流超前于电路的端电压（容性电路）；

③ $\dfrac{1}{X_L} = \dfrac{1}{X_C}$ 时，则 $I_L = I_C$，$\varphi = 0$，电路的总电流与电路的端电压同相（电阻性电路）——并联谐振。

（7）在 R、L、C 电路中，如何选择参考相量

一般情况下，选公共量或已知量作为参考相量，比如在 RLC 串联电路中通常选电流作为参考相量；在 RLC 并联电路中，通常选电压作为参考相量。但在已知某个电压或电流的情况下，通常选其作为参考相量。参考相量选定之后，即可由电路中参数的性质及其电压电流的相位关系画出相量图。

（8）复杂正弦交流电路的分析与计算

在复杂的文正弦交流电路中，将电压和电流用相量表示之后，即可用支路电流法、节电电压法、叠加原理、戴维南定理和诺顿定理等方法进行分析与计算。

（9）谐振

在具有电感和电容元件的交流电路中，通过调节电路的参数或电源的频率而使电压与电流同相，这时电路中就发生谐振现象（分为串联谐振和并联谐振）。

① 串联谐振条件

$$X_L = X_C, \ 即 \ 2\pi f L = \frac{1}{2\pi f C},$$

则 $f_0 = \dfrac{1}{2\pi\sqrt{LC}}$，$\omega = \omega_0 = \dfrac{1}{\sqrt{LC}}$，$\varphi = \arctan\dfrac{X_L - X_C}{R} = 0$

② 串联谐振的特性

a. 电路的阻抗 $|Z| = \sqrt{R^2 + (X_L - X_C)^2} = R$，其值最小。在 U 不变的情况下，电流最大，$I = I_0 = \dfrac{U}{R}$。

b. $\varphi = 0$（电源电压与电路中电流同相），电路对电源呈现电阻性。电源供给电路的能量全部被电阻所消耗，电源与电路之间不发生能量的互换，能量的互换只发生在电感线圈与电容器之间。

c. $U_L = U_C$，且在相位上相反，互相抵消，对整个电路不起作用，因此 $\dot{U} = \dot{U}_R$。

但 $U_L = IX_L = \dfrac{U}{R}X_L$ 及 $U_C = IX_C = \dfrac{U}{R}X_C$ 的单独作用不容忽视（因为当 $X_L = X_C > R$ 时，$U_L = U_C > U$，电压过高可能会击穿线圈或电容器的绝缘）。串联谐振也称电压谐振。电力工程中一般应避免之。

③ 品质因数

$Q = \dfrac{U_C}{U} = \dfrac{U_L}{U} = \dfrac{1}{\omega_0 CR} = \dfrac{\omega_0 L}{R}$ 称为电路的品质因数，简称 Q 值。其物理意义为：

a. 表示谐振时电感或电容上的电压是电源电压的 Q 倍；

b. 值越大，则谐振曲线越尖锐，选择性越强。

④ 通频带宽度　在 $I = 70.7\%\, I_0 = \dfrac{1}{\sqrt{2}}I_0$ 处频率上下限之间的宽度称为通频带宽度（图 3-1），即 $\Delta f = f_2 - f_1$。

通频带宽度越小，表明谐振曲线越尖锐，电路的选频性越强；而谐振曲线的尖锐程度与 Q 值有关。

⑤ 并联谐振电路的特性

a. 电路发生并联谐振时的频率

$$f_0 = \dfrac{1}{2\pi}\sqrt{\dfrac{1}{LC} - \dfrac{R^2}{L^2}} \approx \dfrac{1}{2\pi\sqrt{LC}}$$

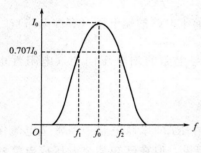

图 3-1　通频带宽度原理图

b. $\dot{U}$ 与 $\dot{I}$ 同相位，电源只供给电阻消耗的有功功率，而无功功率的交换只在电感支路、电容支路之间进行。

c. $\dot{I}_L$ 与 $\dot{I}_C$ 的无功分量相等而相位相反，$I_0 = \sqrt{I_L^2 - I_C^2}$，当 $R = 0$ 时，$I_L \approx I_C \gg I_0$。

d. 在谐振点附近，电路呈现高阻抗值：$Z = \dfrac{L}{RC}$。在电压 U 保持一定时，则在谐振点附近电流值很小。

（10）功率因数的提高

① 交流电路的平均功率为：$P = UI\cos\varphi$ 称为电路的功率因数，它决定于电路（负载）的性质，其值介于 0 与 1 之间。当 $\cos\varphi \neq 1$ 时，出现无功功率 $Q = UI\sin\varphi$，电路中发生能量的互换。从而引起两个问题。

a. 发电设备的容量不能充分利用。

b. 增加线路和发电机绕组的功率损耗。通常要求功率因数为 0.9～0.95。

功率因数不高的原因由于电感性负载的存在，电感性负载的功率因数之所以小于 1，是由于负载本身需要一定的无功功率。提高功率因数的意义在于解决这个矛盾，即减少电源与负载之间的能量互换，又使电感性负载取得所需的无功功率。

按照供用电规则，高压供电负荷平均功率因数不低于 0.9，其他负荷不低于 0.85。

② 功率因数的提高　提高功率因数常用的方法就是在保持用电设备原有的额定电压、额定电流及功率不变，也即工作状态不变。在电感性负载并联静电电容器（设备在用户或变电所中），其电路图和相量图如图 3-2 所示。

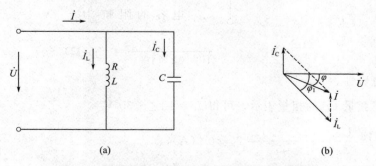

图 3-2　电容器和电感性负载并联以提高功率因数

并联电容器以后，电感性负载的电流 $I_1 = \dfrac{1}{\sqrt{R^2 + X_L^2}}$ 和功率因数 $\cos\varphi_1 = \dfrac{R}{\sqrt{R^2 + X_L^2}}$ 均未变化，这是因为所加电压和负载参数没有改变。但电压 U 和线路电流 I 之间的相位差 φ 变小了，即 $\cos\varphi$ 变大了。这里所讲的提高功率因数，是指提高电源或电网的功率因数，而不是指提高某个电感性负载的功率因数。

由相量图 3-2 (b) 推出该电容器的电容值：

$$C = \frac{p}{\omega U^2}(\tan\varphi_1 - \tan\varphi_2)$$

电容器的安装常采用高压集中补偿和低压分散补偿两种方式，也可以二者结合。

3.3　习题与解答

3.3.1　典型题

【例 3-1】 已知 $u_1(t) = 141\sin\left(\omega t + \dfrac{\pi}{3}\right)$ V，$u_2(t) = 70.7\sin\left(\omega t - \dfrac{\pi}{4}\right)$ V，求：（1）相量 $\dot{U}_1$、$\dot{U}_2$；（2）两电压之和的瞬时值 $u(t)$。

解 （1）$\dot{U}_1 = \dfrac{141}{\sqrt{2}}\angle\dfrac{\pi}{3} = 100\angle 60°$ （V）

$\qquad = 50 + \text{j}86.6$ （V），

$\qquad \dot{U}_2 = \dfrac{70.7}{\sqrt{2}}\angle-\dfrac{\pi}{4} = 50\angle-45°$ （V）

$\qquad = 35.35 - \text{j}35.35$ （V）；

（2）$\dot{U} = \dot{U}_1 + \dot{U}_2 = 50 + \text{j}86.6 + 35.35 - \text{j}35.35$

$$=99.55\angle 31°\text{ (V)},$$
$$u=140.8\sin(\omega t+31°)\text{ (V)}$$

【例3-2】 图3-3所示的 RLC 串联正弦交流电路中，$R=10\Omega$，$L=0.1\text{H}$，$C=2\times 10^{-3}$ F，$u_{\text{C}}=10\sqrt{2}\sin(100t-30°)\text{V}$。求：（1）电路的等效阻抗；（2）判断电路的性质；（3）电压 u；（4）电路的有功功率和无功功率。

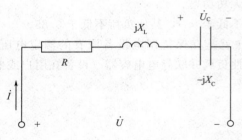

图3-3 例3-2题图

解 （1）电感的阻抗为 $\text{j}X_{\text{L}}=\text{j}\omega L=\text{j}100\times 0.1=\text{j}10(\Omega)$

电容的阻抗为 $-\text{j}X_{\text{C}}=-\text{j}\dfrac{1}{\omega C}=-\text{j}\dfrac{1}{100\times 2\times 10^{-3}}=-\text{j}5(\Omega)$

（2）电路呈感性。

（3）根据正弦量 u_{C} 的相量表示，可得 $\dot{U}_{\text{C}}=10\angle -30°\text{V}$

则电流 $\dot{I}$ 为 $\dot{I}=\dfrac{\dot{U}_{\text{C}}}{Z_{\text{C}}}=\dfrac{10\angle -30°}{-\text{j}5}=2\angle 60°\text{ (A)}$

则总电压 $\dot{U}=Z\times\dot{I}=(10+\text{j}5)\times 2\angle 60°=11.2\angle 26.6°\times 2\angle 60°=22.4\angle 86.6°\text{ (V)}$

所以 $u=22.4\sqrt{2}\sin(100t+86.6°)\text{V}$

（4）电路的有功功率和无功功率分别为 $P=UI\cos\varphi=I^2\times R=4\times 10=40\text{ (W)}$
$$Q=UI\sin\varphi=I^2\times(X_{\text{L}}-X_{\text{C}})=4\times 5=20\text{ (Var)}$$

【例3-3】 图3-4所示电路中，已知 $f=50\text{Hz}$，$i=5\sqrt{2}\sin(\omega t+45°)\text{A}$，$u=100\sin\omega t\text{ V}$，$X_{\text{L}}=10\Omega$，$X_{\text{C}_1}=10\Omega$，试求 R 和 X_{C} 的值。

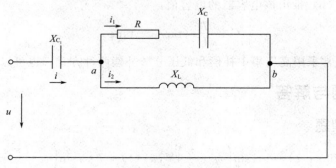

图3-4 例3-3题图

解 设 $\dot{U}=\dfrac{100}{\sqrt{2}}\angle 0°\text{V}$ 参考正弦量，则由基尔霍夫电压定律有 $\dot{U}=-\text{j}X_{\text{C}_1}\dot{I}+\text{j}X_{\text{L}}\dot{I}_2$

所以 $\dot{I}_2=\dfrac{\dot{U}+\text{j}X_{\text{C}_1}\dot{I}}{\text{j}X_{\text{L}}}=\dfrac{50\sqrt{2}\angle 0°+\text{j}10\times 5\angle 45°}{\text{j}10}=5\angle -45°\text{ (A)}$

而 $\dot{I}_1=\dot{I}-\dot{I}_2=5\angle 45°-5\angle -45°=5\sqrt{2}\angle 90°\text{ (}\Omega\text{)}$

$\dot{U}_{\text{ab}}=\text{j}X_{\text{L}}\dot{I}_2=\text{j}10\times 5\angle -45°=50\angle 45°\text{ (}\Omega\text{)}$

46

$$Z = R - jX_C = \frac{\dot{U}_{ab}}{\dot{I}_1} = \frac{50\angle 45^\circ}{5\sqrt{2}\angle 90^\circ} = 5\sqrt{2}\angle -45^\circ = 5 - j5 \ (\Omega)$$

所以 $R = X_C = 5\Omega$

【例3-4】 某电源经输电线向某一感性负载供电,已知:负载 $R=4\Omega$, $X_L=10\Omega$,输电线电阻 $R'=0.5\Omega$,若测得负载两端电压为220V,(1)求输电线的功率损耗 P;(2)给负载两端并联一个 $X_C=25\Omega$ 的电容器,线路的功率损耗又是多少?(3)如果每日用电8h,每年按365日计算,并联电容后一年可节约电能多少度?

解 电路可用如图3-5表示,

(1)设 $\dot{U}_{RL} = 220\angle 0^\circ$,则

$$\dot{I}_1 = \frac{\dot{U}_{RL}}{R + jX_L} = 20.43\angle -68.2^\circ \ (A),$$

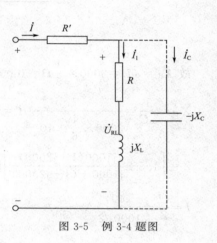

$\dot{I} = \dot{I}_1 = 20.43 \ (A)$,

线路损耗:$P_1 = I^2 R' = 20.43^2 \times 0.5 = 208.7 \ (W)$;

(2)$\dot{I}_C = \frac{\dot{U}_{RL}}{-jX_L} = 8.8\angle 90^\circ \ (A)$,

$\dot{I} = \dot{I}_1 + \dot{I}_C = 12.69\angle -53.3^\circ \ (A)$

线路损耗:$P' = 12.69^2 \times 0.5 = 80.52 \ (W)$;

图3-5 例3-4题图

(3)一年可节约电能:$W = (208.7 - 80.52)\times 365$
$\times 8 \times 10^{-3} = 374.3 (kW/h)$。

【例3-5】 电路如图3-6所示,已知 $\omega = 1\text{rad/s}$,求电流表 A_1 和 A_2 的读数(有效值)。

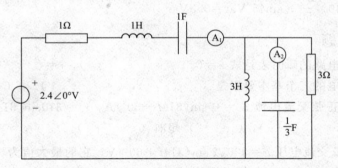

图3-6 例3-5题图

解 1H电感和1F电容发生串联谐振,3H电感和 $\frac{1}{3}$F电容发生并联谐振。

电流表 A_1 的读数为 $I_{A1} = \frac{2.4}{1+3} = 0.6A$;

电流表 A_2 的读数为 $I_{A2} = \left(1 \times \frac{1}{3}\right)\times 3I_{A1} = 0.6A$。

【例3-6】 电路如图3-7所示,$u_S = 40\sqrt{2}\sin 3000t$ V,求电源的有功功率、无功功率。
解

由题意可知:$\omega = 3000\text{rad/s}$, $L = \frac{1}{3}H$, $C = \frac{1}{6}\mu F$

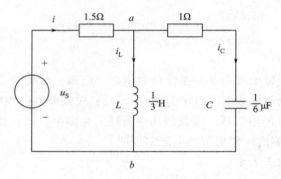

图 3-7 例 3-6 题图

故 $X_L = \omega L = 3000 \times \dfrac{1}{3}\Omega = 1000\Omega$

$X_C = \dfrac{1}{\omega C} = \dfrac{1}{3000 \times \dfrac{1}{6} \times 10^{-6}}\Omega = 2000\Omega$

$Z = \left[1.5 + \dfrac{\mathrm{j}1000(1-\mathrm{j}2000)}{\mathrm{j}1000 + (1-\mathrm{j}2000)}\right]\Omega = (1001.5 + \mathrm{j}1000)\Omega \approx 1000\sqrt{2}\angle 45°\Omega$

$I = \dfrac{U}{Z} = \dfrac{40}{1000\sqrt{2}}\mathrm{A} = \dfrac{\sqrt{2}}{50}\mathrm{A}$

$P = UI\cos\varphi = 40 \times \dfrac{\sqrt{2}}{50} \times \cos 45°\mathrm{W} = 0.8\mathrm{W}$

$Q = UI\sin\varphi = 40 \times \dfrac{\sqrt{2}}{50} \times \sin 45°\mathrm{Var} = 0.8\mathrm{Var}$

3.3.2 填空题

(1) 正弦交流电路的瞬时表达式 $e = ($ $)$，$i = ($ $)$。

(2) 正弦交流电的三个基本要素是 (   )，(   ) 和 (   )。

(3) 已知两个正弦交流电流 $i_1 = 10\sin(314t - 30°)\mathrm{A}$，$i_2 = 310\sin(314t + 90°)\mathrm{A}$，则 i_1 和 i_2 的相位差为 (   )，(   ) 超前 (   )。

(4). 已知正弦交流电压 $u = 220\sqrt{2}\sin(314t + 60°)\mathrm{V}$，它的最大值为 (   )，有效值为 (   )，角频率为 (   )，相位为 (   )，初相位为 (   )。

(5) 正弦量的向量表示法，就是用复数的模数表示正弦量的 (   )，用复数的幅角表示正弦量的 (   )。

(6) 已知某正弦交流电压 $u = U_m\sin(\omega t - \varphi_u)\mathrm{V}$，则其相量形式 $\dot{U} = ($ $)\mathrm{V}$。

(7) 已知 $Z_1 = 12 + \mathrm{j}9$，$Z_2 = 12 + \mathrm{j}16$，则 $Z_1 + Z_2 = ($)，$Z_1 - Z_2 = ($)。

(8) 在纯电感交流电路上中，电压与电流的相位关系是电压 (   ) 电流 90°，感抗 $X_L = ($)，单位是 (   )。

(9) 在正弦交流电路中，已知流过纯电感元件的电流 $I = 5\mathrm{A}$，电压 $u = 20\sqrt{2}\sin 314t\mathrm{V}$，

若 u，i 取关联方向，则 $X_L=$（　　　　　）Ω，$L=$（　　　　　）H。

（10）在纯电感正弦交流电路中，若电源频率提高一倍，而其他条件不变，则电路中的电流将变（　　　　　）。

3.3.3　选择题

（1）在图 3-8 中，已知 $u=16\sin(\omega t+90°)$ V，则 i 为（　　　）。

A. $16\sin\omega t$ A　　　　　B. $16\sin(\omega t+90°)$ A　　　　　C. $8\sin(\omega t+90°)$ A　　　　　D. $8\sin\omega t$ A

（2）电路如图 3-9 所示，已知 $R_1=R_2=10\Omega$，$X_L=5\Omega$，$I_1=5$A，$I_C=5$A，$I_L=10$A，$f=50$Hz，计算电路的平均功率（　　　）

A. 750W　　　　　B. 300W　　　　　C. 260W　　　　　D. 650W

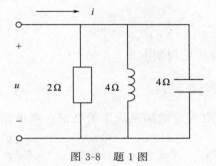

图 3-8　题 1 图

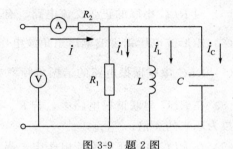

图 3-9　题 2 图

（3）图 3-10 所示电路中，$u=U_m\sin\omega t$，$i=I_m\sin(\omega t-\varphi)$，则电路的有功功率 P 为（　　　）。

A. ui　　　　　B. UI　　　　　C. $UI\sin\varphi$　　　　　D. $UI\cos\varphi$

（4）已知某感性负载的阻抗模 $|Z|=7.07\Omega$，$R=5\Omega$，则其功率因数为（　　　）。

A. 0.5　　　B. 0.6　　　C. 0.707　　　D. 0.8

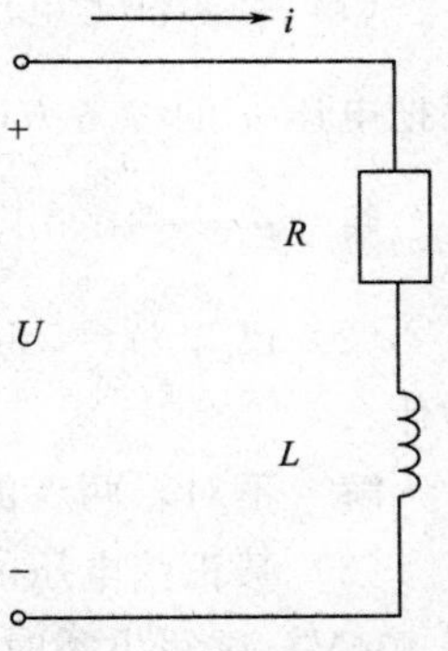

（5）有一 RLC 串联电路，已知 $R=X_L=X_C=5\Omega$，端电压 $U=10$V，则 $I=$（　　　）A。

A. $\dfrac{2}{3}$　　　　　B. $\dfrac{1}{2}$　　　　　C. 2　　　　　D. 1

（6）在正弦交流电路中，某负载的有功功率 $P=1000$W，无功功率 $Q=577$Var，则该负载的功率因数为（　　　）。

A. 0.5　　　B. 0.577　　　C. 0.707　　　D. 0.866

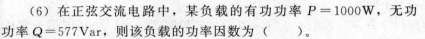

图 3-10　题 3 图

（7）在负载为纯电容元件的正弦交流电路中，电压 u 电流 i 的相位关系为（　　　）。

A. u 滞后 i 90°　　　B. u 超前 i 90°　　　C. 反相　　　D. 同相

（8）RC 串联的正弦交流电路中，电阻元件的端电压为 12V，电容元件的端电压为 16V，则电路的总电压为（　　　）。

A. 30V　　　　　B. 20V　　　　　C. 4V　　　　　D. 40V

（9）为了提高感性负载电路的功率因数，通常采用的方法有（　　　）。

A. 串联电感　　　B. 串联电容　　　C. 并联电感　　　D. 并联电容

(10) 通过电感 L 的电流为 $i_L = 6\sqrt{2}\sin(200t + 30°)\,\text{A}$，此电感的端电压为 $U_L = 2.4\text{V}$，则电感 L 为（　　）。

A. $\sqrt{2}\,\text{mH}$ B. 2mH C. 8mH D. 400mH

3.3.4　判断题

(1) 在交流电路中，电流表测得的电流值是电流的有效值。（　　）

(2) 电感元件是储能元件，不能消耗能量，只与外部进行能量的交换。（　　）

(3) 正弦交流电路发生串联谐振时，电感电压和电容电压不会大于端电压。（　　）

(4) 正弦电路中，功率因数的大小决定于电源的频率和电路的参数，与电压和电流的大小无关。（　　）

(5) 对 RLC 串联的正弦交流电路，有 $I = \dfrac{U}{R + j(X_L - X_C)}$。（　　）

(6) 矩形波电压锯齿波电压三角波电压等均为非正弦周期电压。（　　）

(7) RLC 串联谐振电路的谐振角频率 $\omega_0 = \dfrac{1}{\sqrt{LC}}$。（　　）

(8) 在 RLC 串联谐振电路中，若 R、ω 不变，电容量增加至原来的 2 倍，则电路的品质因数为原来的 4 倍。（　　）

(9) 在 RLC 并联正弦交流电路中，当 $X_L > X_C$ 时，电路呈现为容性。（　　）

(10) 串联谐振时，电路中的电压与电流同相；并联谐振时的总阻抗为最大，且电路呈纯电阻性。（　　）

3.3.5　基本题

(1) 某元件上电压的参考方向选定后，电压 u 的表达式为：$u = 10\sin\left(\omega t + \dfrac{1}{3}\pi\right)\text{V}$，如果把电压 u 的参考方向选为相反的方向，则 u 表达式又如何呢？

解　$u = -10\sin\left(\omega t + \dfrac{\pi}{3}\right) = 10\sin\left(\omega t - \dfrac{2\pi}{3}\right)$

(2) 已知 $i_1 = 5\sin(314t - 60°)\text{A}$，$i_2 = 6\sin(315t - 60°)\text{A}$，两者的相位差为零，对不对？为什么？

解　不对，两者的频率不同。

(3) 某正弦电压的初相位为 $30°$，当 $t = 0$ 时，$u(0) = 220\text{V}$，当 $t = 1/300\text{s}$ 时第一次达到 400V。试写出瞬时表达式，并求出 U_m、ω 和 f。

解

$$u = U_m\sin\left(\omega t + \dfrac{\pi}{6}\right)$$

$220 = U_m\sin\dfrac{\pi}{6}$，所以 $U_m = 440\text{V}$，当 $t = \dfrac{1}{300}$ 时，$400 = 440\sin\left(\dfrac{\omega}{300} + 30\right)$

$\dfrac{\omega}{300} + 30 = \arcsin\dfrac{10}{11}$，$\omega = 10614\text{rad/s}$，$\omega = 2\pi f$，$f = \dfrac{10614}{2\pi} = 1689.27\text{Hz}$

(4) 用交流电压表测得某正弦交流电压是 220V，它的幅值为多少？若通过某电动机的电流 $i = 10\sin(100t - 60°)\text{A}$，它的有效值为多少？

解 $U_\mathrm{m}=220\sqrt{2}\,\mathrm{V}$，$I=\dfrac{10}{\sqrt{2}}\mathrm{A}$

（5）已知相量 $\dot{I}_1=3-\mathrm{j}2\sqrt{3}\,\mathrm{A}$；$\dot{I}_2=-3\angle60°\mathrm{A}$；$\dot{I}_3=5(\cos30°-\mathrm{j}\sin30°)\mathrm{A}$，设它们的角频率为 ω，试写出它们所表示的正弦量。

解 $i_1=\sqrt{42}\sin\,(\omega t-49.1°)\,\mathrm{A}$

$i_2=3\sqrt{2}\sin\,(\omega t-120°)\,\mathrm{A}$

$i_3=5\sqrt{2}\sin\,(\omega t-30°)\,\mathrm{A}$

（6）在 RLC 串联电路中，总电压有效值等于各元件电压有效值之和吗？即 $U=U_\mathrm{R}+U_\mathrm{L}+U_\mathrm{C}$ 吗？

解 不对，$\dot{U}=\dot{U}_\mathrm{R}+\dot{U}_\mathrm{L}+\dot{U}_\mathrm{C}$，$\dot{I}=\dot{I}_\mathrm{R}+\dot{I}_\mathrm{L}+\dot{I}_\mathrm{C}$

（7）在图 3-11 所示正弦交流电路中，已知 $\omega=1\mathrm{rad/s}$，求阻抗 Z_{ab}。

解

$$X_\mathrm{L}=\omega L=|X|=1\Omega,$$

$$X_\mathrm{C}=\frac{1}{\omega C}=\frac{1}{1\times0.5}=2\Omega$$

$$Z_{ab}=\mathrm{j}2+(\mathrm{j}1/\!/1)=\left(\frac{1}{2}-\mathrm{j}\,\frac{3}{2}\right)\Omega$$

（8）在图 3-12 所示电路中，$u=220\sqrt{2}\sin(314t-143.1°)\mathrm{V}$，电流 $i=22\sqrt{2}\sin314t\,\mathrm{A}$，试确定：

（a）负载阻抗 Z，并说明性质。（b）负载的功率因数、有功功率、无功功率。

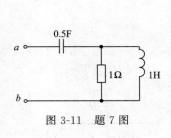

图 3-11 题 7 图

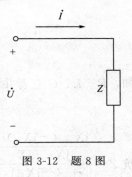

图 3-12 题 8 图

解

（a）根据题意得：$\dot{U}=220\angle-43.1°\mathrm{V}$，$\dot{I}=22\angle0°\mathrm{A}$

负载阻抗 $Z=\dfrac{\dot{U}}{\dot{I}}=\dfrac{220\angle-43.1°}{22\angle0°}\Omega=10\angle-43.1°\Omega$

φ 为负值，所以负载阻抗呈容性。

（b）功率因数 $\cos\varphi=\cos(-43.1°)\approx0.73$

$$\sin\varphi=\sqrt{1-\cos^2\varphi}=\sqrt{1-0.73^2}\approx0.47$$

有功功率 $P=UI\cos\varphi=220\times22\times0.73\mathrm{W}=3533.2\mathrm{W}$

无功功率 $Q=UI\sin\varphi=220\times22\times0.47\mathrm{Var}=2274.8\mathrm{Var}$

（9）把一只日光灯（感性负载）接到 220V、50Hz 的电源上，已知电流有效值为 0.366A。功率因数为 0.5，现欲将功率因数提高到 0.9，问应当并联多大的电容？

解

由题意可知：$\cos\varphi_1 = 0.5$，$\cos\varphi_2 = 0.9$；

由此可得：

$\sin\varphi_1 = \sqrt{1 - \cos^2\varphi_1} = \sqrt{1 - 0.5^2} = \dfrac{\sqrt{3}}{2}$，同理 $\sin\varphi_2 = \dfrac{\sqrt{19}}{10}$

$\tan\varphi_1 = \dfrac{\sin\varphi_1}{\cos\varphi_1} = \dfrac{\frac{\sqrt{3}}{2}}{0.5} = \sqrt{3}$，同理 $\tan\varphi_2 = \dfrac{\sqrt{19}}{9}$

$$P = UI\cos\varphi_1 = 220 \times 0.366 \times 0.5\,\text{W} = 40.26\,\text{W}$$

$$\omega = 2\pi f = 2\pi \times 50\,\text{rad/s} = 100\pi\,\text{rad/s}$$

应并联的电容为：

$$C = \frac{P}{\omega U^2}(\tan\varphi_1 - \tan\varphi_2) = \frac{40.26}{100\pi \times 220^2}\left(\sqrt{3} - \frac{\sqrt{19}}{9}\right) \approx 3.3 \times 10^{-6}\,\text{F} = 3.3\,\mu\text{F}$$

（10）电路如图 3-13 所示，电路参数已知。当电路发生谐振时，求 I、I_L、I_C 和 I_R。

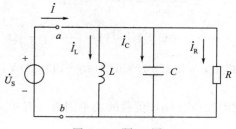

图 3-13　题 10 图

解

$$X_\text{L} = \omega L,\ X_\text{C} = \frac{1}{\omega C}$$

由题可知，R、L、C 三者并联：

则总阻抗 $Z = \dfrac{\dfrac{\mathrm{j}X_\text{L}\,(-\mathrm{j}X_\text{C})\,R}{\mathrm{j}X_\text{L} - \mathrm{j}X_\text{C}}}{\dfrac{\mathrm{j}X_\text{L}\,(-\mathrm{j}X_\text{C})}{\mathrm{j}X_\text{L} - \mathrm{j}X_\text{C}} + R} = \dfrac{\dfrac{\mathrm{j}\omega L\left(-\mathrm{j}\dfrac{1}{\omega C}\right)R}{\mathrm{j}\omega L - \mathrm{j}\dfrac{1}{\omega C}}}{\dfrac{\mathrm{j}\omega L\left(-\mathrm{j}\dfrac{1}{\omega C}\right)}{\mathrm{j}\omega L - \mathrm{j}\dfrac{1}{\omega C}} + R} = \dfrac{\dfrac{L}{C}R}{\dfrac{L}{C} + \mathrm{j}R\left(\omega L - \dfrac{1}{\omega C}\right)}$

由于电路发生谐振现象，则 $\omega L = \dfrac{1}{\omega C}$，故 $\omega = \dfrac{1}{LC}$

$$Z = \frac{\dfrac{L}{C}R}{\dfrac{L}{C}} = R$$

$$\dot{I} = \dot{I}_\text{R} = \frac{\dot{U}_\text{S}}{R},\ \dot{I}_\text{L} = \frac{\dot{U}_\text{S}}{\mathrm{j}X_\text{L}} = \frac{\dot{U}_\text{S}}{\mathrm{j}\dfrac{1}{\sqrt{LC}}L} = \frac{\dot{U}_\text{S}}{\mathrm{j}}\sqrt{\frac{C}{L}}$$

$$\dot{I}_C = \frac{\dot{U}_S}{-jX_C} = \frac{\dot{U}_S}{-j\frac{\sqrt{LC}}{C}} = -\frac{\dot{U}_S}{j}\sqrt{\frac{C}{L}}$$

（11）如图 3-14 所示，$I_1 = 10A$，$I_2 = 10\sqrt{2}\,A$，$U = 200V$，$R = 5\Omega$，$R_2 = X_L$，试求 I，X_C，X_L 及 R_2。

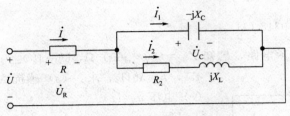

图 3-14　题 11 图

解　设 X_C 两端电压 $\dot{U}_C$ 为参考相量，即初相角为零。$\dot{I}_1$ 超前 $\dot{U}_C$ 90°，因 $R_2 = X_L$，故 $\dot{I}_2$ 滞后 $\dot{U}_C$ 45°，且 $I_2 = \dfrac{U_C}{\sqrt{R_2^2 + X_L^2}} = 10\sqrt{2}\,A$。

因 $\dot{I} = \dot{I}_1 + \dot{I}_2$，故从相量图中知：$I = I_1 = 10A$，$U_R = IR = 10 \times 5 = 50V$，与 I 同相。

又因 $\dot{U} = \dot{U}_R + \dot{U}_C$，三者同相，故 $U_C = U - U_R = 200 - 50 = 150V$。$X_C = \dfrac{U_C}{I_1} = \dfrac{150}{10} = 15\Omega$，$\sqrt{R_2^2 + X_L^2} = \dfrac{U_C}{I_2} = \dfrac{150}{10\sqrt{2}}$，故 $R_2 = X_L = 7.5\Omega$。

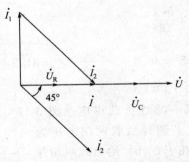

（12）如图 3-15 所示电路中，已知：$u = 220\sqrt{2}\sin314t\,V$，$i_1 = 22\sin(314t - 45°)\,A$，$i_2 = 11\sqrt{2}\sin(314t + 90°)\,A$，试问各电流表读数及电路参数 R、L 和 C。

解

$$I_2 = I_1\sin45° = \frac{22}{\sqrt{2}} \times \frac{\sqrt{2}}{2} = 11\ (A),$$

$$I = \sqrt{I_1^2 - I_2^2} = \sqrt{\left(\frac{22}{\sqrt{2}}\right)^2 - 11^2} = 11\ (A),$$

$$X_C = \frac{U}{I_2} = \frac{220}{11} = 20\ (\Omega),$$

$$C = \frac{1}{\omega X_C} = \frac{1}{314 \times 20} = 159\ (\mu F),$$

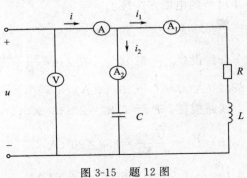

图 3-15　题 12 图

53

$$|Z_1| = \frac{U}{I_1} = \frac{220}{\frac{22}{\sqrt{2}}} = 10\sqrt{2} \ (\Omega),$$

$$R = |Z_1|\cos 45° = 10\sqrt{2} \times \frac{\sqrt{2}}{2} = 10 \ (\Omega),$$

$$X_L = |Z_1|\sin 45° = 10 \ (\Omega),$$

$$L = \frac{X_L}{314} = \frac{10}{314} = 0.0318 \ (\text{H})。$$

(13) 如图 3-16 所示电路，已知 $Z_2 = (80 - \text{j}60) \ \Omega$，$U = 100\angle 0° \text{V}$，若电流滞后电压 $45°$，$f = 50\text{Hz}$，求：（a）感抗 X_L；（b）电流 $i \ (t)$；（c）电压 $u_2 \ (t)$。

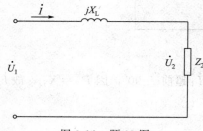

图 3-16　题 13 图

解

（a）$Z = \text{j}X_L + Z_2 = 80 + \text{j}(X_L - 60) \ (\Omega)$，

阻抗角　$\varphi = \tan^{-1}\dfrac{\omega L - 60}{80} = \varphi_u - \varphi_i = 45°$，

$$X_L = \tan 45° \times 80 + 60 = 140 \ (\Omega),$$

$$Z = 80 + \text{j}80 = 80\sqrt{2}\angle 45° \ (\Omega);$$

（b）$\dot{I} = \dfrac{\dot{U}}{Z} = \dfrac{100\angle 0°}{80\sqrt{2}\angle 45°} = \dfrac{5\sqrt{2}}{8}\angle -45° \ (\text{A})$，

$$i(t) = \frac{5}{4}\sin(314t - 45°) \ (\text{A});$$

（c）$\dot{U}_2 = Z_2\dot{I} = (80 - \text{j}60) \times \dfrac{5\sqrt{2}}{8}\angle 45°$

$$= 100 \times \frac{5\sqrt{2}}{8}\angle(-45° - 36.9°) = \frac{250\sqrt{2}}{4}\angle -81.9° \ (\text{V}),$$

$$u_2(t) = 125\sin(314t - 81.9°) \ (\text{V})。$$

(14) 某电源经输电线向某一感性负载供电（图 3-17），已知：负载 $R' = 4\Omega$，$X_L = 10\Omega$，输电线电阻 $R' = 0.5\Omega$，若测得负载两端电压为 220V，（a）求输电线的功率损耗 P；（b）给负载两端并联一个 $X_C = 25\Omega$ 的电容器，线路的功率损耗又是多少？（c）如果每日用电 8h，每年按 365 日计算，并联电容后一年可节约电能多少度？

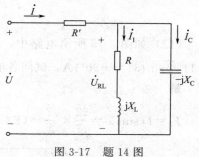

图 3-17　题 14 图

解

（a）设 $\dot{U}_{RL} = 220\angle 0°$，则 $\dot{I}_1 = \dfrac{\dot{U}_{RL}}{R + \text{j}X_L} = 20.43\angle -68.2° (\text{A})$　$I = I_1 = 20.43 (\text{A})$

线路损耗：$P_1 = I^2 R' = 20.43^2 \times 0.5 = 208.7 (\text{W})$

（b）$\dot{I}_C = \dfrac{\dot{U}_{RL}}{-\text{j}X_L} = 8.8\angle 90° (\text{A})$，

$\dot{I} = \dot{I}_1 + \dot{I}_C = 12.69\angle -53.3° (\text{A})$，

线路损耗：$P'_1 = 12.69^2 \times 0.5 = 80.52 (\text{W})$；

（c）一年可节约电能 $W = (208.7 - 80.52) \times 365 \times 8 \times 10^{-3} = 374.3 (\text{kW/h})$。

（15）欲用频率为 50Hz，额定电压为 220V，额定容量为 9.6kVA 的正弦交流电源供电给额定功率为 4.5kW，额定电压为 220V，功率因数为 0.5 的感性负载。问：（a）该电源供给的电流是否超过额定电流？（b）若将电路的功率因数提高到 0.9，应并联多大电容。

解

（a）电源需供出电源：$I = \dfrac{P}{U\cos\varphi} = \dfrac{4.5 \times 10^3}{220 \times 0.5} = 40.9 (\text{A})$

电源额定电流：$I_N = \dfrac{S_N}{U_N} = \dfrac{9.6 \times 10^3}{220} = 43.64 (\text{A})$

故电源供出的电流未超过其额定电流。

（b）$\cos\varphi' = 0.9$，$\tan\varphi' = 0.484$，$\cos\varphi = 0.5$，$\tan\varphi = 1.732$

$$C = \frac{P}{U^2\omega}(\tan\varphi - \tan\varphi') = 369.5 (\mu\text{F})$$

（16）如图 3-18 所示的正弦交流电路中，$Z_2 = (50 - \text{j}50)\Omega$，有效值 $U_2 = 100\text{V}$，感抗 $X_L = 100\Omega$。求（a）总电压有效值 U；（b）电路的等效阻抗和性质；（c）功率因数。

图 3-18　题 16 图

解

（a）设 $\dot{U}_2 = 100\angle 0° \text{V}$，电流 $\dot{I}$ 为 $\dot{I} = \dfrac{\dot{U}_2}{\dot{Z}_2} = \dfrac{100\angle 0°}{50 - \text{j}50}$

$= \sqrt{2}\angle 45° (\text{A})$

电压 $\dot{U}$ 为：$\dot{U} = \text{j}X_L\dot{I} + \dot{U}_2 = 100\sqrt{2}\angle 135° + 100 = -100 + \text{j}100 + 100 = \text{j}100 = 100\angle 90° (\text{V})$

电压 $\dot{U}$ 的有效值为　$U = 100\text{V}$

（b）电路的等效阻抗为　$Z = \text{j}X_L + Z_2 = \text{j}100 + 50 - \text{j}50 = 50 + \text{j}50 = 50\sqrt{2}\angle 45° (\Omega)$
电路呈感性。

（c）功率因数为　$\cos\varphi = \cos 45° = \dfrac{\sqrt{2}}{2}$。

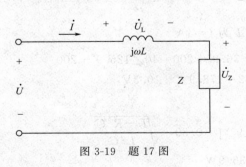

图 3-19　题 17 图

（17）如图 3-19 所示的正弦交流电路中，已知 $\dot{I} = 2\angle 0°\text{A}$，$Z = 19.5\angle -67.4°\Omega$，电感电压有效值 $U_L = 10\text{V}$，求（a）电路的等效阻抗和性质；（b）电压 $\dot{U}$；（c）电路的有功功率和无功功率。

解

（a）因为　$\dot{I} = 2\angle 0°\text{A}$，$U_L = 10\text{V}$

则　$\dot{U}_L = \text{j}10\text{V}$

电感的阻抗为　$Z_L = \text{j}X_L = \text{j}\omega L = \dfrac{\dot{U}_L}{\dot{I}} = \dfrac{\text{j}10}{2} = \text{j}5 \ (\Omega)$

则电路的等效阻抗为　$Z_{\text{eq}} = \text{j}X_L + Z = \text{j}5 + 19.5\angle -67.4°$

$$=j5+7.5-j18=7.5-j13=15\angle-60° \ (\Omega)$$

所以电路呈容性。

（b）阻抗 Z 两端的电压相量为 $\dot{U}_Z=Z\dot{I}=19.5\angle67.4°\times2=39\angle-67.4° \ (A)$

根据基尔霍夫电压定律的相量形式：

$$\dot{U}=\dot{U}_L+\dot{U}_Z=j10+39\angle-67.4°=j10+15-j36=30\angle60° \ (V)$$

（c）有功功率和无功功率分别为：

$$P=I^2\times7.5=2^2\times7.5=30 \ (W)$$

$$Q=I^2\times(-13)=2^2\times(-13)=-52 \ (Var)$$

（18）在电阻、电感、电容串联谐振电路中，$L=0.05\text{mH}$，$C=200\text{pF}$，品质因数 $Q=100$，交流电压的有效值 $U=1\text{mV}$。试求：（a）电路的谐振频率 f_0；（b）谐振时电路中的电流 I_0；（c）电容上的电压 U_C。

解

（a）电路的谐振频率

$$f_0=\frac{1}{2\pi\sqrt{LC}}=\frac{1}{2\times3.14\times\sqrt{5\times10^{-5}\times2\times10^{-10}}}=1.59\text{MHz}$$

（b）由于品质因数 $Q=\frac{1}{R}\sqrt{\frac{L}{C}}=100$，故可得：

$$R=\frac{1}{Q}\sqrt{\frac{L}{C}}=5\Omega$$

所以 $$I_0=\frac{U}{R}=\frac{1\times10^{-3}}{5}\text{A}=0.2\text{mA}$$

（c）电容两端的电压是电源电压的 Q 倍，即 $U_C=QU=100\times10^{-3}\text{V}=0.1\text{V}$

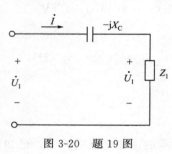

图 3-20 题 19 图

（19）如图 3-20 所示的正弦交流电路中，$Z_1=(40+j30)$ Ω，$X_C=10\Omega$，有效值 $U_1=200\text{V}$，求（a）电流的有效值 I；（b）总电压 U；（c）电路的有功功率和功率因数。

解

（a）设 $\dot{U}_1=200\angle0°\text{V}$，则电流为 $\dot{I}=\frac{\dot{U}_1}{Z_1}=\frac{200\angle0°}{40+j30}=4\angle-36.9°\text{A}$

所以电流有效值 I 为 $I=4\text{A}$

（b）总电压 $\dot{U}$ 为 $\dot{U}=jX_C\dot{I}+\dot{U}_1=-j10\times4\angle-36.9°+200=40\angle126.9°+200$

$$=-24-j32+200=176-j32=178.9\angle-10.3\text{V}$$

所以电压有效值 U 为 $U=178.9\text{V}$

（c）功率因数为 $\cos\varphi=\cos[-10.3°-(-36.9°)]=0.89$ $\sqrt{\dfrac{L-R^2C}{L^2C}}$

有功功率为 $P=UI\cos\varphi=178.9\times4\times0.89=636.9\text{W}$

3.3.6 提高题

（1）如图 3-21 所示电路中 $L=2\text{mH}$，$C=7.75\mu\text{F}$，$R=10\Omega$。求谐振频率 f_0、谐振点的导纳 Y_0、$\omega_1=8\times10\text{rad/s}$ 的导纳 $|Y_1|$。

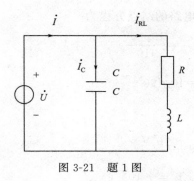

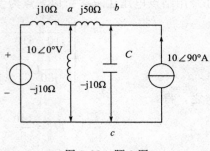

图 3-21　题 1 图　　　　　　　　　　图 3-22　题 2 图

分析：本题较为简单，主要考查并联谐振的知识点。

解
$$Y=\mathrm{j}\omega C+\frac{1}{R+\mathrm{j}\omega L}=\frac{R+\mathrm{j}\omega(\omega^2L^2C+R^2C-L)}{R^2+(\omega L)^2}$$

当 $\omega^2L^2C+R^2C-L=0$ 时，$\dot{I}$ 与 $\dot{U}$ 同相，电路发生谐振，由此可知，谐振角频率为：

$$\omega_0=6286\mathrm{rad/s},\ f_0=\frac{\omega_0}{2\pi}=1000\mathrm{Hz}$$

谐振时，有：

$$|Y_0|=Y_0=\frac{R}{R^2+(\omega L)^2}=38.76\times10^3\mathrm{S}$$

$$|Y_1|=Y_1=\frac{R+\mathrm{j}\omega(\omega^2L^2C+R^2C-L)}{R^2+(\omega L)^2}=\frac{10+\mathrm{j}6}{356}\mathrm{S}$$

$$|Y_1|=\frac{1}{356}\sqrt{10^2+6^2}=32.76\times10^3(\mathrm{S})$$

（2）求如图 3-22 所示电路中的电压 $\dot{U}_{ab}$。

解

（a）用等效变换法求解：对电路实行含源电路的等效变换，得简化后的电路如下图所示，

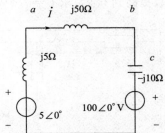

可求出

$$\dot{I}=\frac{5\angle0°-100\angle0°}{\mathrm{j}5+\mathrm{j}50-\mathrm{j}10}=\frac{-95}{\mathrm{j}45}=\frac{19}{9}\angle90°(\mathrm{A})$$

则

$$\dot{U}_{ab}=\mathrm{j}50\times\frac{19}{9}\angle90°=105.6\angle180°=-105.6(\mathrm{V})$$

（b）用结点电压法求解：以 c 点为参考点，列出电路的结点方程为

$$\begin{cases} \left(\dfrac{1}{j10}+\dfrac{1}{j10}+\dfrac{1}{j50}\right)\dot{U}_{a}-\dfrac{1}{j50}\dot{U}_{b}=\dfrac{10\angle 0°}{j10} \\ -\dfrac{1}{j50}\dot{U}_{a}+\left(\dfrac{1}{j50}-\dfrac{1}{j10}\right)\dot{U}_{b}=10\angle 90° \end{cases}$$

解之，得：

$$\dot{U}_{a}=\frac{140}{9}\angle 0°V, \ \dot{U}_{b}=\frac{1090}{9}\angle 0°V$$

$$\dot{U}_{ab}=\dot{U}_{a}-\dot{U}_{b}=\frac{140}{9}\angle 0°-\frac{1090}{9}\angle 0°=-105.6V$$

（c）用戴维南定理求解：将 a、b 间的 $j50\Omega$ 支路断开后，求得开路电压为

$$\dot{U}_{oc}=\dot{U}_{abo}=\frac{10\angle 0°}{j10+j10}\times j10-(-j10)\times 10\angle 90°=5\angle 0°-100\angle 0°=-95V$$

所以戴维南等效阻抗为

$$Z_{eq}=\frac{j10\times j10}{j10+j10}-j10=-j5(\Omega)$$

做出戴维南等效电路如下图所示，于是可求得：

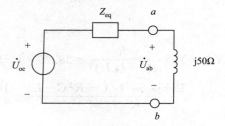

$$\dot{U}_{ab}=\frac{\dot{U}_{oc}}{Z_{eq}+j50}\times j50=-105.6(V)$$

（3）图 3-23 为某负载的等效电路模型，已知 $R_1=X_1=8\Omega$，$R_2=X_2=3\Omega$，$R_m=X_m=3\Omega$，外部正弦电压有效值 $U=220V$，频率 $f=50Hz$。

（a）求负载的平均功率和功率因数。

（b）若并上电容，将功率因数提高到 0.9，求 $C=$？

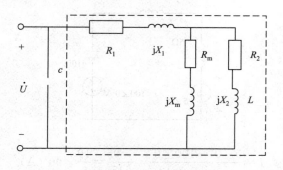

图 3-23　题 3 图

分析：将点画线框内的负载阻抗进行等效变换，可以方便问题的求解。

解

（a）负载总阻抗为

$$Z = R_1 + X_1 + \frac{(R_m + jX_m)(R_2 + jX_2)}{R_m + R_2 + j(X_m + X_2)}$$

$$= 8 + j8 + \frac{(6 + j6)(3 + j3)}{6 + 3 + j(6 + 3)}$$

$$= 10 + j10 = 10\sqrt{2} \angle 45° \Omega$$

设 $\dot{U} = 220 \angle 0° V$

则总电流为

$$\dot{I} = \frac{220 \angle 0°}{10\sqrt{2} \angle 45°} A = 11\sqrt{2} \angle -45° A$$

$$P = UI\cos\varphi = 220 \times 11\sqrt{2} \cos 45° W = 2420W$$

$$\lambda = \cos 45° = 0.707$$

（b） $\cos\varphi_2 = 0.9$， $\varphi_2 = 25.8°$

$$C = \frac{P(\tan\varphi_1 - \tan\varphi_2)}{\omega U^2} = \frac{2420(\tan 45° - \tan 25.8°)}{314 \times 220^2} = 82.3(\mu F)$$

答案

填空题

（1） $E_m \sin(\omega t + \varphi_e)V$； $I_m \sin(\omega t + \varphi_i)A$

（2）幅值；角频率；初相位

（3） $-120°$； i_2； i_1

（4） $220\sqrt{2}$， 220， 314， $314t + 60°$， 60°

（5）有效值（或最大值）；初相位

（6） $U \angle -\varphi_u$

（7） $24 + j25$； $-7j$

（8）超前； $2\pi fL$； Ω

（9） 4； 0.0127H

（10）为原来的一半

选择题

（01）—（05）C A D C C；（06）—（10）D A B D B。

判断题

（01）—（05）√ √ × √ ×；（06）—（10）√ √ × √ √。

第4章　三相电路及安全用电

4.1　基本要求

掌握三相对称电压的特点及相电压与线电压的概念。

掌握相电流与线电流的概念与计算方法，对称三相电路的概念及其计算方法，负载星形连接的三相电路的特点，负载三角形连接的三相电路的特点。

理解三相对称电源绕组星接与角接时电压特点，三相平均功率的计算。

了解三相电压的产生方法，无功功率和视在功率的概念和计算。

4.2　学习指南

4.2.1　主要内容综述

（1）对称三相电源与连接方式

对称三相电源的连接方式包括星形连接与角形连接。就供电方式而言，三相电源的星形连接方式又分为三相四线制和三相三线制。对称三相电源的特点与连接方式可以用表 4-1 概括。

表 4-1　三相电源

项目		三　相　电　源	
三相电动势		$\begin{cases} e_A = E_m \sin\omega t \\ e_B = E_m \sin(\omega t - 120°) \\ e_C = E_m \sin(\omega t + 120°) \end{cases}$	
对称三相电压	$\begin{cases} u_A = U_m \sin\omega t \\ u_B = U_m \sin(\omega t - 120°) \\ u_C = U_m \sin(\omega t + 120°) \end{cases}$	$\begin{cases} \dot{U}_A = U\angle 0° = \dot{U} \\ \dot{U}_B = U\angle -120° = \alpha^2 \dot{U} \\ \dot{U}_C = U\angle 120° = \alpha \dot{U} \end{cases}$	$\dot{U}_C$ $\dot{U}_A$ $\dot{U}_B$
		$\begin{cases} u_A + u_B + u_C = 0 \\ \dot{U}_A + \dot{U}_B + \dot{U}_C = 0 \end{cases}$	
相序	正序或顺序	A 超前 B；B 超前 C	
	反序或逆序	B 超前 A；C 超前 B	

	三相电源的星形连接	三相电源的三角形连接
电路图	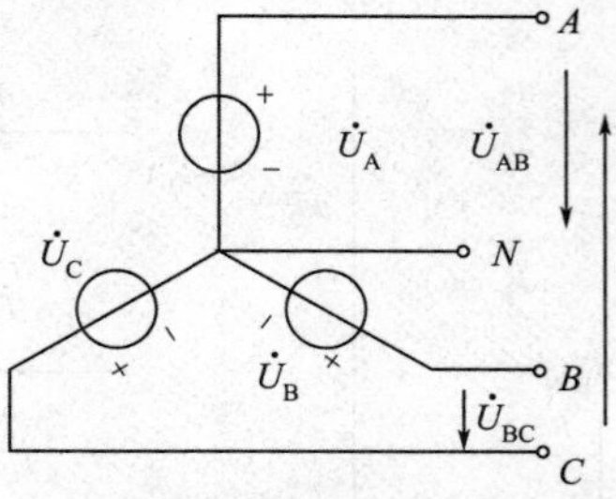 从中性点引出一根线叫做中性线或零线；A、B、C 分别引出三根输出线，称为端线或相线，俗称火线	
相电压、线电压的关系（端线与中性点之间的电压称为相电压；两根端线之间的电压称为线电压）	$\begin{cases} \dot{U}_{AB} = \dot{U}_A - \dot{U}_B \\ \dot{U}_{BC} = \dot{U}_B - \dot{U}_C \\ \dot{U}_{CA} = \dot{U}_C - \dot{U}_A \end{cases}$ $\begin{cases} \dot{U}_{AB} = \sqrt{3}\,\dot{U}_A \angle 30° \\ \dot{U}_{BC} = \sqrt{3}\,\dot{U}_B \angle 30° \\ \dot{U}_{CA} = \sqrt{3}\,\dot{U}_C \angle 30° \end{cases}$ 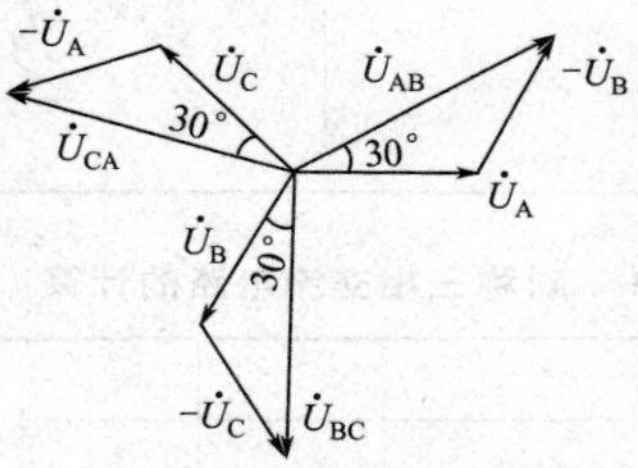	$\begin{cases} \dot{U}_{AB} = \dot{U}_A \\ \dot{U}_{BC} = \dot{U}_B \\ \dot{U}_{CA} = \dot{U}_C \end{cases}$

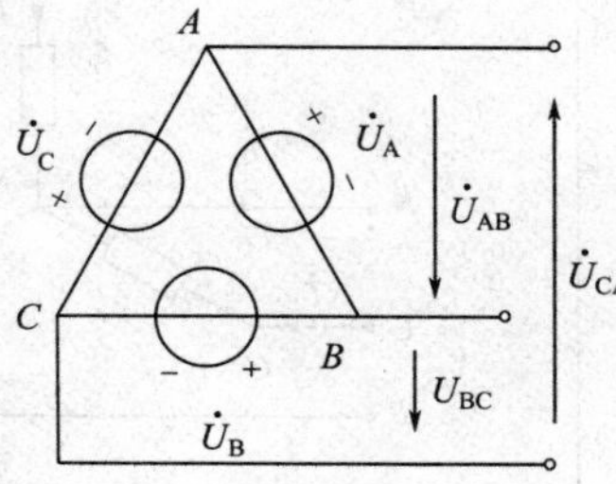

（2）三相电路的连接

① 三相对称电源的使用形式

a. 各相电源分别使用　以某相交流电（火线）和工作零线（工作零线是发电机或变电设备的中性线通过大地连接的）与单相负载组成一个回路来消耗电能。单相负载尽量均衡地分配到三相电源上，以使三相电源的负荷基本接近，以达到节能的要求。这类单相负载很多，如普通照明、单相电器等。

b. 二相电源一起使用　以三相中的任意两相交流电源与负载（如380V电焊机）组成一个回路来消耗电能。也力求三相的负荷基本接近。

c. 三相电源一起使用　三相交流电源以三角形或星形连接方式与三相负载组成一个三相电路来消耗电能。如三相电动机等，它们实际上是将电能还原到动能。

② 三相负载连接方式　当三相电源和三相负载都对称时，称为对称三相电路。若三相电源不对称或三相负载不对称，则称为不对称三相电路。三相负载连接的特点可以用表4-2概括。

（3）三相电路的计算

① 对称三相电路的计算　根据 Y 形和△形连接时相电压与线电压的关系和相电流与线电流的关系，可得到△形负载的线电压和相电流。三相对称电路的计算可以用表4-3进行概括。

表 4-2　三相负载连接的特点

类别	星形连接	三角形连接
电路图		
相电流与线电流的关系	$$\begin{cases} \dot{I}_{A'N'} = \dot{I}_A \\ \dot{I}_{B'N'} = \dot{I}_B \\ \dot{I}_{C'N'} = \dot{I}_C \end{cases}$$	$$\begin{cases} \dot{I}_A = \sqrt{3}\,\dot{I}_{A'B'} \angle -30° \\ \dot{I}_B = \sqrt{3}\,\dot{I}_{B'C'} \angle -30° \\ \dot{I}_C = \sqrt{3}\,\dot{I}_{C'A'} \angle -30° \end{cases}$$

表 4-3　对称三相交流电路的计算

类别	△形负载		Y形负载
电路			
电压	对称三相电路的负载相电压、线电压对称;它们之间的关系与△形电源相同		对称三相电路中, $\dot{U}_{NN'} = 0$;负载相电压、线电压对称,它们之间的关系与 Y 形电源相同
负载电流	相电流	线电流	相电流=线电流
	$\dot{I}_{AB} = \dfrac{\dot{U}_{AB}}{Z_A}$	$\dot{I}_A = \dot{I}_{AB} - \dot{I}_{CA} = \sqrt{3}\,\dot{I}_{AB}\angle -30°$	$\dot{I}_A = \dfrac{\dot{U}_A}{Z_A} = \dfrac{\dot{U}_A}{Z}$
	$\dot{I}_{BC} = \dfrac{\dot{U}_{BC}}{Z_B}$	$\dot{I}_B = \dot{I}_{BC} - \dot{I}_{AB} = \sqrt{3}\,\dot{I}_{BC}\angle -30°$	$\dot{I}_B = \dfrac{\dot{U}_B}{Z_B} = \dfrac{\dot{U}_B}{Z} = \dot{I}_A\angle -120°$
	$\dot{I}_{CA} = \dfrac{\dot{U}_{CA}}{Z_C}$	$\dot{I}_C = \dot{I}_{CA} - \dot{I}_{BC} = \sqrt{3}\,\dot{I}_{CA}\angle -30°$	$\dot{I}_C = \dfrac{\dot{U}_C}{Z_C} = \dfrac{\dot{U}_C}{Z} = \dot{I}_C\angle +120°$
其他	$\dot{I}_A + \dot{I}_B + \dot{I}_C = 0$　　$\dot{I}_{AB} + \dot{I}_{BC} + \dot{I}_{CA} = 0$		$\dot{I}_A + \dot{I}_B + \dot{I}_C = 0$

② 不对称的三相电路计算　电源或负载不对称的三相电路称为非对称三相电路，低压电力网中负载不对称情况很多。利用对称三相电路的特点，采用特殊的方法，可使对称三相电路的分析方法得以简化。但对于非对称三相电路，一般而言只能采用一般正弦稳态电路的分析方法。非对称三相电路通常有两种：一是电源对称、负载不对称的 Y-Y 电路；二是电源对称、部分负载不对称的三相电路。

（4）三相电路功率的计算

三相对称电路功率的计算可以用表 4-4 进行概括。

表 4-4　三相电路功率的计算

类　别	一般三相电路	对称三相电路	说　明
复功率的计算	$\bar{S} = \bar{S}_A + \bar{S}_B + \bar{S}_C$	$\bar{S} = 3\bar{S}_A$	
有功功率的计算	$P = P_A + P_B + P_C$	$P = 3U_A I_A \cos\varphi$ $Q = 3U_A I_A \sin\varphi$	U_A、I_A—相电压和相电流的有效值 φ—相电压与相电流的相位差
无功功率的计算	$Q = Q_A + Q_B + Q_C$	$P = \sqrt{3}U_{AB} I_A \cos\varphi$ $Q = \sqrt{3}U_{AB} I_A \sin\varphi$	U_A、I_A—线电压和线电流的有效值 φ—相电压与相电流的相位差
瞬时功率的计算	$P = P_A + P_B + P_C$	$P = 3U_A I_A \cos\varphi$	

（5）安全用电

① 触电方式　包括单相触电与两相触电。

② 触电防护　通用接触电压极限与环境相关：常规环境，交流 50V、直流 120V；潮湿环境，交流 25V、直流 60V。

GB 规定的安全电压额定值为：42V、36V、24V、12V、6V。

③ 保护接地和保护接零　对于 IT 系统，适用于中性点不接地的三相三线制供电系统，将用电设备的金属外壳通过接地装置接地。IT 系统也称为保护接地。接地装置的接地电阻一般不超过 4Ω。保护接零（TN 系统）适用于中性点接地的三相四线制供电系统中的电气设备。

④ 电气防火和防爆

a. 主要原因　电气设备使用不当；电气设备发生故障。

b. 预防措施　合理选用电气设备——防爆电器；保持电气设备正常运行；保持必要的安全距离；保持良好的通风；装备可靠的基地装置；采取完美的组织措施。

4.2.2　重点难点解析

（1）对称三相电源

三相对称电源的电压的幅值相等、频率相同、相位互差120°。对称三相电压之和为 0。

（2）电源与负载的连接

对称三相电源的连接方式包括星形连接与角形连接。三相负载连接方式也有星形和角形两种连接，采用哪种方法，要根据负载的额定电压和电源电压确定，满足电源提供的电压等于负载的额定电压的条件。这样根据三相电源与三相负载连接方式不同，三相电路可以分为四种，即电源星接负载星接（Y-Y），电源星接负载角形（Y-△），电源角接负载星接（△-Y），电源角接负载角接（△-△）。

（3）三相电路计算

当负载与电源均为 Y 形时，对称三相电路各电源中性点与各负载中性点为等电位。利用这一特性，可将三相化成单相再进行计算。

三相化单相的过程是：首先将负载均变换成Y形连接，保留其中一相（如A相），将电源与负载的各中性点用导线相连，然后按一般正弦稳态电路的分析方法计算单相电路。最后根据各相的对称特性，可得到另外两相电路的电流、电压。

无论负载为Y或△连接，每相有功功率都应为：

$$P_P = U_P I_P \cos\varphi_P$$

当负载对称时，三相电路功率为：

$$P = 3U_P I_P \cos\varphi_P$$

对称负载Y连接时，每负载的相电压与相电流的有效值分别为：

$$U_P = \frac{1}{\sqrt{3}}U_L, \quad I_P = I_L$$

对称负载△连接时，每负载的相电压与相电流的有效值分别为：

$$U_P = U_L, \quad I_P = \frac{1}{\sqrt{3}}I_L$$

三相电路的有功功率可以表示为：

$$P = 3U_P I_P \cos\varphi_P = \sqrt{3}U_L I_L \cos\varphi_P$$

4.3 习题与解答

4.3.1 典型题

【例4-1】 在图4-1所示的三相电路中，有一三相对称负载作星形连接，每相负载阻抗为 $Z = 15 + j20\Omega$，接至三相对称电源上，已知 $\dot{U}_{AB} = 380\angle 0°V$，试求各相负载中的电流 $\dot{I}_A$、$\dot{I}_B$、$\dot{I}_C$ 及功率因数，并绘出相量图。

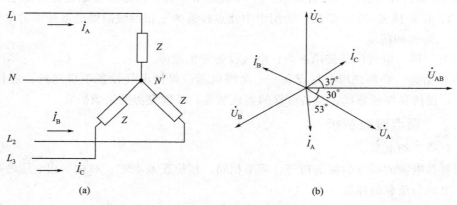

图4-1 例4-1题图

解 对称负载作Y连接

$$\dot{U}_{AB} = 380\angle 0°V, \quad \dot{U}_A = 220\angle -30°V$$

$$\dot{I}_A = \frac{\dot{U}_A}{Z} = \frac{220\angle -30°}{25\angle 53°} = 8.8\angle -83°A$$

$$\dot{I}_B = 8.8\angle -83° - 120° = 8.8\angle -203° = 8.8\angle 157°A$$

$$\dot{I}_C = 8.8\angle -83° + 120° = 8.8\angle 37°A, \quad \cos\varphi = \cos53° = 0.6$$

相量图见图 4-1 (b)。

【例 4-2】 在图 4-2 所示的三相电路中，测得 $U=380$V，$I=22$A，又知三相总功率 $P=7260$W。求：（1）每相负载的电阻、电抗、阻抗和功率因数；（2）如果 L_1 相负载被短路，此时电流表的读数和三相总功率将变为多少？

解 （1）功率因数 $\cos\varphi=\dfrac{P}{3U_p I_p}=\dfrac{1}{2}$，阻抗 $Z=\dfrac{U_p}{I_p}=10\Omega$，电阻 $R=Z\cos\varphi=5\Omega$，

电抗 $X=\sqrt{Z^2-R^2}=8.66\Omega$。

（2）此时每相负载中电流大小为 $I_1=\dfrac{U_1}{Z}=38$A，且两相负载中电流的相位差为 $120°$，

所以电流表的读数为 $38\sqrt{3}$ A。三相总功率为 $P=2U_1 I_1\cos\varphi=14440$W。

【例 4-3】 在图 4-3 (a) 所示的三相电路中，电源电压及负载阻抗已知。（1）若出现 A 相负载发生断相，计算各负载相电流有效值。（2）若出现 A 相负载发生短路，计算各负载相电流有效值。

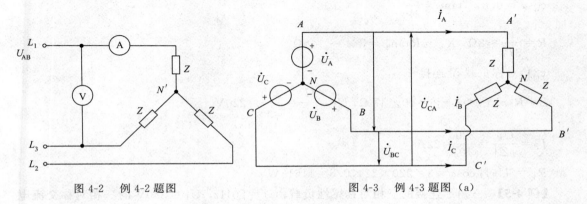

图 4-2　例 4-2 题图　　　　　　　　图 4-3　例 4-3 题图 （a）

解 三相对称负载正常运行时的线电流：$I_A=I_B=I_C=I_P=\dfrac{U_P}{|Z|}$，但电路发生断路、

短路时，电路不再对称。

（1）A 相负载发生断相后的电路如图 4-4 (b) 所示。

$A'N'$ 断相：$I_A=0$　$I_B=I_C=\dfrac{U_1}{2|Z|}=\dfrac{\sqrt{3}U_P}{2|Z|}=0.866I_P$

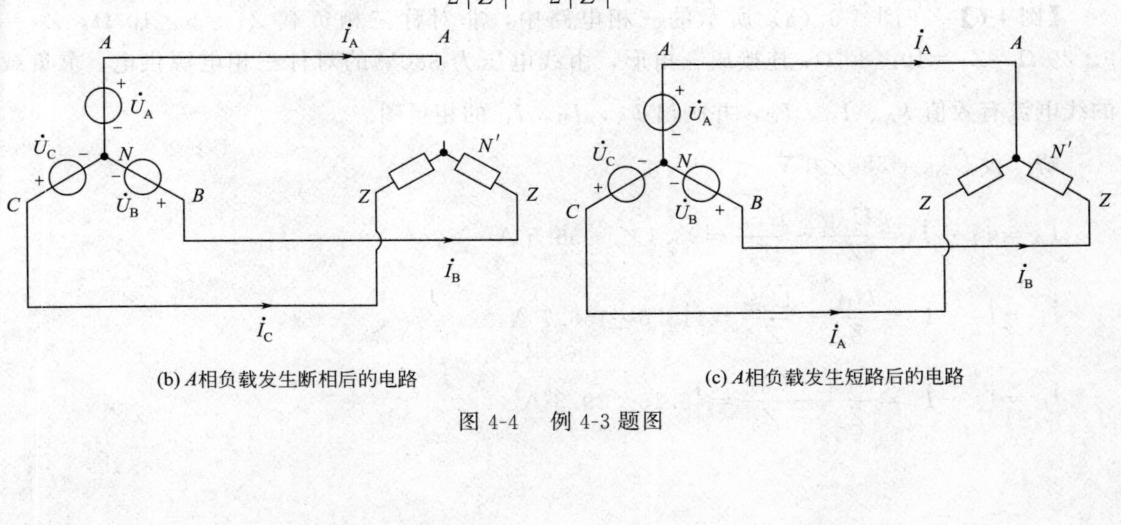

(b) A相负载发生断相后的电路　　　　　　　　(c) A相负载发生短路后的电路

图 4-4　例 4-3 题图

（2）出现 A 相负载发生短路后的电路如图 4-4（c）所示。

$A'N'$ 短路：$I_B = I_C = \dfrac{U_1}{|Z|} = \sqrt{3}\, I_P$

$$\dot{I}_A = -\dot{I}_B - \dot{I}_C = -\dfrac{\dot{U}_{BA}}{Z} - \dfrac{\dot{U}_{CA}}{Z} = \dfrac{\dot{U}_{AB} - \dot{U}_{CA}}{Z}$$

$$I_A = \dfrac{\sqrt{3}\, U_1}{|Z|} = \dfrac{3 U_P}{|Z|} = 3 I_P$$

【例 4-4】 有一个三相对称三角形连接的电感性负载，$\cos\varphi = 0.8$，接于线电压 $U_L = 380\mathrm{V}$ 的三相对称电源上。负载消耗的总功率 $P = 34848\mathrm{W}$。试求负载每相的电阻及电抗。若负载改为星形连接，求负载消耗的总功率。

解 （1）对称负载△连接

$$I_P = \dfrac{P}{3 U_P \cos\varphi} = \dfrac{34848}{3 \times 380 \times 0.8} \approx 38.21\mathrm{A}$$

$$\cos\varphi = 0.8, \quad \tan\varphi = \dfrac{3}{4}$$

$$R = \dfrac{P}{3 I_P^2} \approx 8\Omega, \quad X_L = R \tan\varphi = 8 \times \dfrac{3}{4} = 6\Omega$$

（2）对称负载 Y 连接

$$Z = R + \mathrm{j} X_L = 8 + \mathrm{j}6 = 10\angle 37°\,\Omega, \quad U_P = \dfrac{U_L}{\sqrt{3}} = \dfrac{380}{\sqrt{3}} = 220\mathrm{V}$$

$$I_P = \dfrac{U_P}{|Z|} = \dfrac{220}{10} = 22\mathrm{A}$$

$$P_Y = 3 U_P I_P \cos\varphi = 3 \times 220 \times 22 \times 0.8 = 11616\mathrm{W}$$

【例 4-5】 三角形连接的三相对称感性负载由 $f = 50\mathrm{Hz}$，$U_L = 380\mathrm{V}$ 的三相对称交流电源供电，已知电源供出的有功功率为 5.7kW，负载电流为 10A，求各相负载的 R，L 参数。

解 $\cos\varphi = \dfrac{P}{\sqrt{3} \times U_L \times I_L} = \dfrac{5.7\mathrm{kW}}{\sqrt{3} \times 380 \times \sqrt{3} \times 10} = 0.5$

$$|Z| = \dfrac{U}{I} = 38\Omega, \quad R = |Z| \times \cos\varphi = 19\Omega, \quad L = \dfrac{|Z| \times \sin\varphi}{2\pi f} = \dfrac{38 \times \dfrac{\sqrt{3}}{2}}{100\pi} = 0.1048\mathrm{H}$$

【例 4-6】 在图 4-5（a）所示的三相电路中，非对称三相负载 $Z_1 = 5\angle 10°\,\Omega$，$Z_2 = 9\angle 30°\,\Omega$，$Z_1 = 10\angle 80°\,\Omega$，连接成三角形，由线电压为 380V 的对称三相电源供电。求负载的线电流有效值 I_A、I_B、I_C，并画出 $\dot{I}_A$、$\dot{I}_B$、$\dot{I}_C$ 的相量图。

解 设 $\dot{U}_{AB} = 380\angle 0°\mathrm{V}$

$$\dot{I}_A = \dot{I}_1 - \dot{I}_2 = \dfrac{\dot{U}_{AB}}{Z_1} - \dfrac{\dot{U}_{CA}}{Z_2} = 93.1\angle -36.5°\mathrm{A}$$

$$\dot{I}_B = \dot{I}_3 - \dot{I}_1 = \dfrac{\dot{U}_{BC}}{Z_3} - \dfrac{\dot{U}_{AB}}{Z_1} = 113.6\angle 166.7°\mathrm{A}$$

$$\dot{I}_C = \dot{I}_2 - \dot{I}_3 = \dfrac{\dot{U}_{CA}}{Z_2} - \dfrac{\dot{U}_{BC}}{Z_3} = 46.15\angle 39.3°\mathrm{A}$$

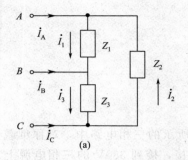

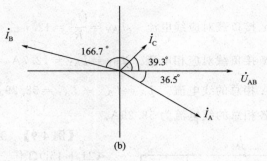

图 4-5　例 4-6 题图

$I_A = 93.1\text{A}$　$I_B = 113.6\text{A}$　$I_C = 46.15\text{A}$

【例 4-7】 某建筑物有三层楼，每层的照明分别由三相电源的各相供电，电源电压为 380/220V，每层楼装有 220V，100W 的白炽灯 100 盏。(1) 求楼内电灯全部点亮时的总的相电流、线电流的大小；(2) 若第一层的电灯全关闭，第二层全开亮，第三层只开 10 盏，电源中性线又因故断开，分析该照明电路的工作情况。

解 (1) 负载星形解法，每个灯的电阻　$R = \dfrac{U^2}{P} = \dfrac{220^2}{100} = 484\Omega$

100 个灯全点亮时的等效电阻　$Z = \dfrac{484}{100} = 4.84\Omega$

相电流　$I_P = \dfrac{220}{4.84} = 45.45\text{A}$

线电流　$I_L = I_P = 45.45\text{A}$

(2) 一层断路，二层等效电阻 $Z_2 = 4.84\Omega$，三层等效电阻 $Z_3 = 48.4\Omega$。此时，二层和三层对线电压 380V 分压。

二层分压　$U_2 = \dfrac{4.84}{4.84 + 48.4} \times 380 = 34.545\text{V}$

三层分压　$U_3 = \dfrac{48.4}{4.84 + 48.4} \times 380 = 345.45\text{V}$

二层灯的电压小于额定电压，三层灯的电压大于额定电压。

【例 4-8】 在图 4-6 所示的三相电路中，线电压 $U_1 = 220\text{V}$ 的对称三相电源上接有两组对称三相负载，一组是接成三角形的感性负载，每相功率为 4.84kW，功率因数 $\lambda = 0.8$；另一组是接成星形的电阻负载，每相阻值为 10Ω。求各组负载的相电流及总的线电流。

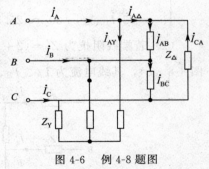

图 4-6　例 4-8 题图

解 设 $\dot{U}_{AB} = 220\angle 0°\text{V}$　$\varphi = 36.8°$（感性），则△接负载相电流 $I_{P\triangle} = \dfrac{P}{U_P \lambda} = 27.5\text{A}$

$I_{P\triangle} = I_{AB} = \dfrac{P}{U_{AB}\cos\varphi} = 27.5\text{A}$，　$\dot{I}_{AB} = I_{AB}\angle -\arccos\varphi = 27.5\angle -36.8°\text{A}$

△接负载对应线电流　$\dot{I}_{A\triangle} = \sqrt{3}\angle -30° \dot{I}_{AB} = 47.6\angle -66.8°\text{A}$

Y 接负载对应相电压　$\dot{U}_A = \dfrac{220}{\sqrt{3}}\angle -30° = 127\angle -30°\text{V}$

Y 接负载对应线电流　　$\dot{I}_{AY} = \dfrac{\dot{U}_A}{R} = 12.7\angle-30°\text{A}$

Y 接负载对应相电流　　$I_{PY} = I_{AY} = 12.7\text{A}$

A 相总的线电流　　$\dot{I}_A = \dot{I}_{A\triangle} + \dot{I}_{AY} = 58.29\angle-59.3\text{A}$

各相总的线电流为 58.29A。

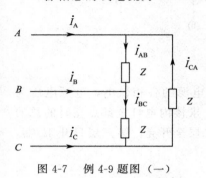

图 4-7　例 4-9 题图（一）

【**例 4-9**】　在图 4-7 所示的三相电路中，对称负载 $Z = (21+15j)\Omega$ 作三角形连接，接到 380V 的三相电源上。若不计端线阻抗，求负载的线电流、相电流、线电压。当传输线线阻抗为 $(2+j)\Omega$ 时，再求负载的线电流、相电流、线电压、相电压。

解　设 $\begin{cases}\dot{U}_{AB} = 380\angle0°\text{V}\\ \dot{U}_{BC} = 380\angle-120°\text{V}\\ \dot{U}_{CA} = 380\angle120°\text{V}\end{cases}$

（1）相电流为：

$$\begin{cases}\dot{I}_{AB} = \dfrac{\dot{U}_{AB}}{Z} = \dfrac{380\angle0°}{21+15j}\text{A} \approx 14.7\angle-35.5°\text{A}\\[2mm] \dot{I}_{BC} = \dfrac{\dot{U}_{BC}}{Z} = \dfrac{380\angle-120°}{21+15j}\text{A} \approx 14.7\angle-155.5°\text{A}\\[2mm] \dot{I}_{CA} = \dfrac{\dot{U}_{CA}}{Z} = \dfrac{380\angle120°}{21+15j}\text{A} \approx 14.7\angle84.5°\text{A}\end{cases}$$

根据三相三角形负载线电流的向量关系得：

$$\begin{cases}\dot{I}_A = \sqrt{3}\ \dot{I}_{AB}\angle-30° \approx 25.5\angle-65.5°\text{A}\\ \dot{I}_B = \sqrt{3}\ \dot{I}_{BC}\angle-30° \approx 25.5\angle-185.5°\text{A}\\ \dot{I}_C = \sqrt{3}\ \dot{I}_{CA}\angle-30° \approx 25.5\angle54.5°\text{A}\end{cases}$$

（2）若端线阻抗为 $Z' = (2+j)\Omega$，则电路图变为图 4-8（a），再通过星-三角转换等效为图 4-8（b），其线电流为 $\dot{I}_A$、$\dot{I}_B$、$\dot{I}_C$，在由三角形负载等效为星形负载后不变。

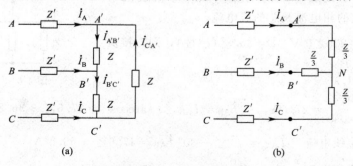

(a)　　　　　　　　　　　(b)

图 4-8　例 4-9 题图（二）

依照例 4-9 图（b）可求得：

$$
\begin{cases}
\dot{I}_A = \dfrac{\dot{U}_{AN}}{Z' + Z/3} \\[2mm]
\dot{I}_B = \dfrac{\dot{U}_{BN}}{Z' + Z/3} \\[2mm]
\dot{I}_C = \dfrac{\dot{U}_{CN}}{Z' + Z/3}
\end{cases}
$$

由已知　令 $\dot{U}_{AB} = 380\angle 0°\mathrm{V}$，则 $\dot{U}_{BC} = 380\angle-120°\mathrm{V}$，$\dot{U}_{CA} = 380\angle 120°\mathrm{V}$
根据星形负载相电压和线电压的关系可得：

$$
\begin{cases}
\dot{U}_{AN} = \dfrac{\dot{U}_{AB}}{\sqrt{3}\angle 30°} = 220\angle-30°\mathrm{V} \\[2mm]
\dot{U}_{BN} = \dfrac{\dot{U}_{BC}}{\sqrt{3}\angle 30°} = 220\angle-150°\mathrm{V} \\[2mm]
\dot{U}_{CN} = \dfrac{\dot{U}_{CA}}{\sqrt{3}\angle 30°} = 220\angle 90°\mathrm{V}
\end{cases}
$$

则
$$
\begin{cases}
\dot{I}_A \approx \dfrac{220\angle-30°}{10.8\angle 33.7°} \approx 20.34\angle-63.7°\mathrm{A} \\[2mm]
\dot{I}_B \approx \dfrac{220\angle-150°}{10.8\angle 33.7°} \approx 20.34\angle-183.7°\mathrm{A} \\[2mm]
\dot{I}_C \approx \dfrac{220\angle 90°}{10.8\angle 33.7°} \approx 20.34\angle 56.3°\mathrm{A}
\end{cases}
$$

再根据三角形负载的线电流与相电流的关系得到相电流：

$$
\begin{cases}
\dot{I}_{A'B'} = \dfrac{\dot{I}_A}{\sqrt{3}\angle-30} \approx 11.75\angle-33.7\mathrm{A} \\[2mm]
\dot{I}_{B'C'} = \dfrac{\dot{I}_B}{\sqrt{3}\angle-30} \approx 11.75\angle-153.7\mathrm{A} \\[2mm]
\dot{I}_{C'A'} = \dfrac{\dot{I}_C}{\sqrt{3}\angle-30} \approx 11.75\angle 86.3\mathrm{A}
\end{cases}
$$

则根据三角形负载相电压等于线电压，所以：

$$
\begin{cases}
\dot{U}_{A'B'} = \dot{I}_{A'B'}Z \approx 303.2\angle 1.8°\mathrm{V} \\[2mm]
\dot{U}_{B'C'} = \dot{I}_{B'C'}Z \approx 303.2\angle-118.2°\mathrm{V} \\[2mm]
\dot{U}_{C'A'} = \dot{I}_{C'A'}Z \approx 303.2\angle 121.8°\mathrm{V}
\end{cases}
$$

4.3.2　填空题

（1）若正序对称三相电源电压 $u_1 = U_m \sin\left(\omega t + \dfrac{\pi}{2}\right)\mathrm{V}$，则 $u_2 = ($　　　　　$)$，$u_2 = ($　　　　$)$。

（2）对称三相电源星形连接时，线电压 $u_{31} = 380\sqrt{2}\sin(\omega t)\mathrm{V}$，$u_2 = ($　　　　$)\mathrm{V}$。

(3) 对称三相电路的有功功率 $P = \sqrt{3}U_1 I_1 \cos\varphi$，式中角 φ 为（　　　　　　　）与（　　　　　　）的相位差角。

(4) 三相对称负载星形连接时，负载线电压是相电压的（　　　）倍，线电流是相电流的（　　　）倍，若各相负载平衡，则中性线电流为（　　　　　）。

(5) 三相四线制供电线路中，火线与零线之间的电压叫做（　　　）火线与火线之间的电压叫做（　　　　　）。

(6) 三相对称电路中，负载三角形连接时线电流与相电流之比为（　　　　），相电压与线电压比为（　　　　）。

(7) 对称三相电路负载 $R = 10\Omega$，负载三角形连接，线电压 380V，则线电流的有效值为（　　　）。

(8) 在三相四线制供电系统中，中线的作用是（　　　　　　　　　　　　），在负载（　　　　）时，可以不接中线，（　　　　）时必须接中线。

(9) 在三相四线制供电系统中，当负载的额定电压与电源相电压相同时，负载应接成（　　　）形，当负载的额定电压与电源线电压相同时，应接成（　　　）形。

(10) 三相对称星接负载，其线电流 I_L 与对应相电流 I_P 的关系为 $I_L =$（　　　　　）。

(11) 三相四线制电路，已知 $\dot{I}_A = 10\angle 20°\text{A}$，$\dot{I}_B = 10\angle -100°\text{A}$，$\dot{I}_C = 10\angle 140°\text{A}$，则中线电流 $\dot{I}_N =$（　　　）A。

(12) 三个相同的电阻按星形接到 380V 线电压时，线电流为 2A。若把这三个电阻改为三角形连接并改接到 220V 线电压上，线电流为（　　　）A，相电流（　　　）A。

(13) 对称三相电路接到 380V 电源上，已知负载 $Z_A = Z_B = Z_C = 30 + j40\Omega$，三角形连接，则三相负载吸收的总有功功率 $P =$（　　　），无功功率 $Q =$（　　　），视在功率 $S =$（　　　），功率因素为（　　　）。

(14) 三相四线制电路无论对称与不对称，都可用（　　　）方法测量三相功率。

(15) 已知对称三相负载接成星形连接，每相电阻 $R = 22\Omega$，电源电压对称，设线电压 $\dot{U}_{12} = 380\angle 30°\text{V}$，电源引线阻抗忽略不计，线电流有效值 =（　　　）。

(16) 与对称三相电源相接的星形对称负载总功率为 10kW，线电流为 10A，若负载改为三角形连接，则总功率（　　　）kW，线电流为（　　　）A。

(17) 负载星形连接的三相对称电路，线电压 380V，负载阻抗 $Z = 5 + j5$，三相总功率 $P =$（　　　）W。

(18) 对称三相电路负载 $R = 10\Omega$，星形连接，电源线电压 380V，线电流的有效值（　　　）。

4.3.3　选择题

(1) 在负载星接的对称三相电路中，线电压为相电压的（　　　）倍。

A. 1.73　　　　　　　　B. 1.44　　　　　　　　C. 0.57　　　　　　　　D. 0.72

(2) 对称三相负载是指（　　　）。

A. $Z_A = Z_B = Z_C = |Z|\angle\varphi$　　　　　　　　B. $|Z_A| = |Z_B| = |Z_C| = |Z|$

C. $\varphi_A = \varphi_B = \varphi_C = \varphi$

(3) 在三相四线制供电系统中，中线的作用是（　　　）。

A. 构成电流回路　　　　　　　　　　　　B. 使不对称负载的相电压对称

C. 使电源线电压对称

（4）已知某三相四线制电路的线电压 $\dot{U}_{12}=380\angle13°\text{V}$，$\dot{U}_{23}=380\angle-107°\text{V}$，$\dot{U}_{31}=380\angle133°\text{V}$，当 $t=12\text{s}$ 时，三个相电压之和为（　　）。

    A. 380V   B. 0V   C. $380\sqrt{2}$ V

（5）三相电路中电源线电压为 380V，负载星形连接，三相负载分别为 $Z_1=10\Omega$，$Z_2=\text{j}10$，$Z_3=-\text{j}10\Omega$，则三相功率为（　　）W。

    A. 4840   B. 2200   C. 1200

（6）某三角形连接的三相对称负载接于三相对称电源，线电流与其对应的相电流的相位关系是（　　）。

    A. 线电流超前相电流 30°   B. 线电流滞后相电流 30°   C. 两者同相

（7）作星形连接有中线的三相不对称负载，接于对称的三相四线制电源上，则各相负载的电压（　　）。

    A. 不对称   B. 对称   C. 不一定对称

（8）某三相电路中 A，B，C 三相的有功功率分别为 P_A，P_B，P_C，则该三相电路总有功功率 P 为（　　）。

    A. $P_A+P_B+P_C$ B. $\sqrt{P_A^2+P_B^2+P_C^2}$ C. $\sqrt{P_A+P_B+P_C}$

（9）对称三相电路的无功功率 $Q=\sqrt{3}U_LI_L\sin\varphi$，式中角 φ 为（　　）。

    A. 线电压与线电流的相位差角   B. 负载阻抗的阻抗角

    C. 负载阻抗的阻抗角与 30° 之和

（10）某三相对称电路的线电压 $u_{AB}=U_L\sqrt{2}\sin(\omega t+30°)\text{V}$，线电流 $i_A=I_L\sqrt{2}\sin(\omega t+\varphi)\text{A}$，正相序。负载连接成星形，每相复阻抗 $Z=|Z|\angle\varphi$。该三相电路的有功功率表达式为（　　）。

    A. $\sqrt{3}U_LI_L\cos\varphi$ B. $\sqrt{3}U_LI_L\cos(30°+\varphi)$ C. $\sqrt{3}U_LI_L\cos30°$

（11）在对称三相四线制供电线路上，每相负载连接相同的灯泡（正常发光）。当其中的一个灯泡断路，剩余的 2 个灯泡将会出现（　　）。

    A. 都变暗   B. 都变亮

    C. 仍然能正常发光   D. 一个变亮一个变暗

（12）某三相电路的三个线电流分别为 $i_A=18\sin(314t+23°)\text{A}$，$i_B=18\sin(314t-97°)\text{A}$，$i_C=18\sin(314t+143°)\text{A}$，当 $t=10\text{s}$ 时，这三个电流之和为（　　）A。

    A. 18A   B. $\dfrac{18}{\sqrt{2}}$ C. 0A

（13）三相交流发电机的三个绕组接成星形时，若线电压 $u_{BC}=380\sqrt{2}\sin(\omega t)\text{V}$，则相电压 $u_A=$（　　）。

    A. $220\sqrt{2}\sin(\omega t+90°)\text{V}$ B. $220\sqrt{2}\sin(\omega t-30°)\text{V}$

    C. $220\sqrt{2}\sin(\omega t-150°)\text{V}$

（14）有一台星形连接的三相交流发电机，额定相电压为 660V，若测得其线电压 $U_{AB}=660\text{V}$，$U_{BC}=660\text{V}$，$U_{CA}=1143\text{V}$，则说明（　　）。

    A. 相绕组接反   B. 相绕组接反   C. 相绕组接反

（15）在某对称星形连接的三相负载电路中，已知线电压 $u_{AB}=380\sqrt{2}\sin(\omega t)\text{V}$，则 C

相电压有效值相量 $\dot{U}_C = ($ $)$。

    A. $220\angle90°$V   B. $380\angle90°$V   C. $220\angle-90°$V

    (16) 作三角形连接的三相对称负载，均为 RLC 串联电路，且 $R=10\Omega$，$X_L=X_C=5\Omega$，当相电流有效值为 $I_P=1$A 时，该三相负载的无功功率 $Q=($ $)$。

    A. 15Var   B. 30Var   C. 0Var

    (17) 某三角形连接的纯电容负载接于三相对称电源上，已知各相容抗 $X_C=6\Omega$，线电流为 10A，则三相视在功率 (   )。

    A. 1800VA   B. 600VA   C. 600W

    (18) 复阻抗为 Z 的三相对称电路中，保持电源电压不变，当负载接成星形时消耗的有功功率为 P_Y，接成三角形时消耗的有功功率为 $P_\triangle$，则两种接法时有功功率的关系为 (   )。

    A. $P_\triangle=3P_Y$ B. $P_\triangle=\dfrac{1}{3}P_Y$ C. $P_\triangle=P_Y$

    (19) 照明灯的开关一定要接在 (   ) 线上。

    A. 中   B. 地   C. 火   D. 零

    (20) 已知三相对称电源中相电压 $\dot{U}_1=220\angle0°$V，电源绕组为星形连接，则线电压 $\dot{U}_{23}=($) V。

    A. $220\angle-120°$ B. $220\angle-90°$ C. $380\angle-120°$ D. $380\angle-90°$

4.3.4 判断题

    (1) 三相电源角形连接时，能提供两种电压，若线电压为 380V，则相电压为 220V。

                                                                      (   )

    (2) 三相四线制供电线路中，火线与零线之间的电压叫作线电压，火线与火线之间的电压叫作相电压。   (   )

    (3) 三相电路中，电源对称，负载三角形连接时，线电流等于其对应的相电流。(   )

    (4) 对称电源电压幅值相等，频率相同，相位依次相差 120°；任何时刻三相对称电源电压的代数和等于 0。   (   )

    (5) 三相电路中不对称负载星形连接时，三相电路需要中线，使得不对称负载的相电压对称；三相对称电路中负载星形连接时，线电流等于对应的相电流。   (   )

    (6) 某对称三相电源绕组为 Y 接，已知 $\dot{U}_{AB}=380\angle15°$V，当 $t=10$s 时，三个线电压之和为 380V。   (   )

    (7) 三相对称电路，负载接成△形时，线电流 $\dot{I}_L$ 与相电流 $\dot{I}_P$ 关系为 $\dot{I}_L=\sqrt{3}\dot{I}_P\angle30°$。   (   )

    (8) 对称三相负载是指 $Z_1=Z_2=Z_3$ 或 $|Z_1|=|Z_2|=|Z_3|$ 而且 $\varphi_1=\varphi_2=\varphi_3$。(   )

    (9) 星形连接的对称三相电源，若相电压 $u_1=220\sqrt{2}\sin(\omega t-30°)$ V，则为 $u_{12}=380\sqrt{2}\sin(\omega t-30°)$V。   (   )

    (10) 在三相电路中，中性线的作用就在于使角形连接的不对称负载的相电压对称。

                                                                      (   )

    (11) 在不对称三相电路中，若接成 Y-Y 四线制，则中线电流为零。在三相负载中，无论如何连接，总的有功功率等于各相有功功率之和。   (   )

（12）已知某三相电路的相电压 $\dot{U}_A = 220\angle 17°\text{V}$，$\dot{U}_B = 220\angle -103°\text{V}$，$\dot{U}_C = 220\angle 137°\text{V}$，当 $t = 19\text{s}$ 时，三个线电压之和为 0V。　　　　　　　　　　（　　）

（13）Y-Y 四线制电路，$I_P = 10\text{A}$，负载感性，$\cos\varphi = 0.6$，并设 U_{AB} 为参考相量，则线电流 I_A 为 $10\angle -66.9°\text{A}$。　　　　　　　　　　（　　）

（14）Y-△三相对称电路，线电流与对应负载相电流的关系为 $\dot{I}_L = 1.73\dot{I}_P\angle 30°\text{A}$。
　　　　　　　　　　（　　）

4.3.5　基本题

（1）保护接零与保护接地有什么区别？中性点不能接地的系统能不能采用保护接零？为什么？

解　接地保护用来限制漏电流，当漏电流大于某值时，保护器件动作，自动切断电源。保护接零借助于接零线路实现保护，当一相火线与电气设备发生碰壳，形成单相短路，利用短路保护切断电源。中性点不能接地的系统能不能采用保护接零。如果采用保护接零，当系统一相碰地时，系统可正常运行，这时大地与碰地端等电位，会使所有接在零线上的设备机壳呈现对地电压为相电压，零线对地电压不再是零，而是 220V。

（2）有一三相发电机，其绕组接成星形，每相额定电压为 220V。在一次实验中，用电压表量得的相电压 $U_1 = U_2 = U_3 = 220\text{V}$，线电压则为 $U_{12} = U_{31} = 220$，$U_{23} = 380\text{V}$，试问这种现象是如何造成的？

解　这种现象由于 L_1 相绕组接反所致。

$$\dot{U}_{12} = -120\angle 0° - 220\angle -120°\text{V} = 220\angle 120°\text{V}$$

$$\dot{U}_{23} = 120\angle -120° - 220\angle 120°\text{V} = 380\angle -90°\text{V}$$

$$\dot{U}_{31} = +120\angle 0° + 220\angle 120°\text{V} = 220\angle 60°\text{V}$$

（3）有一三相电动机，其绕组接成三角形，接在 $Q = \sqrt{3}U_1 I_1\sin\varphi$ 的电源上，从电源所取用的功率为 $P_1 = 11.43\text{kW}$，功率因数为 $\cos\varphi = 0.87$，试求电动机的相电流和线电流。

解　$P = U_1 I_1\cos\varphi$

$$I_1 = \frac{P_1}{\sqrt{3}U_1\cos\varphi} = \frac{11.43}{\sqrt{3}\times 380\times 0.87} = 20\text{A}$$

$$I_P = \frac{I_1}{\sqrt{3}} = 11.56\text{A}$$

（4）在图 4-9 所示三相四线制的电路中，三相电源对称，电源线电压 $U_L = 380\text{V}$，三个电阻性负载接成星形，其电阻为 $Z_1 = 11\Omega$，$Z_2 = Z_3 = 22\Omega$。（a）试求负载相电压、相电流及中线电流，并绘出它们相量图；（b）如果无中性线，求负载相电压及中性点电压；（c）如果无中性线，且 A 相短路，求各相电压及相电流、并作出相量图；（d）如果无中性，当 C 相断路线时，求另外两相相电压及相电流；（e）在（c）、（d）如果有中性线，则结果有如何？（f）如果无中线，且 C 相断路，求 C 线与负载中点 O' 之间的电压 $\dot{U}_{CO'}$。

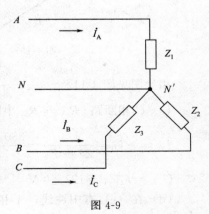

图 4-9

73

解 (a) 在三相四线制中（图 4-10），设 $\dot{U}_{AB} = 380\angle 0°\text{V}$，所以

$$\dot{U}_A = 220\angle -30°\text{V}, \dot{U}_B = 220\angle -150°\text{V}, \dot{U}_C = 220\angle 90°\text{V}$$

$$\dot{I}_A = \frac{\dot{U}_A}{Z_1} = \frac{220\angle -30°}{11} = 20\angle -30°\text{A} \qquad \dot{I}_B = \frac{220\angle -150°}{22} = 10\angle -150°\text{A}$$

$$\dot{I}_C = \frac{220\angle 90°}{22} = 10\angle 90°\text{A},$$

$$\dot{I}_O = \dot{I}_A + \dot{I}_B + \dot{I}_C = 20\angle -30° + 10\angle -150° + 10\angle 90° = 10\angle 30°\text{A}$$

相量图如图 4-10。

(b) $U_{N'N} = \dfrac{\dfrac{\dot{U}_A}{Z_1} + \dfrac{\dot{U}_B}{Z_2} + \dfrac{\dot{U}_C}{Z_3}}{\dfrac{1}{Z_1} + \dfrac{1}{Z_2} + \dfrac{1}{Z_3}} = 55\angle 0°\text{V}$

各相负载电压：$\dot{U}'_A = \dot{U}_A - \dot{U}_{N'N} = 144\angle 11°\text{V}$ $\quad \dot{U}'_B = \dot{U}_B - \dot{U}_{N'N} = 251\angle -131°\text{V}$

$$\dot{U}'_C = \dot{U}_C - \dot{U}_{N'N} = 251\angle 131°\text{V}$$

$$\dot{U}_B = -\dot{U}_{AB} = 380\angle -180°\text{V} \qquad \dot{I}_B = \frac{\dot{U}_B}{Z_2} = \frac{380\angle -180°}{22} = 17.3\angle -180°\text{A}$$

$$\dot{U}_C = \dot{U}_{CA} = 380\angle 120°\text{V} \qquad \dot{I}_C = \frac{\dot{U}_C}{R_c} = 17.3\angle 120°\text{A}$$

$$\dot{I}_A = -\dot{I}_B - \dot{I}_C = -17.3\angle -180° - 17.3\angle 120°$$
$$= 17.3 + 17.3\angle -60° = 17.3 + 8.65 - j14.98$$
$$= 25.95 - j14.98 \approx 30\angle -30°\text{A}$$

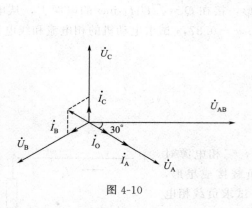

图 4-10

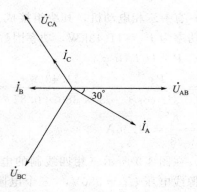

图 4-11

相量图见图 4-11。

(c) C 相断路，R_A 与 R_B 串联接在 $\dot{U}_{AB}$ 上。

$$\dot{I}_A = -\dot{I}_B = \frac{\dot{U}_A}{Z_1 + Z_2} = \frac{380\angle 0°}{33} = 11.5\angle 0°\text{A}$$

$$\dot{U}'_A = \dot{I}_1 Z_1 = 127\angle 0°\text{V} \qquad \dot{U}'_B = \dot{I}_1 Z_2 = 253\angle 180°\text{V}$$

(d) 在 (c) 有中性线，A 相短路，则电流过大，烧坏熔丝，B、C 相不受影响，相电

压相电流与（a）情况相同。在（d）有中性线，B、A 相不受影响，相电压相电流与（a）情况相同。C 相中无相电压相电流。

（e）无中线，C 相断路。

（5）在图 4-12 所示的电路中，三相四线制电源电压为 380V/220V，接有对称星形连接的白炽灯负载，其总功率 $P_总$ 为 180W。此外，有 L_3 相上接有功率为 40W、功率因数 $\cos\varphi = 0.87$ 的日光灯一只。试求电流 $\dot{I}_1$、$\dot{I}_2$、$\dot{I}_3$ 及中线电流。

解 由题设知 $U_L = 380V$，$U_P = 220V$

设 $\dot{U}_1 = 220\angle 0°V$，$\dot{U}_2 = 220\angle -120°V$，$\dot{U}_3 = 220\angle 120°V$

每一项负载功率 $P = \dfrac{180}{3} = 60W$

每一项负载电流有效值 $I_P = \dfrac{P}{U_P} = \dfrac{60}{220} = 0.273A$

$P' = 44W$，$I'_3 = 0.273\angle 120°A$

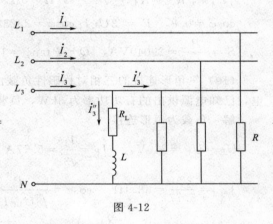

$I''_3 = \dfrac{P'}{U_P\cos\varphi} = \dfrac{60}{220 \times 0.5} = 0.364A$

$\varphi = \arccos 0.5 = 60°$

$\dot{I}''_3 = 0.6\angle 60°A$

$\dot{I}_3 = I'_3 + I''_3 = 0.273\angle 120° + 0.6\angle 60° = 0.553\angle 85.3°A$

$\dot{I}_1 = \dot{I}_3' \angle 240° = 0.273\angle 0°A$

$\dot{I}_2 = \dot{I}_3' \angle 120° = 0.273\angle -120°A$

$\dot{I}_N = \dot{I}_1 + \dot{I}_2 + \dot{I}_3 = 0.364\angle 60°$

图 4-12

（6）已知星形连接的负载阻抗 $Z = 5 + j8.66\Omega$，已测得三相负载的无功功率 $Q = 500\sqrt{3}\,Var$，求三相负载的总的有功功率 P。

解 $P = Q\cot\varphi = 500W$

（7）图 4-13 所示电路为星形小功率对称电阻性负载从单相电源获得的三相对称电压的电路，已知每相电阻负载 $R = 10\Omega$，电源频率为 50Hz，求所需 L 与 C 的数值。

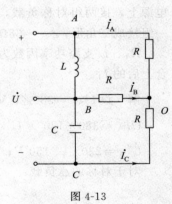

解 $\dot{U}_{AO} = I_A R\angle 0°V$，$\dot{U}_{BO} = I_A R\angle -120°V$，$\dot{U}_{CO} = I_A R\angle 120°V$

$\dot{U}_{AB} = \sqrt{3}I_A R\angle 30°V$，$\dot{U}_{BC} = \sqrt{3}I_A R\angle -90°V$

$\dot{I}_B = \dfrac{\dot{U}_{AB}}{jX_L} - \dfrac{\dot{U}_{BC}}{jX_C} = \dfrac{\dot{U}_{BO}}{R} = \dot{I}_A\angle -120°A$

$\dfrac{\sqrt{3}I_A R\angle 30°}{jX_L} - \dfrac{\sqrt{3}I_A R\angle -90°}{jX_C} = \dfrac{\dot{U}_{BO}}{R} = I_A\angle -120°A$

图 4-13

$X_C = X_L = \sqrt{3}R = 10\sqrt{3}\,\Omega$，$L = 55mH$，$C = 184\mu F$

（8）图 4-14 所示对称三相电路中，$R = 100\Omega$，电源线电压为 380V。求电压表和电流表的读数是多少？三相负载消耗的功率 P 是多少？

解 电压表读数为线电压，等于380V。

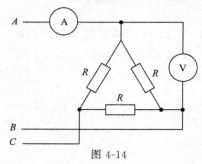

图 4-14

其中相电流：$I_P = \dfrac{380}{R} = 3.8\text{A}$

电流表读数为线电流：$I_L = \sqrt{3}\,I_P = 6.6\text{A}$

三相功率：$P = \sqrt{3}\,U_L I_L \cos\varphi = 4343.9\text{W}$

（9）某三相负载额定相电压为220V，每相负载电阻为4Ω，感抗为3Ω，接于线电压为380V的对称三相电源上，试问负载应采用什么连接方式？负载的有功功率、无功功率和视在功率？

解 负载应采用星形连接

$|Z| = \sqrt{R^2 + X_L^2} = \sqrt{4^2 + 3^2}\,\Omega = 5\Omega$

$\cos\varphi = 0.8$，$P = \sqrt{3}\,U_L I_L \cos\varphi = 23232\text{W}$

$S = \dfrac{P}{\cos\varphi} = 29040\text{VA}$，$Q = P\tan\varphi = 1742\text{Var}$

（10）三角形连接的三相对称感性负载由 $f = 50\text{Hz}$，$U_L = 220\text{V}$ 的三相对称交流电源供电，已知电源供出的有功功率为3kW，负载线电流为10A，求各相负载的 R、L 参数。

解 负载为△形连接

$U_P = U_L = 220\text{V}$，$I_P = \dfrac{I_L}{\sqrt{3}} = 5.77\text{A}$

$|Z| = \dfrac{220}{5.77} = 38.1\Omega$ $\cos\varphi = \dfrac{P}{\sqrt{3}\,U_{LL}I_{LL}} = 0.79$ $R = 38.1\cos\varphi = 30\Omega$

$X_L = 23.5\Omega$，$L = \dfrac{X_L}{\omega} = 75 \times 10^{-3}\,\text{H} = 75\text{mH}$

4.3.6 提高题

（1）如图 4-15 所示，在线电压为380V的三相对称电源上，接两组对称负载，一组接成星形 $Z_Y = 10\Omega$，一组接成三角形，$Z_\triangle = 38\Omega$。求各相电流；各线电流。

R_1、L 支路功率因数为0.866。求 R、R_1、X_L；S 合上后的 I_1。

解 设 $\dot{U}_{AB} = 380\angle 0°\text{V}$，则 $\dot{U}_{BC} = 380\angle 120°\text{V}$

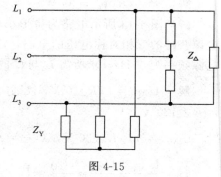

图 4-15

$\dot{U}_{CA} = 380\angle 120°$ $\dot{U}'_A = 220\angle -270°$

$\dot{U}'_B = 220\angle -150°\text{V}$；$\dot{U}'_C = 220\angle -270°$

对于对称的△负载：

$\dot{I}_{A\triangle} = \sqrt{3}\,\dot{I}_{AB\triangle}\angle -30° = 17.3\angle -30°\text{A}$ $\dot{I}_{AB\triangle} = \dfrac{\dot{U}_{AB}}{Z_\triangle} = 10\angle 0°\text{A}$

所以 $\dot{I}_{B\triangle} = \dot{I}_{A\triangle}\angle -120°\text{A}$ 所以 $\dot{I}_{C\triangle} = \dot{I}_{A\triangle}\angle -240°\text{A}$

对于对称的 Y 负载：

$$\dot{I}_{AY} = \frac{\dot{U}_A}{Z_Y} = \frac{220\angle -30°}{10} = 22\angle -30°A$$

$$\dot{I}_{BY} = \dot{I}_{AY}\angle -120°A \quad \dot{I}_{CY} = \dot{I}_{AY}\angle -240°A$$

总线电流 $\quad \dot{I}_A = \dot{I}_{A\triangle} + \dot{I}_{AY} = 39.3\angle -30°A$

$$\dot{I}_B = \dot{I}_{B\triangle} + \dot{I}_{BY} = 39.3\angle -150°A$$

$$\dot{I}_C = \dot{I}_{C\triangle} + \dot{I}_{CY} = 39.3\angle 90°A$$

(2) 在图 4-16 所示三相交流电路中，已知电源线电压为 380V，$R = X_L = X_C = 22\Omega$。求：各线电流 $\dot{I}_1$，$\dot{I}_2$，$\dot{I}_3$ 及中线电流 $\dot{I}_N$；电路的有功功率及无功功率；若 L_2 线及中线均断开，求电流 $\dot{I}_1$。

解 设 $\dot{U}_1 = 220\angle 0°V$，则 $\dot{I}_1 = \dfrac{\dot{U}_1}{R} = 10\angle 0°A$，

$$\dot{I}_2 = \frac{\dot{U}_2}{R - jX_C} = 5\sqrt{2}\angle -75°A,$$

$$\dot{I}_3 = \frac{\dot{U}_3}{R/\!/jX_L} = 10\sqrt{2}\angle 75°A$$

$$\dot{I}_N = \dot{I}_1 + \dot{I}_2 + \dot{I}_3 = 16.93\angle 23.8°A$$

$$P = I_1^2 R + I_2^2 R + \frac{U_3^2}{R} = 5500V$$

$$Q = \frac{U_3^2}{X_L} - I_2^2 X_C = 1100Var$$

$$\dot{I}_1 = \frac{-\dot{U}_{31}}{R + R/\!/jX_L} = 10.92\angle -48.4°A$$

(3) 如图 4-17 所示三相交流电路，已知 $\dot{U}_{AB} = 380\angle 0°V$，$R_1 = X_C = 22\Omega$，$R_2 = 10\sqrt{3}\,\Omega$，$X_L = 10\Omega$。求：(a) 线电流 i_1，i_2，i_3；(b) 电路的有功功率及无功功率。

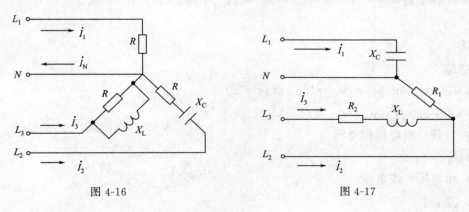

图 4-16 　　　　　　　　　　　图 4-17

解 $\dot{I}_1 = \dfrac{\dot{U}_1}{-jX_C} = 10\angle 60°A$，　$\dot{I}_3 = \dfrac{-\dot{U}_{23}}{R_2 + jX_L} = 19\angle 30°A$，

77

$$\dot{I}_2 = \frac{\dot{U}_2}{R_1} - \dot{I}_3 = 29\angle -150°\text{A}。$$

$$P = I_3^2 R_2 + U_2^2/R_1 = 8452.7\text{W}, \quad Q = I_3^2 X_L - I_1^2 X_C = 1410\text{Var}。$$

（4）如图 4-18 所示电路中，已知 $\dot{U}_{12} = 380\angle 30°\text{V}$，$R = 5\sqrt{3}\ \Omega$，$X_L = X_C = 5\ \Omega$。求：$\dot{I}$；电路的总有功功率。

解 $\dot{I}_1 = \dfrac{\dot{U}_1}{R - jX_C} = 22\angle 30°\text{A}, \quad \dot{I}_2 = \dfrac{\dot{U}_{12}}{R + jX_L} = 38\angle 0°\text{A}$

$$\dot{I} = \dot{I}_1 + \dot{I}_2 = 58\angle 11°\text{A}, \quad P = 3I_1^2 R + I_2^2 R = 25080\text{W}。$$

（5）三相电路如图 4-19 所示，电源线电压 380V，当开关 S 断开时，$I_1 = 10\text{A}$，S 合上时，$I = 5\text{A}$，R_1、L 支路功率因数为 0.866。求（a）R、R_1、X_L；（b）S 合上后的 I_1。

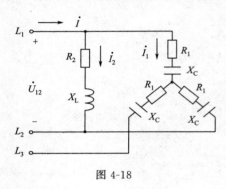

图 4-18

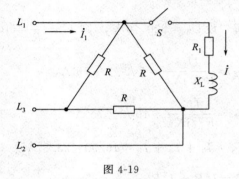

图 4-19

解 （a）开关断开时有：$R = \dfrac{\sqrt{3} U_1}{I_1} = 66\ \Omega$，

开关合上时有：$\begin{cases} I\sqrt{R_1^2 + X_L^2} = U_1 \\ R_1 = \sqrt{R_1^2 + X_L^2}\cos\varphi \end{cases}$

可解得：$R_1 = 66\ \Omega$，$X_L = 38\ \Omega$。

（b）S 合上后 $\quad \dot{I}'_1 = I_1\angle -30° + I\angle -30° = 15\angle -30°\text{A}$

答案

填空题

（1）$u_B = U_m\sin(\omega t)$；$u_C = U_m\sin(\omega t + \pi)$

（2）$u_2 = 220\sqrt{2}\sin(\omega t + \pi/2)$

（3）负载；相电压相电流

（4）$\sqrt{3}$；1；0

（5）相电压；线电压

（6）$\sqrt{3}$；1

（7）$38\sqrt{3}$

（8）使得三不对称负载的相电压对称；对称；不对称

(9) 星；角

(10) I_P

(11) 0

(12) $2\sqrt{3}$；2

(13) 5198.4W；6931.2Var；8864VA；0.6

(14) 220，190

(15) 二表计法

(16) 10；30

(17) 17.32

(18) 14520

选择题

(01)—(05) A A B B A；(06)—(10) B B A B C；(11)—(15) A C A A B

(16)—(20) C A A C A

判断题

(01)—(05) × × × √ √；(06)—(10) × × √ × ×；

(11)—(14) × √ √ √

第5章　二极管和三极管及基本放大电路

5.1　基本要求

了解 P 型半导体和 N 型半导体的概念。

掌握 PN 结的单向导电性。

了解二极管的基本结构，伏安特性和主要参数。

掌握二极管的单向导电性。

了解三极管的基本结构，主要参数。

掌握晶体管的电流放大作用、电流分配关系。

了解放大电路组成和工作原理。

掌握直流通路及静态值的确定。

了解图解分析法确定静态值。

了解放大电路的主要性能指标。

掌握放大电路的微变等效电路的方法。

了解共射放大电路的组成及各部分的作用。

掌握固定式偏置电路静态、动态分析。

掌握分压式偏置电路的静态、动态分析。

掌握共集放大电路的组成和分析方法。

了解差分放大电路的特点及其静态计算和动态计算。

了解功率放大电路。

5.2　学习指南

5.2.1　主要内容综述

（1）半导体的基础知识

半导体的导电能力介于导体和绝缘体之间。纯净的半导体称为本征半导体，其导电能力在不同的条件下有着显著的差异。本征半导体在温度升高或受光照射时产生激发，形成自由电子和空穴，使载流子数目增多，导电能力增强。

杂质半导体是在本征半导体中掺入杂质元素形成的，有 N 型半导体和 P 型半导体两种类型。N 型半导体是在本征半导体中掺入五价元素形成的，自由电子为多数载流子，空穴为少数载流子。P 型半导体是在本征半导体中掺入三价元素形成的，空穴为多数载流子，自由电子为少数载流子。杂质半导体的导电能力比本征半导体强得多。

（2）PN 结及其单向导电性

当 P 型半导体和 N 型半导体采用一定工艺技术结合在一起时，在两者的交界面上形成了 PN 结。PN 结的形成是多数载流子扩散和少数载流子漂移的结果。PN 结具有单向导电性：PN 结加正向电压（P 区接电源正极，N 区接电源负极）时，正向电阻很小，PN 结导通，可以形成较大的正向电流。PN 结加反向电压（P 区接电源负极，N 区接电源正极）时，反向电阻很大，PN 结截止，反向电流基本为零。

（3）半导体二极管

在 PN 结两端分别引出电极引线，其正极由 P 区引出，负极由 N 区引出，用管壳封装后就制成二极管。二极管同样具有单向导电性。

二极管按材料分，有硅二极管和锗二极管。按结构分，二极管有点接触型和面接触型两类。

二极管的伏安特性呈非线性特性，由伏安特性曲线可分析二极管在不同工作区的特点。

① 死区　为正向高阻区，即当正向电压很低、小于死区电压时，正向电流很小，近似为零。死区电压锗管约为 0.1V，硅管约为 0.5V。

② 正向导通区　呈低阻状态。正向导通时，二极管具有基本恒定的管压降。锗二极管约为 0.2～0.3V，硅管约为 0.6～0.7V。

③ 反向截止区　呈高阻状态。此时反向电流大小基本恒定，近似为零，与反向电压的高低无关。

④ 反向击穿区　呈破坏性低阻状态。反向电压加到一定值时，反向电流会急剧增加，此时的反向电压称为反向击穿电压，造成二极管反向击穿，一般不能恢复原来的性能，导致管子损坏。

（4）半导体三极管

半导体三极管是一种电流控制型器件，用小的基极电流信号去控制集电极的大电流信号。

① 三极管的放大原理　为实现放大，三极管应满足下列条件：

发射区掺杂浓度较高；基区很薄，掺杂浓度低；集电结面积大；发射结正向偏置，集电结反向偏置。

由于发射结正向偏置，且发射区掺杂浓度高，所以发射区的多数载流子大量扩散至基区，又由于集电结反向偏置，且基区很薄，进入基区的载流子只有很少一部分复合，绝大多数载流子继续扩散至集电结，在电场力的作用下拉至集电区形成集电极电流。

② 三极管中各电流间的关系　根据基尔霍夫电流定律，三极管中的电流关系可表述如下：

$$I_C = \beta I_B$$
$$I_E = I_B + I_C = (1 + \beta) I_B$$

在三极管具备放大工作条件时，集电极电流 I_C 受控于基极电流 I_B。

③ 三极管的输入特性　三极管的输入特性：

$$I_B = f(U_{BE})\big|_{U_{CE}=C} \quad （C 表示常数）$$

三极管具有与二极管的正向特性类似的非线性伏安特性，由于三极管的两个 PN 结相互影响，因此电压 U_{CE} 对输入特性有影响，且当 $U_{CE} > 1V$ 的输入特性基本重合。一般输入特性用 $U_{CE} = 0V$ 和 $U_{CE} \geq 1V$ 两条特性曲线表示。

④ 三极管的输出特性　三极管的输出特性：

$$I_C = f(U_{CE})\big|_{I_B=C} \quad （C 表示常数）$$

输出特性曲线分三个区：放大区、截止区和饱和区。

a. 放大区　发射结正偏、集电结反偏。其特点是具有 $I_C = \beta I_B$ 的线性放大特性，I_C 基本不随U_{CE}的变化而变化。

b. 截止区　发射结反偏、集电结反偏。此时，$I_B=0$，$I_C=0$，$U_{CE}=V_{CC}$，两个结均反向偏置。

c. 饱和区　发射结正偏、集电结正偏。此时$U_{CE}\approx 0$，$I_C\neq \beta I_B$，I_B对I_C失去控制能力，集电极与发射极间呈短路状态。

⑤ 主要参数

a. 电流放大系数 β

$$\beta=\frac{\Delta I_C}{\Delta I_B}\bigg|_{U_{CE}=C}$$

b. 极间反向电流

I_{CBO}：集电极——基极反向饱和电流。

I_{CEO}：集电极——发射极反向饱和电流。

$$I_{CEO}=(1+\beta)I_{CBO}$$

它们是由少数载流子形成的，受温度影响较大。

c. 极限参数

I_{CM}：集电极最大允许电流。

P_{CM}：集电极最大允许功率损耗。

$U_{(BR)CEO}$：反向击穿电压。

I_{CM}、P_{CM}和$U_{(BR)CEO}$共同确定三极管的安全工作区域。

（5）场效应晶体管

场效应管是另一种常用的半导体器件。场效应管有P沟道和N沟道两大类，但无论哪种型式，只有一种载流子导电，称为单极型器件。场效应管有四种基本类型，分别为增强型N沟道场效应管、增强型P沟道场效应管、耗尽型N沟道场效应管和耗尽型P沟道场效应管。它们的特性比较如表5-1所示。

表5-1　四种类型的场效应管比较

沟道类型	结构类型	电源极性		符号及电流方向	转移特性	漏极特性
		U_{DS}	U_{GS}			
N	耗尽型	＋	±			
	增强型	＋	＋	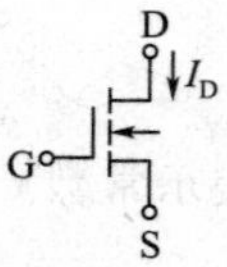	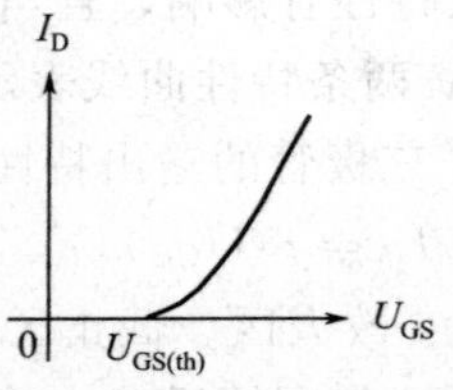	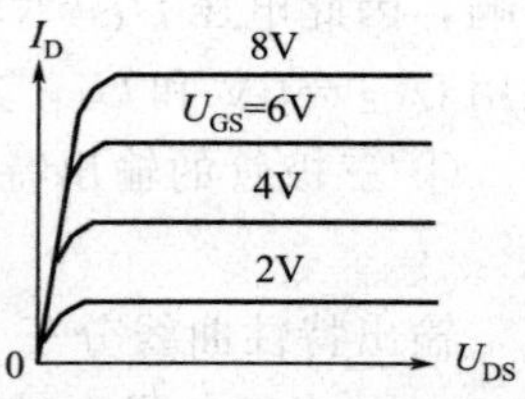

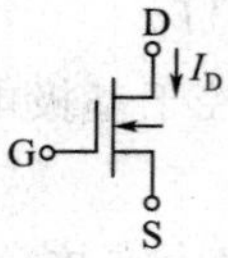

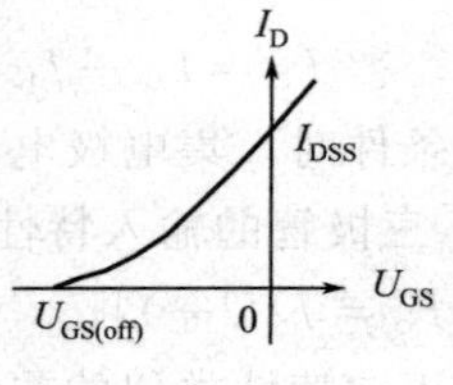

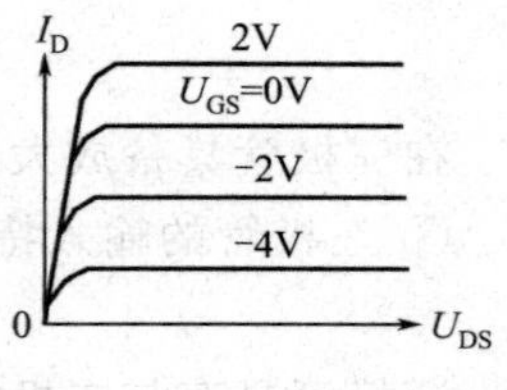

沟道类型	结构类型	电源极性		符号及电流方向	转移特性	漏极特性
		U_{DS}	U_{GS}			
P	耗尽型	$-$	μ	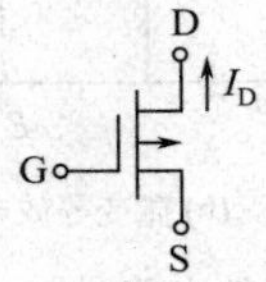	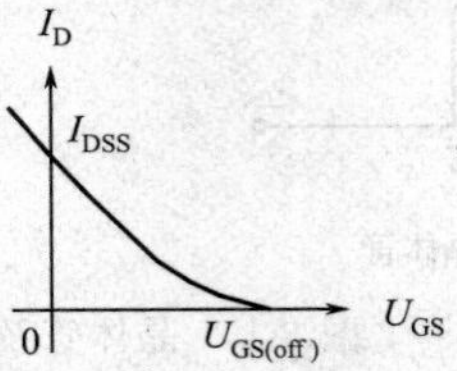	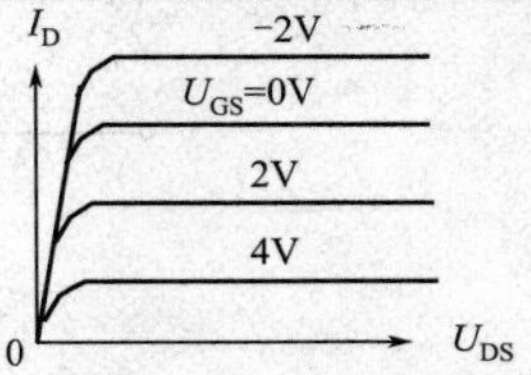
	增强型	$-$	$-$	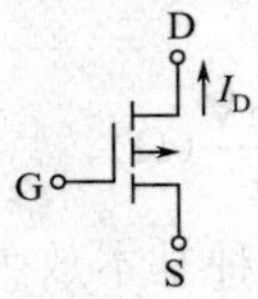	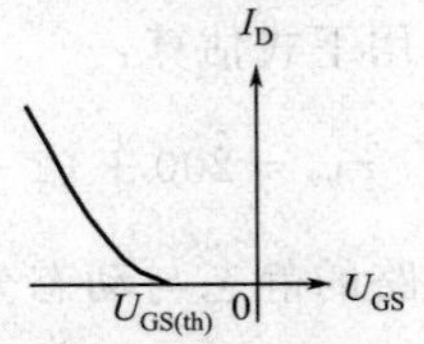	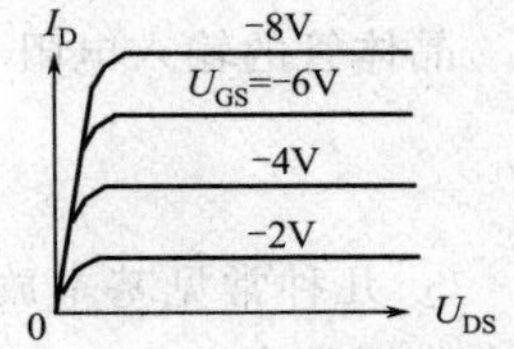

（6）基本放大电路

① 放大电路的组成　不管放大电路的结构形式如何，组成放大电路时遵循以下几个原则就能实现放大作用。

a. 外加直流电源的极性必须使晶体管的发射结正向偏置，集电结反向偏置，以保证晶体管工作在放大区。

b. 输入信号能加到放大器件的输入端。对三极管而言，即三极管的发射结。

c. 有信号从输出端输出。对三极管而言，应该使集电极电流的变化量 Δi_C 能够转化为集电极电压的变化量 Δu_{CE}，并传送到放大电路的输出端。

② 放大电路的分析方法　放大电路的性能指标要经过静态分析和动态分析来确定。

静态分析：所谓静态，就是当放大电路没有交流输入信号时的工作状态。静态值是直流，所以可用放大电路的直流通路来确定。静态分析的目的是确定静态工作点，主要分析放大电路的各直流电流、电压值。

动态分析：所谓动态，就是当放大电路有交流输入信号时的工作状态。动态分析是在静态值确定后分析电压和电流交流分量的传输情况，并计算动态性能指标。动态分析的目的是确定放大电路的动态性能指标。以交流通路和微变等效电路为依据，主要分析放大电路的电压放大倍数 $\dot{A}_u$、输入电阻 R_i 和输出电阻 R_o 等。

放大电路的静态分析有估算法和图解法两种。

估算法：固定偏置放大电路的求解顺序为 $I_B \rightarrow I_C \rightarrow U_{CE}$；分压式偏置放大电路的求解顺序为 $U_B \rightarrow I_C \rightarrow U_{CE}$ $（I_B）$。

图解法：其步骤为用估算法求出基极电流 $I_B \rightarrow$ 根据 I_B 在输出特性曲线中找到对应的曲线 $\rightarrow$ 作直流负载线 $\rightarrow$ 确定静态工作点 Q 及其相应的 I_C 和 U_{CE} 值。

放大电路的动态分析有图解法和微变等效电路法两种。

图解法：其步骤为根据静态分析方法求静态工作点 Q（I_B、I_C 和 U_{CE}）$\rightarrow$ 根据 u_i 在输入特性上求 u_{BE} 和 $i_B \rightarrow$ 作交流负载线 $\rightarrow$ 由输出特性曲线和交流负载线求 i_C 和 u_{CE}。

微变等效电路法：用于分析小信号情况下放大电路的动态性能，关键在于正确作出放大电路的微变等效电路。晶体管及其微变等效电路如图 5-1 所示。

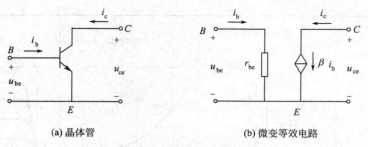

(a) 晶体管   (b) 微变等效电路

图 5-1　晶体管及其微变等效电路

晶体管的输入电阻 r_{be} 常用下式估算：

$$r_{be} = 200 + (1+\beta)\frac{26\,\mathrm{mV}}{I_E}(\Omega)$$

③ 几种常见基本放大电路的静态与动态分析　几种基本放大电路的电路结构及静态和动态分析见表 5-2。

表 5-2　几种基本放大电路的静态与动态分析

电路结构	固定偏置	分压偏置	射极输出	共源分压偏置
直流通路				
静态计算公式	$I_B = \dfrac{V_{CC} - U_{BE}}{R_B}$ $I_C = \beta I_B$ $U_{CE} = V_{CC} - I_C R_C$	$V_B = \dfrac{R_{B2}}{R_{B1} + R_{B2}} V_{CC}$ $I_C \approx I_E = \dfrac{V_B - U_{BE}}{R_{E1} + R_{E2}}$ $U_{CE} = V_{CC} - I_C(R_C + R_{E1} + R_{E2})$ $I_B = \dfrac{I_C}{\beta}$	$I_B = \dfrac{V_{CC} - U_{BE}}{R_B + (1+\beta)R_E}$ $I_C = \beta I_B$ $U_{CE} = V_{CC} - I_C R_E$	$U_G = \dfrac{R_{G2}}{R_{G1} + R_{G2}} V_{DD}$ $I_D = \dfrac{V_S}{R_S} = \dfrac{V_G}{R_S}$ $U_{DS} = V_{DD} - I_D(R_D + R_S)$
交流通路				

84

微变等效电路				
动态计算公式	$$\dot{A}_u = -\frac{\beta R'_L}{r_{be}}$$ 式中 $R'_L = R_C//R_L$。 $r_i = R_B//r_{be}$ $r_o = R_C$	$$\dot{A}_u = -\frac{\beta R'_L}{r_{be}+(1+\beta)R_{E1}}$$ 式中 $R'_L = R_C//R_L$。 $r_i = R_{B1}//R_{B2}//[r_{be}+(1+\beta)R_{E1}]$ $r_o = R_C$	$$\dot{A}_u = \frac{(1+\beta)R'_L}{r_{be}+(1+\beta)R'_L}$$ 式中 $R'_L = R_E//R_L$。 $r_i = R_B//[r_{be}+(1+\beta)R'_L]$ $r_o \approx \dfrac{r_{be}+R'_S}{\beta}$ 式中 $R'_S = R_S//R_B$	$$\dot{A}_u = -g_m R'_L$$ 式中 $R'_L = R_D//R_L$。 $r_i = R_G + R_{G1}//R_{G2}$ $r_o = R_D$

（7）差分放大电路

差动放大电路是抑制零点漂移最有效的电路。差动放大电路的对称性和射极电阻或恒流源都能抑制共模信号而不影响差模信号的放大，从而使电路的零点漂移现象大大减小，而又保持了较高的差模信号放大倍数。

差动放大电路具有四种输入、输出方式。差分放大电路四种接法的性能比较见表5-3。

表 5-3　四种接法的差分放大电路性能比较

接法 性能	双端输入 双端输出	双端输入 单端输出	单端输入 双端输出	单端输入 单端输出
电路结构				
A_{ud}	$-\dfrac{\beta\left(R_C//\dfrac{R_L}{2}\right)}{R_S+r_{be}}$	$-\dfrac{\beta(R_C//R_L)}{2(R_S+r_{be})}$	$-\dfrac{\beta\left(R_C//\dfrac{R_L}{2}\right)}{R_S+r_{be}}$	$-\dfrac{\beta(R_C//R_L)}{2(R_S+r_{be})}$
R_{id}	$2(R_S+r_{be})$	$2(R_S+r_{be})$	$2(R_S+r_{be})$	$2(R_S+r_{be})$
R_o	$2R_C$	R_C	$2R_C$	R_C

（8）功率放大电路

功率放大器的性能指标是：在不失真的情况下能输出足够大的信号功率、能量转换效率要高、非线性失真要小和工作安全可靠。

为了输出足够大的功率，要求输出的电压和电流均足够大，因此，功率放大电路属于大信号工作状态，故不能用微变等效电路法进行分析，而只能采用图解分析法。且因为大信号工作，必须考虑失真问题。由于晶体管工作在接近极限运用状态，因此选管时，须考虑极限参数对工作状态的影响。

功率放大电路按照输出耦合方式分为 OTL（无输出变压器）功放和 OCL（无输出电容）功放等几类。

OTL 与 OCL 功放电路比较见表 5-4。

表 5-4 OTL 与 OCL 功放电路比较

性能 \ 接法	OTL	OCL
电路结构		
特点	1. 单电源供电，输出端直流电位为电源电压的一半 2. 输出端需要大电容，低频性能差	1. 双电源供电，输出端直流电位为零 2. 低频性能较好
主要参数	1. 最大输出功率 $$P_{\text{omax}} = \frac{\left(\frac{1}{2}V_{\text{CC}} - U_{\text{CES}}\right)^2}{2R_\text{L}} \approx \frac{V_{\text{CC}}^2}{8R_\text{L}}$$ 2. 电源供给功率 $$P_\text{V} = \frac{2}{\pi} \times \frac{\left(\frac{V_{\text{CC}}}{2}\right)^2}{R_\text{L}}$$ 3. 效率 $$\eta = \frac{P_\text{o}}{P_\text{V}} = \frac{\pi}{4} \times \frac{U_{\text{om}}}{V_{\text{CC}}} \approx \frac{\pi}{4} = 78.5\%$$	1. 最大输出功率 $$P_{\text{omax}} = \frac{U_{\text{om}}^2}{2R_\text{L}} = \frac{(V_{\text{CC}} - U_{\text{CES}})^2}{2R_\text{L}} \approx \frac{V_{\text{CC}}^2}{2R_\text{L}}$$ 2. 电源供给功率 $$P_\text{V} = \frac{2}{\pi} \times \frac{V_{\text{CC}} U_{\text{om}}}{R_\text{L}}$$ 3. 效率 $$\eta = \frac{P_\text{o}}{P_\text{V}} = \frac{\pi}{4} \times \frac{U_{\text{om}}}{V_{\text{CC}}} \approx \frac{\pi}{4} = 78.5\%$$

5.2.2 重点难点解析

① PN 结是本章的基础内容，应从物理概念上理解 PN 结的单向导电性。三极管的电流分配关系和放大原理是重点内容，它是理解放大电路工作原理的基础。

② 放大电路的分析分为静态分析和动态分析。静态分析是为了确定三极管是否工作在合适的状态，电路的静态工作点合适，动态分析才有意义，静态分析常采用估算法和图解法。动态分析为了得到放大电路的交流放大参数，放大倍数、输入电阻和输出电阻，采用微变等效电路法进行分析。

③ 共集放大电路具有输入电阻高、输出电阻低、电压放大倍数小于 1 而接近于 1，具有电压跟随的特性。在实际应用中，广泛用于输出级或中间隔离级。

④ 场效应管是一种用输入电压控制输出电流的半导体器件。对于场效应管放大电路，理解偏压电路及其交流放大实质。在分析静态工作点时，可侧重于公式计算法，在分析放大倍数等指标时，则用微变等效电路法。

⑤ 差分放大电路由于电路的对称性，可以解决由于温度引起的零点漂移现象。差分放大电路的输入信号可分为差模信号与共模信号，差分放大电路仅对差模信号进行放大，对共模信号不放大。差分放大电路的工作状态分为四种：双端输入双端输出、双端输入单端输出、单端输入双端输出、单端输入单端输出。应用静态估算法及动态微变等效电路法可对四种差分放大电路进行静、动态分析。

⑥ 本章的功率放大电路部分的主线是功率、效率和非线性失真三方面的问题。三者之间有矛盾的，要通过具体电路来阐述解决矛盾的思路与措施。

5.3 习题与解答

5.3.1 典型题

【例 5-1】 二极管电路如图 5-2 所示，试判断图中的二极管是导通还是截止，并求出 A、B 两端电压 U_{AB}。设二极管是理想的。

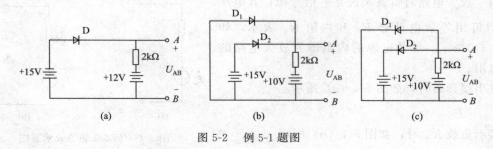

图 5-2 例 5-1 题图

解

图 (a)：将 D 断开，以 B 点为电位参考点，D 的阳极电位为 $-15V$，阴极电位为 $-12V$，故 D 处于反向偏置而截止，$U_{AB}=-12V$。

图 (b)：将 D_1、D_2 断开，以 B 点为电位参考点，对 D_1 有阳极电位为 $0V$，阴极电位为 $-12V$，故 D_1 导通，此后使 D_2 的阴极电位为 $0V$，而其阳极为 $-15V$，故 D_2 反偏截止，$U_{AB}=0V$。

图 (c)：将 D_1、D_2 断开，以 B 点为电位参考点，对 D_1 阴极电位为 $0V$，对 D_2 阴极电位为 $-15V$，故 D_2 更易导通，此后使 $V_A=-15V$；D_1 反偏而截止，故 $U_{AB}=-15V$。

【例 5-2】 试分析图 5-3 所示各电路是否能够放大正弦交流信号，简述理由。设图中所有电容对交流信号均可视为短路。

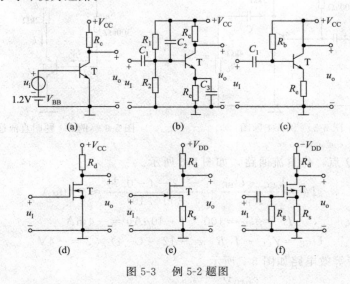

图 5-3 例 5-2 题图

解 (a) 不能。晶体管将因发射结电压过大而损坏。

87

（b）不能。因为输入信号被 C_2 短路。

（c）不能。因为输出信号被 V_{CC} 短路，恒为零。

（d）可能。

（e）不能。因为 G-S 间电压将大于零。

（f）不能。因为 T 截止。

【例 5-3】 某放大电路不带负载时测得输出电压 $U_{o0}=2V$，带负载 $R_L=2.5k\Omega$ 后，测得输出电压降为 $U_o=0.5V$，试求放大电路的输出电阻 R_o。

解 放大电路对负载来说是一信号源，其电压源模型可用等效电动势 $\dot{E}_o$ 和内阻 R_o 表示，如图 5-4（a）所示。等效电源的内阻即为放大电路的输出电阻。

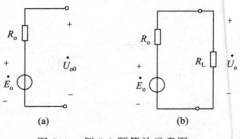

（a）　　　　　（b）

图 5-4　例 5-3 题等效示意图

输出端开路时，如图 5-4（a）所示

$$\dot{U}_{o0}=\dot{E}_o$$

接上负载 R_L 时，如图 5-4（b）所示

$$\dot{U}_o=\frac{R_L}{R_L+R_o}\dot{E}_o$$

从而有　$R_o=\left(\dfrac{\dot{U}_{o0}}{\dot{U}_o}-1\right)R_L=7.5k\Omega$

【例 5-4】 如图 5-5 所示，已知三极管的 $\beta=100$，$U_{BE}=-0.7V$。（1）试求该电路的静态工作点；（2）画出简化的小信号等效电路；（3）求该电路的电压增益 $\dot{A}_u$、输出电阻 R_o、输入电阻 R_i。

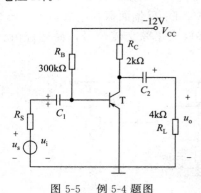

图 5-5　例 5-4 题图　　　　　图 5-6　例 5-4 题图直流通路

解 （1）求 Q 点，作直流通路，如图 5-6 所示。

$$I_B=\frac{V_{CC}-U_{BE}}{R_B}=\frac{-12-(-0.7)}{300\times10^3}\approx-40\mu A$$

$$I_C=\beta I_B=100\times(-40\mu A)=-4mA$$

$$U_{CE}=V_{CC}-I_CR_C=-12-(-4)\times2=-4V$$

（2）画出微变等效电路如图 5-7 所示。

（3）$r_{be}\approx200\Omega+(1+\beta)\dfrac{26mV}{I_E(mA)}=857\Omega$

$$\dot{A}_u = \frac{\dot{U}_o}{\dot{U}_i} = \frac{-\dot{I}_C \times (R_C // R_L)}{\dot{I}_b r_{be}} = -\frac{\beta (R_C // R_L)}{r_{be}} \approx -155$$

$$R_i = R_B // r_{be} \approx r_{be} = 857\Omega$$

$$R_o = R_C = 2k\Omega$$

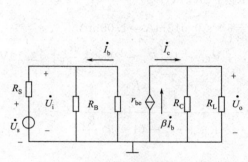

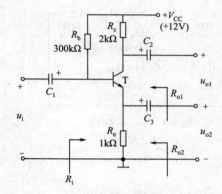

图 5-7   例 5-4 题图微变等效电路   图 5-8   例 5-5 题图

【例 5-5】   图 5-8 所示三极管放大电路中，$\beta = 80$，$U_{BE} = 0.7V$，各电容对交流的容抗近似为零，试求：(1) 求静态工作点参数 I_B、I_C、U_{CE}。(2) 若输入幅度为 0.1V 的正弦波，求输出电压 u_{o1}、u_{o2} 的幅值，并指出 u_{o1}、u_{o2} 与 u_i 的相位关系；(3) 求输入电阻 R_i 和输出电阻 R_{o1}、R_{o2}。

解   (1) $I_B = \dfrac{V_{CC} - U_{BE}}{R_b + (1+\beta)R_e} = \dfrac{12V - 0.7V}{300k\Omega + 81 \times 1k\Omega} \approx 29.6\mu A$

$$I_C = \beta I_B = 80 \times 29.6\mu A = 2.37mA$$

$$U_{CE} \approx V_{CC} - I_C(R_c + R_e) = 12V - 2.37mA \times (2+1)k\Omega = 4.9V$$

(2) $r_{be} = 200\Omega + (1+\beta)\dfrac{26mV}{I_E} = 1.1k\Omega$

当从 u_{o1} 输出时，放大电路为共射组态，故输出电压 u_{o1} 与输入电压 u_i 反相，且

$$\dot{A}_{u1} = \frac{\dot{U}_{o1}}{\dot{U}_i} = -\frac{\beta R_C}{r_{be} + (1+\beta)R_e} = -\frac{80 \times 2k\Omega}{1.1k\Omega + 81 \times 1k\Omega} = -1.95$$

$$U_{om1} = U_{im} \times |A_{u1}| = 0.1V \times 1.95 = 0.195V$$

(3) $R_i = R_b // [r_{be} + (1+\beta)R_e] = 300 // [1.1 + 81 \times 1] \approx 64.5k\Omega$

$$R_{o1} \approx R_c = 2k\Omega$$

当从 u_{o2} 输出时，放大电路为共集组态，故输出电压 u_{o2} 与输入电压 u_i 同相，且

$$\dot{A}_{u1} = \frac{\dot{U}_{o1}}{\dot{U}_i} = \frac{(1+\beta)R_e}{r_{be} + (1+\beta)R_e} = \frac{81 \times 1k\Omega}{1.1k\Omega + 81 \times 1k\Omega} \approx 0.985$$

$$U_{om2} = U_{im} \times |A_{u2}| = 0.1V \times 0.985 = 0.099V$$

$$R_{o2} = R_e // \frac{r_{be}}{1+\beta} = 1k\Omega // \frac{1.1}{81}k\Omega \approx 15\Omega$$

$$R_i = 64.5k\Omega$$

【例 5-6】   电路如图 5-9 所示，晶体管的 $\beta_1 = \beta_2 = \beta = 60$，输入电阻 $r_{be1} = r_{be2} = 1k\Omega$，

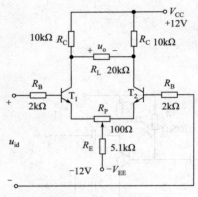

图 5-9　例 5-6 题图

$U_{BE} = 0.7V$，电位器的滑动触头在中间位置。试求：（1）静态工作点；（2）差模电压放大倍数 A_d；（3）差模输入电阻 R_i，输出电阻 R_o。

解

（1）$I_B = \dfrac{V_{EE} - U_{BE}}{R_B + 2R_E(1+\beta) + \dfrac{R_p}{2}(1+\beta)} = 0.018mA$

$I_C = \beta I_B = 60 \times 0.018mA = 1.08mA$

$U_{CE} = V_{CC} + V_{EE} - I_C\left(R_C + 2R_E + \dfrac{R_p}{2}\right) = 2.13V$

（2）$\dot{A}_d = -\beta \dfrac{R_C // \dfrac{R_L}{2}}{R_B + r_{be} + (1+\beta)\dfrac{R_p}{2}} = -50$

（3）$R_o = 2R_C = 20k\Omega$

$R_i = 2\left\{R_B + \left[r_{be} + (1+\beta)\dfrac{R_p}{2}\right]\right\} = 12.1k\Omega$

5.3.2　填空题

（1）N 型半导体是在本征半导体中掺入（　　）价元素，其多数载流子是（　　），少数载流子是（　　）。

（2）P 型半导体是在本征半导体中掺入（　　）价元素，其多数载流子是（　　），少数载流子是（　　）。

（3）在室温附近，温度升高，杂质半导体中的（　　）浓度明显增加。

（4）PN 结未加外部电压时，扩散电流（　　）漂移电流；加正向电压时，扩散电流（　　）漂移电流，其耗尽层（　　）；加反向电压时，扩散电流（　　）漂移电流，其耗尽层（　　）。

（5）PN 结中扩散电流的方向是（　　），漂移电流的方向是（　　）。

（6）三极管工作在放大区，如果基极电流从 $10\mu A$ 变化到 $30\mu A$ 时，集电极电流从 1mA 变为 2mA，则该三极管的 β 为（　　）。

（7）某处于放大状态的三极管，测得 1、2、3 三个电极的对地电位为 $V_1 = 8V$，$V_2 = 5.5V$，$V_3 = 8.3V$，则电极（　　）为基极，（　　）为集电极，（　　）为发射极，为（　　）型管。

（8）当差分放大电路输入端加入大小相等、极性相反的信号时，称为（　　）输入；当加入大小和极性都相同的信号时，称为（　　）输入。

（9）差分放大电路具有电路结构（　　）的特点，因此具有很强的（　　）零点漂移的能力。它能放大（　　）信号，而抑制（　　）信号。

（10）在单端输出差动放大电路中，差模电压增益 $A_{ud} = 50$，共模电压增益 $A_{uc} = -0.5$，若输入电压 $u_{i1} = 80mV$，$u_{i2} = 60mV$，输出电压 $u_{o2} = $（　　）。

（11）半导体二极管按所用材料不同可分为（　　）管和（　　）管。

（12）当放大电路输入端短路时，输出端电压缓慢变化的现象称为（　　），（　　）

是引起这种现象的主要原因。

(13) 三极管是一种（　　）控制器件，场效应管是一种（　　）控制器件。

(14) 当差分放大器的输入电压为 $u_{i1}=5\text{mV}$，$u_{i2}=-3\text{mV}$ 时，输入信号的差模分量为（　　），共模分量为（　　）。

(15) 放大器输出信号的能量是由（　　）提供的。

(16) 放大器的输出电阻小，有利于提高（　　）能力。

(17) 图 5-10 所示电路中，设二极管导通时正向电压为 0.7V，则二极管处于（　　）状态，电流 $I_D=$（　　）。

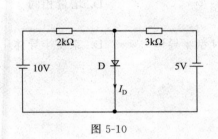 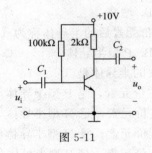 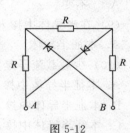

图 5-10　　　　　　　　　　图 5-11　　　　　　　　　　图 5-12

(18) 某放大电路中的三极管，在工作状态中测得它的管脚电压 $U_A=1.2\text{V}$，$U_B=0.5\text{V}$，$U_C=3.6\text{V}$。试问该管是（　　）（材料），（　　）型的三极管，该管的集电极为 A，B，C 中的（　　）脚。

(19) 当 $u_{GS}=0$ 时，漏源间存在导电沟道的称为（　　）型场效应管；漏源间不存在导电沟道的称为（　　）型场效应管。

(20) 放大电路如图 5-11 所示，已知三极管的 $\beta=100$，$U_{BE}=0.7\text{V}$，则该电路中三极管的工作状态为（　　）。

(21) 某放大电路在负载开路时的输出电压为 4V，接入 1kΩ 负载电阻后输出电压为 1V。则该放大电路的输出电阻为（　　）。

(22) 某放大器输入电压为 10mV 时，输出电压为 7V；输入电压为 15mV 时，输出电压为 6.5V，则该放大器的电压放大倍数为（　　）。

(23) 图 5-12 所示电路中二极管是理想的，电阻 R 为 6Ω。当普通指针式万用表置于 $R×1Ω$ 挡时，用黑表笔（通常带正电）接 B 点，红表笔（通常带负电）接 A 点，则万用表的指示值为（　　）。

5.3.3　选择题

(1) PN 结加正向电压时，空间电荷区将（　　）。

A. 变窄　　　　　B. 基本不变　　　　　C. 变宽　　　　　D. 无法判断

(2) 当晶体管工作在放大区时，发射结电压和集电结电压应为（　　）。

A. 前者反偏、后者也反偏　　　　　B. 前者正偏、后者反偏

C. 前者正偏、后者也正偏　　　　　D. 前者反偏、后者正偏

(3) 杂质半导体中（　　）的浓度对温度敏感。

A. 少子　　　　　B. 多子　　　　　C. 杂质离子　　　　　D. 空穴

(4) 在本征半导体中加入（　　）元素可形成 N 型半导体

A. 五价　　　　　B. 四价　　　　　C. 三价　　　　　D. 硼

(5) 当温度升高时，二极管的反向饱和电流将（ 　）。

A. 增大　　　　　　　B. 不变　　　　　　　C. 减小　　　　　　　D. 无法判断

(6) 工作在放大区的某三极管，如果当 I_B 从 $12\mu A$ 增大到 $22\mu A$ 时，I_C 从 $1mA$ 变为 $2mA$，那么它的 β 约为（ 　）。

A. 83　　　　　　　　B. 91　　　　　　　　C. 100　　　　　　　D. 110

(7) 当场效应管的漏极直流电流 I_D 从 $2mA$ 变为 $4mA$ 时，它的低频跨导将（ 　）。

A. 增大　　　　　　　B. 不变　　　　　　　C. 减小　　　　　　　D. 无法判断

(8) 本征半导体温度升高后，其自由电子数目和空穴数目（ 　）。

A. 不变　　　　　　　B. 增多　　　　　　　C. 减少　　　　　　　D. 增量相同

(9) 在半导体中掺入三价元素后的半导体称为（ 　）。

A. 本征半导体　　　B. P 型半导体　　　C. N 型半导体　　　D. 杂质半导体

(10) 少数载流子是空穴的半导体是（ 　）。

A. 本征半导体中掺入三价元素，是 P 型半导体

B. 本征半导体中掺入三价元素，是 N 型半导体

C. 本征半导体中掺入五价元素，是 N 型半导体

D. 本征半导体中掺入五价元素，是 P 型半导体

(11) P 型半导体多数载流子是带正电的空穴，所以 P 型半导体（ 　）。

A. 带正电　　　　　　B. 带负电　　　　　　C. 无法确定　　　　　　D. 电中性

(12) 如果 PN 结反向电压的数量增大（小于击穿电压），则（ 　）。

A. 阻挡层变厚，反向电流变小　　　　　　B. 阻挡层变薄，反向电流增大

C. 阻挡层不变，反向电流不变　　　　　　D. 阻挡层变厚，反向电流不变

(13) 分别用万用表的 $R\times 100$ 挡和 $R\times 1k$ 挡测量同一 PN 结的正向电阻，前者的测量结果应（ 　）后者。

A. 小于　　　　　　　B. 大于　　　　　　　C. 等于　　　　　　　D. 无法比较

(14) 既能放大电压，也能放大电流的电路（ 　）。

A. 共发射极　　　　B. 共集电极　　　　C. 共基级　　　　D. 以上均不能

(15) 共模抑制比 K_{CMR} 越大，表明电路（ 　）。

A. 放大倍数越稳定　　　　　　　　　　B. 交流放大倍数越大

C. 抑制温漂能力越强　　　　　　　　　D. 输入信号中的差模成分越大

(16) 交越失真是（ 　）

A. 饱和失真　　　　　　　　　　　　　B. 频率失真

C. 线性失真　　　　　　　　　　　　　D. 非线性失真

(17) 功率放大电路的效率是指（ 　）

A. 不失真输出功率与输入功率之比　　　　B. 不失真输出功率与电源供给功率之比

C. 不失真输出功率与管耗功率之比　　　　D. 管耗功率与电源供给功率之比

(18) 为了获得电压放大，同时又使得输出与输入电压同相，则应选用（ 　）放大电路。

A. 共发射极　　　　B. 共集电极　　　　C. 共基极　　　　D. 共漏极

(19) PN 结加正向电压时，其正向电流是由（ 　）的。

A. 多数载流子扩散而成　　　　　　　　B. 多数载流子漂移而成

C. 少数载流子扩散而成   D. 少数载流子漂移而成

（20）三极管当发射结和集电结都正偏时工作于（　　）状态。

A. 放大
B. 截止
C. 饱和
D. 无法确定

（21）三极管的反向电流 I_{CBO} 是由（　　）组成的。

A. 多子的扩散
B. 少子的漂移
C. 多子和少子共同组成
D. 多子的漂移

（22）放大器的输入电阻高，表明其放大微弱信号能力（　　）。

A. 强
B. 弱
C. 一般
D. 无影响

（23）某三极管的 $P_{CM}=100mW$，$I_{CM}=20mA$，$U_{(BR)CEO}=15V$，则下列状态下三极管能正常工作的是（　　）。

A. $U_{CE}=3V$，$I_C=10mA$
B. $U_{CE}=2V$，$I_C=40mA$
C. $U_{CE}=6V$，$I_C=20mA$
D. $U_{CE}=20V$，$I_C=2mA$

（24）硅二极管的正向导通压降比锗二极管的（　　）。

A. 大
B. 小
C. 相等
D. 无法比较

（25）电压放大倍数最高的电路是（　　）。

A. 共射电路
B. 共集电路
C. 共基电路
D. 不定

（26）三极管的电流放大系数由三极管的（　　）决定。

A. 基极电流
B. 集电极电流
C. 发射极电流
D. 内部材料和结构

（27）对直流通路而言，放大电路中的电容应视为（　　）。

A. 直流电源
B. 开路
C. 短路
D. 与电路结构有关

（28）差分放大电路的差模信号是两个输入端信号的差，共模信号是两个输入端信号的（　　）。

A. 差
B. 和
C. 平均值
D. 均方值

（29）测得某放大电路半导体三极管三个管脚对地电压为 $U_1=3V$，$U_2=8V$，$U_3=3.7V$，则该三极管为（　　）。

A. NPN 型 Si 管
B. NPN 型 Ge 管
C. PNP 型 Si 管
D. PNP 型 Ge 管

（30）由 NPN 管构成的基本共射电路，输出负半周削波，说明该电路的工作点（　　）。

A. 偏低
B. 偏高
C. 合适
D. 无法确定

（31）电路的静态是指输入交流信号（　　）时的电路状态。

A. 幅值不变
B. 频率不变
C. 幅值为零
D. 幅值与直流信号相等

（32）图 5-13 所示电路，二极管导通时压降为 0.7V，反偏时电阻为∞，则以下说法正确的是（　　）。

A. V_D 导通，$U_{AO}=5.3V$；
B. V_D 导通，$U_{AO}=-5.3V$；
C. V_D 导通，$U_{AO}=-6.7V$；
D. V_D 截止，$U_{AO}=-9V$

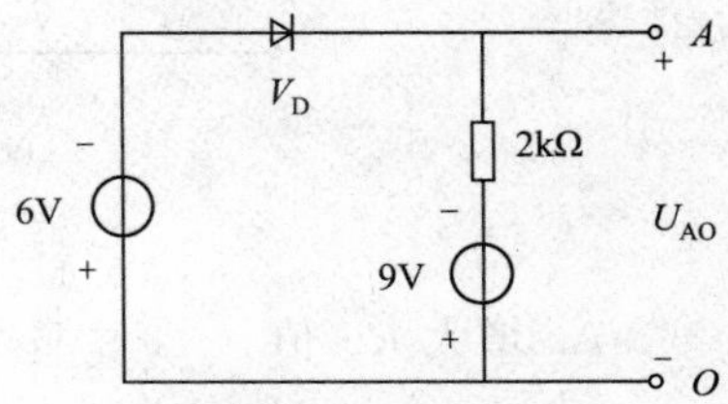

图 5-13

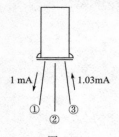

图 5-14

（33）测得三极管三电流方向、大小如图 5-14 所示，则可判断三个电极为（　　）。

A. ①基极 b、②发射极 e、③集电极 c

B. ①基极 b、②集电极 c、③发射极 e

C. ①集电极 c、②基极 b、③发射极 e

D. ①发射极 e、②基极 b、③集电极 c

（34）基本共射放大电路中 $\beta=50$ 的三极管换成 $\beta=100$ 的三极管，其他参数不变，则电压放大倍数为（　　）

A. 约为原来 1/2   B. 基本不变

C. 约为原来的 2 倍   D. 约为原来的 4 倍

（35）在分压偏置稳定的共射放大电路中，设置射极旁路电容 C_E 的目的是（　　）。

A. 旁路交流信号，使放大倍数不降低   B. 隔直耦交

C. 稳定 Q 点   D. 提高电流增益

（36）若差动电路两输入端电压分别为 $u_{i1}=10\text{mV}$，$u_{i2}=6\text{mV}$，则 u_{id} 与 u_{ic} 之值为（　　）。

A. $u_{id}=4\text{mV}$　$u_{ic}=8\text{mV}$ B. $u_{id}=2\text{mV}$　$u_{ic}=8\text{mV}$

C. $u_{id}=4\text{mV}$　$u_{ic}=2\text{mV}$ D. $u_{id}=2\text{mV}$　$u_{ic}=4\text{mV}$

（37）由于功放电路的输入和输出信号幅度都较大，所以用（　　）法进行分析计算。

A. 微变等效电路   B. 图解分析   C. 最大值估算   D. 交流通道

（38）分析放大电路时，常常采用交流分析和直流分析分别进行的方法，这是因为（　　）。

A. 晶体管是非线性器件

B. 电路中有电容元件

C. 交流成分与直流成分变化规律不同

D. 在一定条件下电路可视为线性电路，因此可用叠加定理

（39）当 NPN 型三极管的 $U_{CE}>U_{BE}$ 且 $U_{BE}>0.5\text{V}$ 时，则此三极管工作在（　　）。

A. 截止区   B. 放大区   C. 饱和区   D. 击穿区

（40）晶体管放大电路见图 5-15（a），其输入、输出波形见图 5-15（b），为使输出波形不失真，可采用的方法为（　　）。

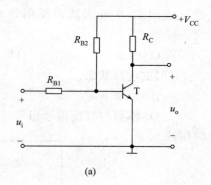

(a)

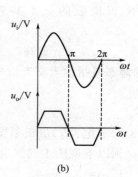

(b)

图 5-15

A. 增大 R_C 值   B. 减小 R_{B2} 值   C. 减小输入信号   D. 增大 R_{B1} 值

(41) 差分放大电路的作用主要是通过（　　　）来实现。

A. 两个输入端
B. 两部分电路和器件参数对称
C. 增加一级放大
D. 不对称性

(42) 电路如图 5-16 所示，D 为理想二极管，其输出波形为（　　　）。

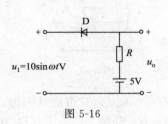

图 5-16

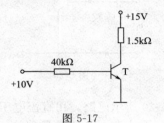

图 5-17

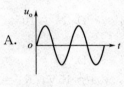

A.

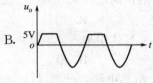

B.

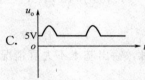

C.

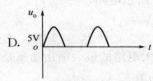

D.

(43) 在图 5-17 所示电路中，晶体管工作（　　　）状态。已知：$\beta=50$，$U_{BE}=0.7V$。

A. 放大
B. 饱和
C. 截止
D. 无法判断

(44) 图 5-18 所示电路中，已知 $I_1 \gg I_B$，$U_B \gg U_{BE}$，则当温度升高时，（　　　）。

A. I_C 增大
B. I_C 减小
C. I_C 基本不变
D. U_{CE} 增大

(45) 图 5-18 所示电路中，欲增大 U_{CE}，可以（　　　）。

A. 增大 R_C
B. 增大 R_L
C. 增大 R_{B1}
D. 增大 β

(46) 图 5-18 所示电路中，出现下列哪种故障必使三极管截止（　　　）。

A. R_{B1} 开路
B. R_{B2} 开路
C. R_C 短路
D. C_E 短路

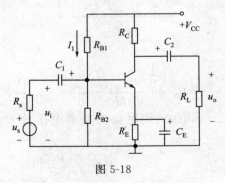

图 5-18

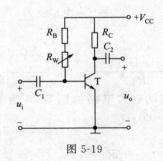

图 5-19

(47) 在图 5-19 所示电路中，$V_{CC}=12V$，$R_C=3k\Omega$，静态管压降 $U_{CE}=6V$。当 $U_i \approx$ 1mV 时，在不失真条件下，减小 R_W，则输出电压的幅值将（　　　）。

A. 减小
B. 不变
C. 增大
D. 无法确定

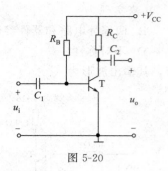

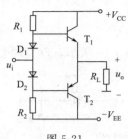

图 5-20 图 5-21

(48) 如图 5-20 所示电路，用直流电压表测出 $U_{CE} \approx V_{CC}$，有可能是因为（　　）。

A. R_B 短路　　　　　B. R_B 开路　　　　　C. R_C 开路　　　　　D. β 过大

(49) 二极管的正向电压从 0.6V 增大 10% 时，正向电流（　　）。

A. 基本不变　　　　B. 增加 10%　　　　C. 增加超过 10%　　　D. 减少 10%

(50) 在本征半导体中加入元素（　　）可形成 N 型半导体。

A. 硼　　　　　　　B. 铝　　　　　　　C. 铟　　　　　　　D. 磷

(51) 图 5-21 所示电路，已知 T_1、T_2 管的饱和压降 $U_{CES} = 3V$，$V_{CC} = 15V$，$R_L = 8\Omega$，则最大输出功率 P_{omax}（　　）。

A. $\approx 28W$　　　　　B. $= 18W$　　　　　C. $= 9W$　　　　　D. $= 4.5W$

(52) 功率放大电路的最大输出功率是在输入电压为正弦波时，输出基本不失真情况下，负载上可能获得的最大（　　）。

A. 交流功率　　　　B. 直流功率　　　　C. 平均功率　　　　D. 总功率

(53) 图 5-22 所示电路中晶体管饱和管压降为 $|U_{CES}|$，则最大输出功率 $P_{omax} =$（　　）。

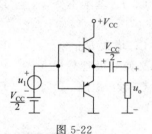

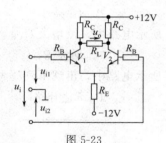

图 5-22 图 5-23

A. $\dfrac{(V_{CC} - U_{CES})^2}{2R_L}$　　B. $\dfrac{\left(\frac{1}{2}V_{CC} - U_{CES}\right)^2}{R_L}$　　C. $\dfrac{\left(\frac{1}{2}V_{CC} - U_{CES}\right)^2}{2R_L}$　　D. $\dfrac{(V_{CC} - U_{CES})^2}{R_L}$

(54) 差动放大电路如图 5-23 所示，$r_{be} = 3k\Omega$，则电路的差模电压放大倍数 A_d 为（　　）（$\beta = 60$）。

A. $A_d = -\dfrac{\beta R_C}{R_B + r_{be}} = -150$

B. $A_d = -\dfrac{\beta\left(R_C // \dfrac{R_L}{2}\right)}{R_B + r_{be}} = -75$

C. $A_d = -\dfrac{\beta R_C}{R_B + r_{be} + R_E} = -64.5$

D. $A_d = -\dfrac{\beta\left(R_C // \dfrac{R_L}{2}\right)}{R_B + r_{be} + (1+\beta)R_E} = -0.9$

(55) 电路如图 5-23 所示，该电路的差模输入电阻 $R_{id} = ($ $)$

A. $r_{be} + R_B = 4\mathrm{k}\Omega$ B. $r_{be} + R_B + (1+\beta)R_E = 327.3\mathrm{k}\Omega$

C. $2[r_{be} + R_B + (1+\beta)R_E] = 654.6\mathrm{k}\Omega$ D. $2(r_{be} + R_B) = 8\mathrm{k}\Omega$

5.3.4 判断题

(1) 在 N 型半导体中如果掺入足够量的三价元素，可将其改型为 P 型半导体。（   ）

(2) 因为 N 型半导体的多子是自由电子，所以它带负电。（   ）

(3) PN 结在无光照、无外加电压时，结电流为零。（   ）

(4) 处于放大状态的晶体管，集电极电流是多子漂移运动形成的。（   ）

(5) 差分放大电路能有效的克服温度漂移，主要是通过电路的对称性及发射极耦合电阻 R_e 的负反馈作用实现的。（   ）

(6) 若耗尽型 N 沟道 MOS 管的 U_{GS} 大于零，则其输入电阻会明显变小。（   ）

(7) 只要电路既放大电流又放大电压，才称其有放大作用。（   ）

(8) 可以说任何放大电路都有功率放大作用。（   ）

(9) 放大电路中输出的电流和电压都是由有源元件提供的。（   ）

(10) 电路中各电量的交流成分是交流信号源提供的。（   ）

(11) 放大电路必须加上合适的直流电源才能正常工作。（   ）

(12) 由于放大的对象是变化量，所以当输入信号为直流信号时，任何放大电路的输出都毫无变化。（   ）

(13) 只要是共射放大电路，输出电压的底部失真都是饱和失真。（   ）

(14) 共模信号都是直流信号，差模信号信号都是交流信号。（   ）

(15) 差模信号是差分放大电路两个输入端电位之差。（   ）

(16) 顾名思义，功率放大电路有功率放大作用，电压放大电路只有电压放大作用而没有功率放大作用。（   ）

(17) 差分放大电路的发射极公共电阻 R_e 对共模信号和放大差模信号都存在影响，因此，这种电路是靠牺牲差模电压放大倍数来换取对共模信号的抑制作用的。（   ）

(18) 当输入电压为正弦波时，若 NPN 管共发射极放大电路发生饱和失真，则集电极电流的波形将负半波削波。（   ）

(19) 当二极管两端正向偏置电压大于死区电压，二极管才能导通。（   ）

(20) 在互补对称功率放大电路的输入端所加偏置电压越大，则交越失真越容易消除。（   ）

(21) 差分放大器的差模电压放大倍数等于单管共射放大电路的电压放大倍。（   ）

(22) 温度升高，半导体三极管的共射输出特性曲线下移。（   ）

(23) 半导体中的空穴带负电。（   ）

(24) 零点漂移就是静态工作点的漂移。（   ）

(25) 只要是共射放大电路，输出电压的底部失真都是饱和失真。（   ）

(26) 晶体二极管击穿后立即烧毁。（   ）

(27) 单管共发射极放大电路的集电极和基极电压相位相同。（   ）

(28) 交流放大器工作时，电路中同时存在直流分量和交流分量，直流分量表示静态工作点，交流分量表示信号的变化情况。（   ）

(29) 差动放大电路结构可以抑制零点漂移现象。（   ）

（30）PN 结具有单向导电特性。　　　　　　　　　　　　　　　　　　　（　　）

（31）以自由电子导电为主的半导体称为 N 型半导体。　　　　　　　　　（　　）

（32）PN 结未加外部电压时，扩散电流等于漂移电流。　　　　　　　　　（　　）

（33）未加外部电压时，PN 结中电流从 P 区流向 N 区。　　　　　　　　　（　　）

（34）本征半导体温度升高后两种载流子浓度仍然相等。　　　　　　　　　（　　）

（35）产生零点漂移的原因主要是晶体管参数受温度的影响。　　　　　　　（　　）

5.3.5　基本题

（1）在图 5-24 中所示两个电路中，已知 $u_i = 30\sin\omega t \text{ V}$，二极管的正向压降可忽略不计，试分别画出输出电压 u_o 的波形。

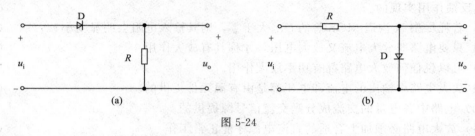

图 5-24

解　对于图 5-24（a）图，输入信号 u_i 正半周，二极管 D 导通，则 $u_o = u_i$；输入信号 u_i 负半周，二极管 D 截止，则 $u_o = 0$。

对于图 5-24（b）图，输入信号 u_i 正半周，二极管 D 导通，则 $u_o = 0$；输入信号 u_i 负半周，二极管 D 截止，则 $u_o = u_i$。波形如图 5-25 所示。

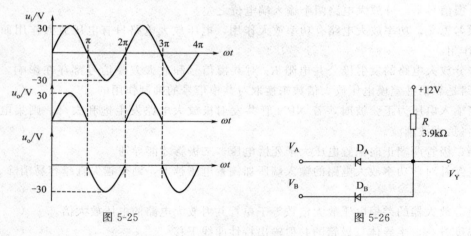

图 5-25　　　　　　　　　　　图 5-26

（2）在图 5-26 中，试求下列几种情况下输出端 Y 的电位 V_Y 及各元件（R、D_A、D_B）通过的电流。（a）$V_A = V_B = 0\text{V}$；（b）$V_A = +3\text{V}$，$V_B = 0\text{V}$；（c）$V_A = V_B = +3\text{V}$。二极管的正向压降可忽略不计。

解

（a）D_A、D_B 均导通，则 $V_Y = 0\text{V}$。

（b）D_A 反向截止，D_B 导通，则 $V_Y = 0\text{V}$。

（c）D_A、D_B 均正向导通，则 $V_Y = 3\text{V}$。

（3）在图 5-27 中，试求下列几种情况下输出端电位 V_Y。二极管的正向压降可忽略不计。

(a) $V_A = +10V$, $V_B = 0V$;

(b) $V_A = +6V$, $V_B = +5.8V$;

(c) $V_A = V_B = +5V$。

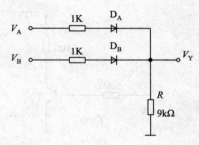

图 5-27

解 (a) D_A 正向导通，D_B 反向截止，则 $V_Y = \dfrac{9}{9+1} \times$

$V_A = 9V$

(b) 假设 D_A 正向导通，D_B 截止，则此时 $V_Y = \dfrac{9}{9+1} \times$

$V_A = 5.4V$，$V_B > V_Y$，D_B 也应该处于导通状态，所以假设不成立。D_A、D_B 均应处于正向导通状态。利用节点电压公式

$$V_Y = \frac{6+5.8}{\dfrac{1}{9}+1+1} = 5.59V$$

(c) D_A、D_B 均正向导通。$V_Y = \dfrac{9}{9+0.5} \times V_A = 4.74V$

(4) 在图 5-28 中，$E = 10V$，$e = 30\sin\omega t$ V。试用波形图表示二极管上的电压 u_D，二极管正向压降可忽略不计。

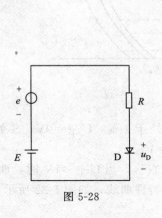

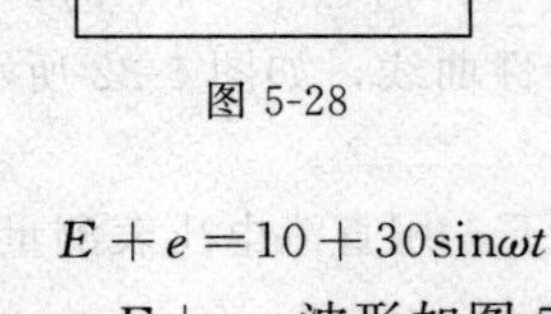

图 5-28

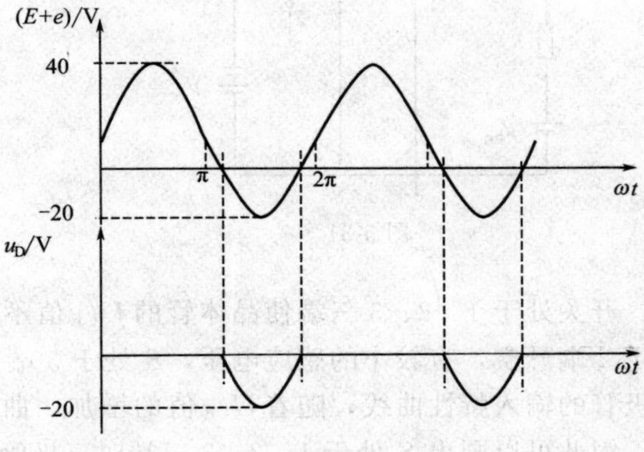

图 5-29

解 $E + e = 10 + 30\sin\omega t$ V。$(E+e) > 0$，D 正向导通，$u_D = 0$。$(E+e) > 0$，D 反向截止，$u_D = E + e$。波形如图 5-29 所示。

(5) 在图 5-30 中所示的各个电路中，试问晶体管工作于何种状态？设 $U_{BE} = 0.6V$。

解

(a) 假设 T 处于放大状态

$$I_B = \frac{6-0.6}{50 \times 10^3} = 0.108mA \qquad I_C = \beta I_B = 5.4mA$$

$$U_{CE} = V_{CC} - I_C R_C = 12 - 5.4 \times 1 = 6.6V > 0$$

假设成立，所以 T 处于放大状态。

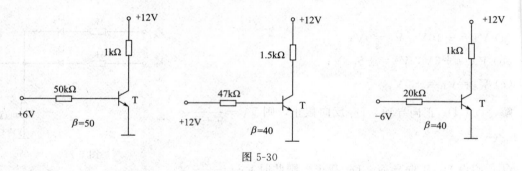

图 5-30

（b）假设 T 处于放大状态

$$I_B = \frac{12 - 0.6}{47 \times 10^3} = 0.24\text{mA} \qquad I_C = \beta I_B = 9.7\text{mA}$$

$$U_{CE} = V_{CC} - I_C R_C = 12 - 9.7 \times 1.5 = -2.55\text{V} < 0$$

假设不成立，所以 T 处于饱和状态。

（c）T 处于截止状态。

（6）电路如图 5-31 所示，当开关 S 放在"1"、"2"、"3"的哪个位置时，I_B 值最大？放在哪个位置时 I_B 值最小？试说明理由。

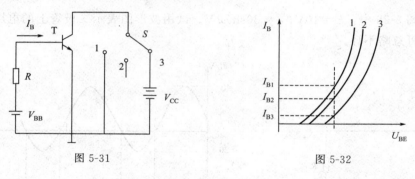

图 5-31　　　　　　　　　　　图 5-32

解　开关处于 1、2、3 三端使晶体管的 U_{CE} 值不同。S 处于 1 端，$U_{CE} = 0\text{V}$，S 处于 2 端，由于 2 端悬空，有较小的感应电压，S 处于 3 端，$U_{CE} = V_{CC}$。

三极管的输入特性曲线，随着 U_{CE} 值的增加，曲线逐渐右移，当 $U_{CE} \geqslant 1\text{V}$ 时，曲线近似重合。因此可以画出 S 处于 1、2、3 三端时三极管的输入特性曲线，如图 5-32 所示。

可以得出，$I_{B1} > I_{B2} > I_{B3}$。

（7）电路如图 5-33 所示，已知晶体管 $\beta = 50$，在下列情况下，用直流电压表测量晶体管集电极电位，应分别为多少？设 $+V_{CC} = 12\text{V}$，晶体管饱和压降 $U_{CES} = 0.5\text{V}$。

（a）正常情况；（b）R_{B1} 短路；（c）R_{B1} 开路；（d）R_{B2} 开路；（e）R_C 短路。

解　由于测量直流电位，研究放大电路的直流通路即可，所以交流输入端处视为短路。直流通路图如图 5-34 所示。

（a）正常情况

此时

$$I_{B1} = \frac{0.7}{3.5 \times 10^3} = 0.2\text{mA} \qquad I_{B2} = \frac{V_{CC} - 0.7}{R_{B2}} = 0.22\text{mA}$$

$$I_B = I_{B2} - I_{B1} = 0.02\text{mA} \qquad I_C = \beta I_B = 1\text{mA} \qquad U_{CE} = V_{CC} - I_C R_C = 6.9\text{V}$$

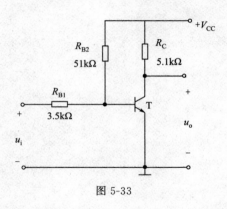

图 5-33

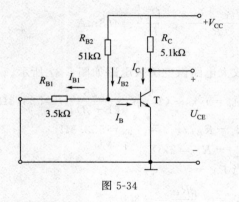

图 5-34

(b) R_{B1} 短路，则 T 截止，$U_{CE} = V_{CC} = 12V$。

(c) R_{B1} 开路

设 T 处于放大状态

$$I_B = \frac{V_{CC} - 0.7}{R_{B2}} = 0.22mA \quad I_C = \beta I_B = 11mA \quad U_{CE} = V_{CC} - I_C R_C < 0$$

所以假设不成立，则 T 处于饱和状态。

$$U_{CE} = U_{CES} = 0.5V$$

(d) R_{B2} 开路

T 截止，$U_{CE} = V_{CC} = 12V$

(e) R_C 短路

$$U_{CE} = V_{CC} = 12V$$

(8) 电路如图 5-35 所示，晶体管的 $\beta = 80$，$r'_{bb} = 100\Omega$。分别计算 $R_L = \infty$ 和 $R_L = 5k\Omega$ 时的 Q 点、$\dot{A}_u$、R_i 和 R_o。已知 $V_{CC} = 15V$，$U_{BE} = 0.6V$。

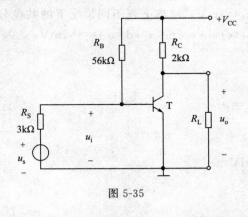

图 5-35

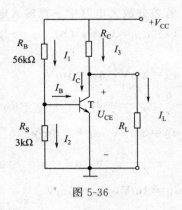

图 5-36

解 放大电路的直流通路如图 5-36 所示。

$$I_2 = \frac{U_{BE}}{R_S} = 0.2mA \qquad I_1 = \frac{V_{CC} - U_{BE}}{R_B} = 0.26mA$$

$$I_B = I_1 - I_2 = 0.06mA \qquad I_C = \beta I_B = 4.8mA$$

当 $R_L = \infty$ 时，$I_3 = I_C$，此时 $U_{CE} = V_{CC} - I_3 R_C = 5.4V$

当 $R_L = 5k\Omega$ 时，$I_3 = I_C + I_2$

$$\frac{V_{CC} - U_{CE}}{R_C} - \frac{U_{CE}}{R_L} = 4.8\text{mA}$$

$$U_{CE} = 3.86\text{V}$$

放大电路微变等效电路如图 5-37 所示。

$$r_{be} = r'_{bb} + (1+\beta)\frac{26}{(1+\beta)I_B} = 533.3\Omega$$

$$R_i = R_B // r_{be} \approx r_{be} = 533.3\Omega$$

$$R_o = R_C = 2\text{k}\Omega$$

当 $R_L = \infty$

$$A_u = -\frac{\beta R_C}{r_{be}} = -300$$

当 $R_L = 5\text{k}\Omega$

$$A_u = -\frac{\beta(R_C // R_L)}{r_{be}} = -214$$

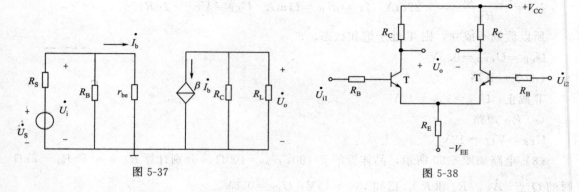

图 5-37   图 5-38

(9) 若差分放大电路中一管输入电压 $u_{i1} = 3\text{mV}$，试求下列不同情况下的共模分量和差模分量：(a) $u_{i2} = 3\text{mV}$；(b) $u_{i2} = -3\text{mV}$；(c) $u_{i2} = 5\text{mV}$；(d) $u_{i2} = -5\text{mV}$。

解

(a) $u_{i1} = 3\text{mV}$, $u_{i2} = 3\text{mV}$

$$u_{ic} = \frac{u_{i1} + u_{i2}}{2} = 3\text{mV} \qquad u_{id} = u_{i1} - u_{i2} = 0$$

(b) $u_{i1} = 3\text{mV}$, $u_{i2} = -3\text{mV}$

$$u_{ic} = \frac{u_{i1} + u_{i2}}{2} = 0 \qquad u_{id} = u_{i1} - u_{i2} = 6\text{mV}$$

(c) $u_{i1} = 3\text{mV}$, $u_{i2} = 5\text{mV}$

$$u_{ic} = \frac{u_{i1} + u_{i2}}{2} = 4\text{mV} \qquad u_{id} = u_{i1} - u_{i2} = -2\text{mV}$$

(d) $u_{i1} = 3\text{mV}$, $u_{i2} = -5\text{mV}$

$$u_{ic} = \frac{u_{i1} + u_{i2}}{2} = -1\text{mV} \qquad u_{id} = u_{i1} - u_{i2} = 8\text{mV}$$

(10) 差动放大电路如图 5-38 所示。

(a) 若 $|A_{ud}| = 100$，$|A_{uc}| = 0$，$u_{i1} = 10\text{mV}$，$u_{i2} = 5\text{mV}$，则 $|u_o|$ 有多大？

(b) 若 $A_{ud}=-20$，$A_{uc}=-0.2$，$u_{i1}=0.49\text{V}$，$u_{i2}=0.51\text{V}$，则 u_o 为多少？

解

由于 $u_o=A_{ud}u_{id}+A_{uc}u_{ic}$

(a) $|u_o|=|A_{ud}|\cdot u_{id}+|A_{uc}|\cdot u_{ic}=100\times(10-5)\text{mV}=0.5\text{V}$

(b) $u_{ic}=\dfrac{0.49+0.51}{2}=0.5\text{V}$　　$u_{id}=u_{i1}-u_{i2}=-0.02\text{V}$

$u_o=(-20)\cdot(-0.02)+(-0.2)\cdot0.5=0.3\text{V}$

(11) 在图 5-39 示电路中，已知 $V_{CC}=16\text{V}$，$R_L=4\Omega$，T_1 和 T_2 管的饱和压降 $|U_{CES}|=2\text{V}$，输入电压足够大。试问：

(a) 最大输出功率 P_{om} 和效率 η 各为多少？

(b) 晶体管的最大功耗 P_{Tmax} 为多少？

(c) 为了使输出功率达到 P_{om}，输入电压的有效值约为多少？

解

(a) $U_{om}=\dfrac{16-2}{\sqrt{2}}=7\sqrt{2}\,\text{V}$　　$P_{om}=\dfrac{U_{om}^2}{R_L}=24.5\text{W}$

$P_V=\dfrac{2}{\pi}\times\dfrac{V_{CC}U_{om}}{R_L}=\dfrac{2}{\pi}\times\dfrac{16\times7\sqrt{2}}{4}=50.44\text{W}$　　$\eta=\dfrac{P_{om}}{P_V}=\dfrac{24.5}{50.44}=48.6\%$

(b) $P_{Tmax}=0.4P_{om}=9.8\text{W}$

(c) 由于 $u_i\approx u_o$，所以 $U_i=U_{om}=7\sqrt{2}\,\text{V}$

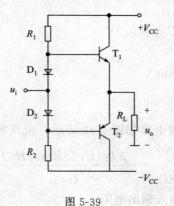

图 5-39

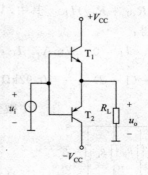

图 5-40

(12) 在图 5-40 所示电路中，已知 $V_{CC}=15\text{V}$，输入电压为正弦波，晶体管的饱和压降 $U_{CES}=3\text{V}$，电压放大倍数约为 1，负载电阻 $R_L=2\Omega$。

(a) 求解负载上可能获得的最大功率和效率。

(b) 若输入电压最大有效值为 8V，则负载上能够获得的最大功率为多少？

解

(a) $U_{om}=\dfrac{15-3}{\sqrt{2}}=6\sqrt{2}\,\text{V}$　　$P_{om}=\dfrac{U_{om}^2}{R_L}=36\text{W}$

$$P_V = \frac{2}{\pi} \times \frac{V_{CC} \cdot U_{om}}{R_L} = \frac{2}{\pi} \times \frac{15 \times 6\sqrt{2}}{2} = 81W \qquad \eta = \frac{P_{om}}{P_V} = \frac{36}{81} = 44.4\%$$

(b) $U_{om} = U_i = 8V$

$$P_{om} = \frac{U_{om}^2}{R_L} = 32W$$

5.3.6 提高题

(1) 画出图 5-41 所示放大电路的直流通路和微变等效电路。

(a) 计算电压放大倍数 $\dot{A}_u$；

(b) 求输入电阻 R_i、输出电阻 R_o。

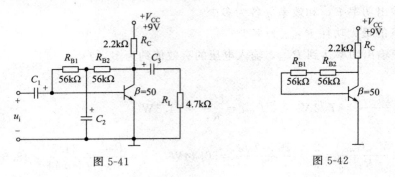

图 5-41   图 5-42

解

直流通路如图 5-42 所示。

(a) $V_{CC} - V_C = R_C(I_C + I_B) = (1+\beta)I_B R_C$

$V_C - V_B = (R_{B1} + R_{B2})I_B$ 　其中，$V_B = U_{BE} = 0.7V$

联立以上二式可得：

$$V_C = 4.85V, \quad I_B = 0.037mA, \quad I_C = 1.85mA$$

$$r_{be} = 200\Omega + (1+\beta)\frac{26V}{I_E} = 0.92k\Omega$$

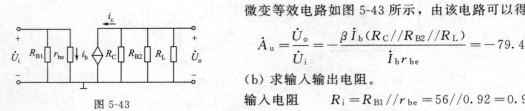

图 5-43

微变等效电路如图 5-43 所示，由该电路可以得到：

$$\dot{A}_u = \frac{\dot{U}_o}{\dot{U}_i} = -\frac{\beta \dot{I}_b(R_C //R_{B2}//R_L)}{\dot{I}_b r_{be}} = -79.4$$

(b) 求输入输出电阻。

输入电阻　　　$R_i = R_{B1}//r_{be} = 56//0.92 = 0.9k\Omega$

输出电阻　　　$R_o = R_C//R_{B2} = 2.2//56 = 2.12k\Omega$

(2) 图 5-44 所示两个电路中，已知 V_{CC} 均为 6V，R_L 均为 8Ω，且图（a）中电容足够大，假设三极管饱和压降可忽略：

(a) 分别估算两个电路的最大输出功率 P_{om}。

(b) 分别估算两个电路的直流电源消耗的功率 P_V。

(c) 分别说明两个电路的名称。

解　（a）图（a）最大输出功率：$P_{om} = \frac{[V_{CC}/2 - U_{CE(sat)}]^2}{2R_L} \approx \frac{3^2}{2 \times 8} = 0.56W$

图（b）最大输出功率：$P_{om} = \dfrac{[V_{CC} - U_{CE(sat)}]^2}{2R_L} \approx \dfrac{6^2}{2 \times 8} = 2.25\text{W}$

（b）图（a）电源功率：$P_V = \dfrac{2}{\pi} \dfrac{(V_{CC}/2)[V_{CC}/2 - U_{CE(sat)}]}{R_L} \approx \dfrac{V_{CC}^2}{2\pi R_L} = \dfrac{6^2}{2\pi \times 8} = 0.716\text{W}$

图（b）电源功率：$P_V = \dfrac{2}{\pi} \dfrac{V_{CC}[V_{CC} - U_{CE(sat)}]}{R_L} \approx \dfrac{2V_{CC}^2}{\pi R_L} = \dfrac{2 \times 6^2}{\pi \times 8} = 2.86\text{W}$

（c）图（a）为 OTL 电路（或甲乙类互补对称功率放大电路）；

图（b）为 OCL 电路（或乙类互补对称功率放大电路）。

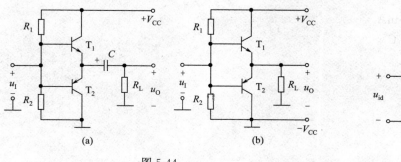
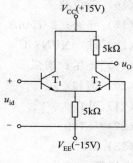

图 5-44   图 5-45

（3）差分放大电路如图 5-45 所示，已知三极管的 $\beta = 100$，$U_{BE} = 0.7\text{V}$，（a）求各管 I_C 和 U_{CE}；（b）差模电压放大倍数 $A_{ud} = u_{od}/u_{id}$、差模输入电阻 R_{id}。

解　（a）求静态工作点：$I_{C1} = I_{C2} \approx \dfrac{V_{EE} - U_{BE}}{2R_E} = \dfrac{(15 - 0.7)\text{V}}{2 \times 5\text{k}\Omega} \approx 1.43\text{mA}$

$U_{CE1} = V_{CC} - U_E = 15\text{V} - (-0.7\text{V}) = 15.7\text{V}$

$U_{CE2} = V_{CC} - I_{C2}R_C - U_E = 15\text{V} - 1.43\text{mA} \times 5\text{k}\Omega - (-0.7\text{V}) = 8.6\text{V}$

（b）求差模电压放大倍数、差模输入电阻和输出电阻

$r_{be} = 200\Omega + 101 \times \dfrac{26}{1.43}\Omega = 2.04\text{k}\Omega$

$A_{ud} = -\dfrac{1}{2} \dfrac{\beta R_C}{r_{be}} = \dfrac{-50 \times 5\text{k}\Omega}{2 \times 2.04\text{k}\Omega} \approx -61.3$

$R_{id} = 2r_{be} = 4.08\text{k}\Omega$　　　　$R_o = R_C = 5\text{k}\Omega$

答案

填空题

（1）五价；自由电子；空穴

（2）三价；空穴；自由电子

（3）少数载流子

（4）等于；大于；变薄；小于；变厚

（5）从 P 到 N；从 N 到 P

（6）50

（7）1；2；3；PNP

(8) 差模；共模

(9) 对称；抑制；差模；共模

(10) 0.965V

(11) 硅；锗

(12) 零点漂移；温度变化

(13) 电流；电压

(14) 8mV；1mV

(15) 直流电源

(16) 带负载

(17) 导通；2.75mA

(18) 硅；NPN；C

(19) 耗尽；增强

(20) 饱和

(21) 3kΩ

(22) −100

(23) 2Ω

选择题

(01)—(05) A B A A A；(06)—(10) C A D B C

(11)—(15) D D A A C；(16)—(20) D B C A C

(21)—(25) B A A A A；(26)—(30) D B C A B

(31)—(35) C C C C A；(36)—(40) A C D B C

(41)—(45) B B B C C；(46)—(50) A C B C D

(51)—(55) C A C B D

判断题

(01)—(05) √ × √ × √；(06)—(10) × × √ × ×

(11)—(15) √ × × × √；(16)—(20) × × √ √ √

(21)—(25) × × × √ √；(26)—(30) × × √ √ √

(31)—(35) √ √ × √ √

第6章 集成运算放大器

6.1 基本要求

了解集成运放的基本组成及主要参数的意义。

理解集成运放应用电路中引入负反馈的意义及负反馈类型的判别方法。

掌握用集成运放组成的运算电路的工作原理与分析方法。

理解电压比较器的工作原理和应用。

了解集成运放在波形发生电路中的应用。

了解使用运算放大器应注意的几个问题。

6.2 学习指南

6.2.1 主要内容综述

（1）集成运算放大器的组成、参数和特性

① 集成运算放大器的组成（图 6-1）

② 集成运算放大器的主要参数

a. 开环差模电压放大倍数 A_{od}

b. 最大输出电压 U_{opp}

c. 输入失调电压 U_{io}

d. 输入失调电流 I_{io}

e. 最大差模输入电压 U_{idmax}

f. 最大共模输入电压 U_{icmax}

g. 差模输入电阻 r_{id}

h. 共模抑制比 K_{CMR}

③ 集成运算放大器的特性（图 6-2）

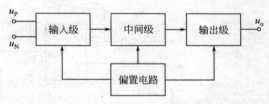

图 6-1　集成运算放大器的组成框图

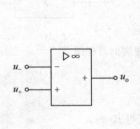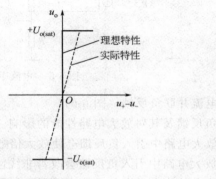

图 6-2　集成运算放大器电压传输特性

理想运算放大器工作在线性工作区：满足虚断条件，即 $i_+ = i_- = 0$

满足虚短条件，即 $u_+ = u_-$

理想运算放大器工作在非线性工作区：满足虚断条件，即 $i_+ = i_- = 0$

不满足虚短条件，即 $u_+ \neq u_-$

（2）集成运放应用电路中引入的负反馈及其对放大电路性能的影响

① 引入的四种负反馈类型

a. 电压串联负反馈（图6-3）

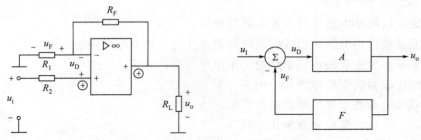

图 6-3　电压串联负反馈实例与框图

b. 电压并联负反馈（图6-4）

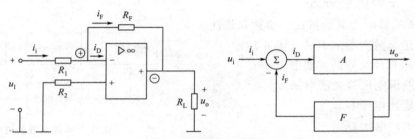

图 6-4　电压并联负反馈实例与框图

c. 电流串联负反馈（图6-5）

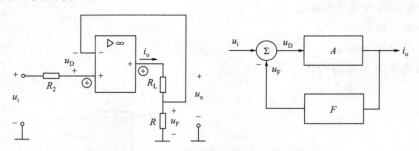

图 6-5　电流串联负反馈实例与框图

d. 电流并联负反馈（图6-6）

② 负反馈及其对放大电路性能的影响

a. 放大电路中引入负反馈会使放大倍数的稳定性提高。

b. 放大电路中引入负反馈会改善非线性失真程度。

c. 放大电路中引入负反馈会展宽通频带。

d. 放大电路中引入负反馈会使输出电压或输出电流更稳定。

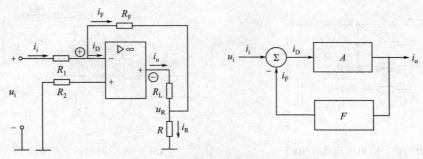

图 6-6　电流并联负反馈实例与框图

e. 放大电路中引入负反馈会对输入电阻和输出电阻产生影响。

③ 运算放大器在信号运算方面的应用

利用运算放大器的线性工作区，可以构成各种运算电路。

① 反相比例运算电路（图 6-7）

$$u_{o} = -\frac{R_{F}}{R_{1}} u_{i}$$

② 同相比例运算电路（图 6-8）

$$u_{o} = \left(1 + \frac{R_{F}}{R_{1}}\right) u_{i}$$

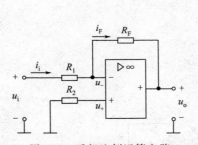

图 6-7　反相比例运算电路

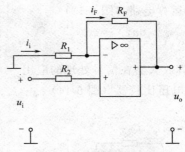

图 6-8　同相比例运算电路

③ 反相加法运算电路（图 6-9）

$$u_{o} = -\left(\frac{R_{F}}{R_{11}} u_{i1} + \frac{R_{F}}{R_{12}} u_{i2} + \frac{R_{F}}{R_{13}} u_{i3}\right)$$

④ 同相加法运算电路（图 6-10）

$$u_{o} = \left(1 + \frac{R_{F}}{R_{1}}\right)\left(\frac{R_{P}}{R_{11}} u_{i1} + \frac{R_{P}}{R_{12}} u_{i2} + \frac{R_{P}}{R_{13}} u_{i3}\right)$$

其中：$R_{P} = R_{11} // R_{12} // R_{13} // R_{4}$

⑤ 减法运算电路（图 6-11）

$$u_{o} = \frac{R_{F}}{R_{1}} (u_{i2} - u_{i1})$$

其中：$R_{1} = R_{2}$，$R_{3} = R_{F}$

⑥ 积分运算电路（图 6-12）

$$u_{o} = -\frac{1}{R_{1}C_{F}} \int u_{i} dt$$

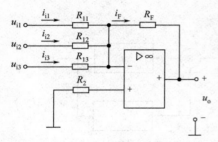

图 6-9　反相加法运算电路

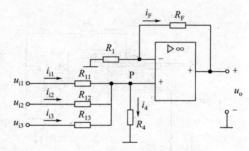

图 6-10　同相加法运算电路

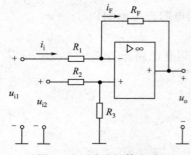

图 6-11　减法运算电路

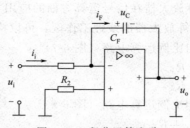

图 6-12　积分运算电路

⑦ 微分运算电路（图 6-13）

$$u_o = -R_F C_1 \frac{\mathrm{d}u_i}{\mathrm{d}t}$$

（3）运算放大器在信号处理的应用

① 过零电压比较器（图 6-14）

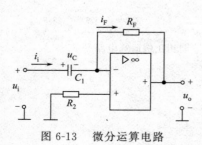

图 6-13　微分运算电路

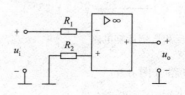

(a) 过零比较器电路

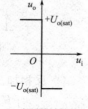

(b) 电压传输特性

图 6-14　电压比较器

② 基本电压比较器（图 6-15）

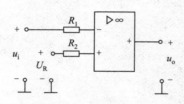

(a) 基本电压比较器电路

(b) 电压传输特性

图 6-15　电压比较器

110

③ 滞回比较器（图 6-16）

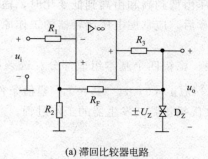
(a) 滞回比较器电路

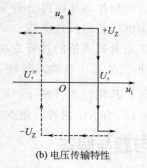
(b) 电压传输特性

图 6-16　滞回比较器

（4）正弦波振荡器

① 正弦波振荡电路的组成

正弦波振荡电路必须由以下四个部分组成。

a. 放大电路：保证电路能够有从起振到动态平衡的过程，使电路获得一定幅值的输出量，实现能量的控制。

b. 选频网络：确定电路的振荡频率，使电路产生单一频率的振荡，即保证电路产生正弦波振荡。

c. 正反馈网络：引入正反馈，使放大电路的输入信号等于反馈信号。

d. 稳幅环节：也就是非线性环节，作用是使输出信号幅值稳定。

② 产生振荡的条件

a. 振幅条件：$|\dot{A}_\circ \dot{F}| = 1$

b. 相位条件：$\varphi_A + \varphi_F = 2n\pi (n = 0, 1, 2, \cdots)$

③ 正弦波发生电路（图 6-17）

$$f_0 = \frac{1}{2\pi RC}$$

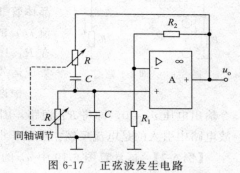
图 6-17　正弦波发生电路

6.2.2　重点难点解析

① 集成运算放大器是一种集成化的直接耦合多级放大电路。它采用直接耦合的方式以放大直流或低频信号，输入级采用差动放大器以抑制零点漂移，输出级采用功放以减小输出电阻并提高带负载的能力。运放具有输入电阻高、输出电阻低、共模抑制比高、放大倍数很高等特点。

② 引入负反馈可使运放工作在线性放大区。运放工作在线性放大区的特点是：运放的同相输入端和反相输入端的电位几乎相等（虚短路）；流入同相输入端和反相输入端的电流几乎等于零（虚开路）；由于运放的输出电阻约等于零，在分析运放构成的多级放大电路时可以不考虑级间影响，即认为各级独立。这三点是分析运放线性应用电路的关键。

③ 本章只介绍了运放线性应用中的一些模拟运算电路、电工测量仪表电路和有源滤波电路。读者可通过这些内容了解运放的线性应用内容，掌握运放线性应用电路的分析方法。

④ 本章的运放非线性应用部分主要介绍了基本电压比较器和滞回比较器。由于运放工

作在非线性区，故输出电压只有高电平和低电平两个稳定状态。在分析电路时，一般步骤是先求阈值，然后再根据具体电路分析输入电压由低到高和由高到低变化时，输出电压的变化情况，最后画出电压传输特性曲线。学完本章后，应掌握电压比较器的工作原理、输出电压和输入电压的关系及其阈值的计算方法。

⑤ 正弦波形发生器由放大、反馈、选频、稳幅四个基本组成部分。选频网络通过正反馈产生自激振荡，其相位条件是 $\varphi_\text{A} + \varphi_\text{F} = 2n\pi(n = 0, 1, 2, \cdots)$，幅值条件是 $|\dot{A}_\text{o}\dot{F}| = 1$。选频网络有 LC 和 RC 两种。重点了解文氏桥正弦波发生器的工作过程。

6.3　习题与解答

6.3.1　典型题

【例 6-1】 试分析图 6-18 所示电路中有无引入反馈；若有反馈，则说明引入的是直流反馈还是交流反馈，是正反馈还是负反馈；若为交流负反馈，则说明反馈的组态。

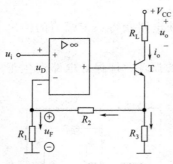

图 6-18　例 6-1 题图

解 观察电路，R_2 将输出回路与输入回路相连接，因而电路引入了反馈。无论在直流通路中，还是在交流通路中，R_2 形成的反馈通路均存在，因而电路中既引入了直流反馈，又引入了交流反馈。

设输入电压 u_i 对地为"＋"，集成运放的输出端电位（即晶体管 T 的基极电位）为"＋"，因此集电极电流（即输出电流 i_o）的流向如图中所标注。i_o 通过 R_3 和 R_2 所在支路分流，在 R_1 上获得反馈电压 u_F，u_F 的极性为上"＋"下"－"，使集成运放的净输入电压 u_D 减小，故电路中引入的是负反馈。

根据 u_i、u_F 和 u_D 的关系，说明电路引入的是串联反馈。令输出电压 $u_\text{o} = 0$，即将 R_L 短路，因 i_c 仅受 i_B 的控制而依然存在，u_F 和 i_o 的关系不变，故电路中引入的是电流反馈。所以，电路中引入了电流串联负反馈。

【例 6-2】 试计算图 6-19 中 u_o 的大小。

解 图 6-19 是一电压跟随器，电源＋12V 经两个 10kΩ 的电阻分压在同相输入端得到＋6V 的输入电压，所以 $u_\text{o} = +6\text{V}$。

由本例可见，u_o 只与电压源电压和分压电阻有关，其精度和稳定性较高，可以作为基准电压源。

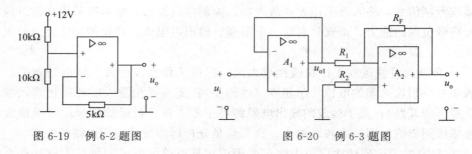

图 6-19　例 6-2 题图　　　　　　　图 6-20　例 6-3 题图

【例 6-3】 在图 6-20 所示的两级运算电路中，$R_1 = 50\text{k}\Omega$，$R_\text{F} = 100\text{k}\Omega$。若输入电压 $u_\text{i} = 1\text{V}$，试求输出电压 u_o。

解　第一级 A_1 为电压跟随器，其输出电压：

$$u_{o1} = u_i = 1V,$$

u_{o1} 作为第二级 A_2 的输入，A_2 是反相比例运算电路，所以：

$$u_o = -\frac{R_F}{R_1}u_i = -\frac{100}{50} \times 1 = -2V$$

【例 6-4】　图 6-21 所示是两级运算电路，试求输出电压 u_o。

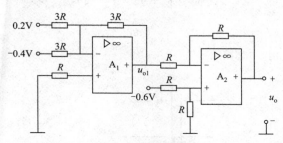

图 6-21　例 6-4 题图

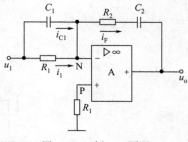

图 6-22　例 6-5 题图

解　第一级 A_1 是反相加法运算电路，所以：

$$u_{o1} = -\left[\frac{3R}{3R} \times 0.2 + \frac{3R}{3R} \times (-0.4)\right] = -(0.2 - 0.4) = 0.2V$$

第二级 A_2 是减法运算电路，所以：

$$u_o = -0.6 - 0.2 = -0.8V$$

【例 6-5】　在自动控制系统中，常采用如图 6-22 所示的 PID 调节器，试分析输出电压与输入电压的运算关系式。

解　根据"虚短"和"虚断"的原则，$u_P = u_N = 0$，为虚地。

N 点的电流方程为：

$$i_1 + i_{C1} = i_F$$

$$i_1 = \frac{u_1}{R_1}, \quad i_{C1} = C_1\frac{du_1}{dt}$$

$$u_o = -(u_{R_2} + u_{C_2})$$

$$u_{R_2} = i_F R_2 = (i_1 + i_{C1})R_2 = \left(\frac{u_1}{R_1} + C_1\frac{du_1}{dt}\right)R_2 = \left(\frac{R_2}{R_1}u_1 + R_2C_1\frac{du_1}{dt}\right)$$

$$u_{C_2} = \frac{1}{C_2}\int i_F dt = \frac{1}{C_2}\int\left(\frac{u_1}{R_1} + C_1\frac{du_1}{dt}\right)dt = \frac{1}{R_1C_2}\int u_1 dt + \frac{C_1}{C_2}u_1$$

$$u_o = -\left(\frac{R_2}{R_1} + \frac{C_1}{C_2}\right)u_1 - \frac{1}{R_1C_2}\int u_1 dt + u_1 - R_2C_1\frac{du_1}{dt}$$

【例 6-6】　电路如图 6-23（a）所示，输入电压 u_i 的波形如图（b）所示，试问指示灯 HL 的亮灭情况如何变化。

解　图中运放电路构成为一个反相输入比较器，所以：

当 $u_i > 2V$ 时，u_o 为低电平，T 截止，HL 灭；

当 $u_i < 2V$ 时，u_o 为高电平，T 导通，HL 亮。

根据图（b）u_i 的情况，指示灯 HL 的亮灭情况为：灭 1s，亮 2s，灭 1s。

【例 6-7】　图 6-24 所示电压比较器电路，试求其门限电压 U_T，并画出其电压传输特性。

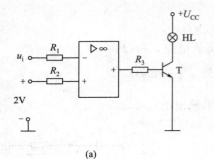
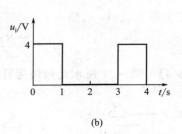

(a)　　　　　　　　　　　　　(b)

图 6-23　例 6-6 题图

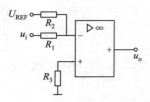　　　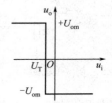

图 6-24　例 6-7 图　　　　　图 6-25　电压传输特性

解　运放反相输入端电位 u_- 为：

$$u_- = \frac{u_i - U_{REF}}{R_1 + R_2} \times R_2 + U_{REF} = \frac{R_2}{R_1 + R_2} u_i + \frac{R_1}{R_1 + R_2} U_{REF}$$

在理想情况下，输出电压发生跳变时对应的 $u_- = 0$，即：

$$u_- = R_2 u_i + R_1 U_{REF} = 0$$

输出电压发生跳变时对应的输入电压即为门限电压，有：

$$U_T = u_i = -\frac{R_1}{R_2} U_{REF}$$

因此，当 $u_i > U_T$ 时，$u_o = -U_{om}$；而当 $u_i < U_T$ 时，$u_o = +U_{om}$。其电压传输特性如图 6-25 所示。

【例 6-8】　在图 6-26 所示的滞回比较器中，参考电压 $U_{REF} = 8V$，稳压管的稳定电压 $U_Z = 4V$，电路中电阻 $R_1 = 15k\Omega$，$R_2 = 60k\Omega$，$R_F = 20k\Omega$。试估算门限电压 U_{T+} 和 U_{T-}，以及回差电压 ΔU_T。

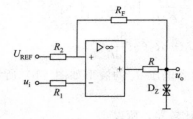　　　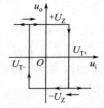

(a) 滞回比较器　　　　　　　(b) 电压传输特性

图 6-26　例 6-8 题图

解　$U_{T+} = \dfrac{R_F}{R_F + R_2} U_{REF} + \dfrac{R_2}{R_F + R_2} U_Z = \dfrac{20}{20 + 60} \times 8 + \dfrac{60}{20 + 60} \times 4 = 5V$

$$U_{T-} = \frac{R_F}{R_F + R_2} U_{REF} - \frac{R_2}{R_F + R_2} U_z = \frac{20}{20 + 60} \times 8 - \frac{60}{20 + 60} \times 4 = -1V$$

回差电压 ΔU_T：$\Delta U_T = U_{T+} - U_{T-} = 5 - (-1) = 6V$

【例 6-9】 电路如图 6-27 所示，已知 $R = 1k\Omega$，$C = 0.01\mu F$，$R_2 = 15k\Omega$，试问：

（1）判断电路是否满足振荡相位平衡条件。

（2）若要满足起振条件，试确定 R_1 的阻值；为了稳幅 R_1 选择热敏电阻，则应选择正温度系数还是负温度系数？

（3）估算振荡频率。

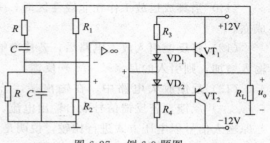

图 6-27　例 6-9 题图

解　（1）电路中集成运放 A 和三极管 VT_1、VT_2 的 OCL 电路组成放大电路。集成运放接成同相放大电路，OCL 电路也为同相放大电路，因此该振荡电路的放大电路为同相放大电路，放大电路的相移 $\varphi_A = 0°$。当满足 $f = f_0 = 1/(2\pi RC)$ 时，电路中的 RC 串并联网络的相移 $\varphi_F = 0°$，电路总相移 $\varphi_A + \varphi_F = 0°$，因此该电路满足振荡相位平衡条件。

对于 RC 桥式振荡电路也可以通过结构组成判断是否满足振荡相位平衡条件。该电路由放大电路和反馈电路组成，放大电路是同相放大电路，反馈电路是 RC 串并联网络，满足 RC 桥式振荡电路的正确组成，即满足振荡相位平衡条件。

（2）RC 桥式振荡电路的起振条件是 $R_1 > 2R_2$，$R_2 = 15k\Omega$，取 $R_1 > 30k\Omega$。为了稳幅，R_1 应选择负温度系数的热敏电阻。

（3）振荡频率：

$$f_0 = \frac{1}{2\pi RC} = \frac{1}{2\pi \times 1 \times 10^3 \times 0.01 \times 10^{-6}} \approx 15.9kHz$$

6.3.2　填空题

（1）集成运放有两个输入端，一个叫（　　　）端，另一个叫（　　　）端。前者的极性与输出端（　　　），后者的极性与输出端（　　　）。

（2）大小相等、极性或相位一致的两个输入信号称为（　　　）信号；大小相等、极性或相位相反的两个输入信号称为（　　　）信号。

（3）集成运放的差模输入信号电压是两个输入端信号电压的（　　　），共模输入信号电压是两个输入端信号电压的（　　　）。

（4）集成运放的两个输入信号为 $u_{i1} = 500mV$，$u_{i2} = 200mV$。则差模信号为（　　　）mV，共模信号为（　　　）mV。

（5）共模抑制比 K_{CMR} 是放大电路的（　　　）和（　　　）之比，电路的 K_{CMR} 越大，表明电路的（　　　）能力越强。

（6）集成运放的差模电压增益 A_{od} 越大，表示对（　　　）信号的放大能力越大；共模电压增益 A_{oc} 越大，表示对（　　　）信号的抑制能力（　　　）。

（7）理想集成运放的主要性能指标：$A_{od} = $（　　　），$r_{id} = $（　　　），$r_{od} = $（　　　）。

（8）工作在线性区的理想集成运放有两个重要特点：（　　　）和（　　　）。

（9）集成运放处于开环状态时，工作在（　　　　　　　）区；工作在线性区时，处于（　　　　　）状态。

（10）当集成运放工作在线性区时，可运用（　　　　）和（　　　　）的概念，而"虚地"是（　　　）的特殊情况。

（11）当集成运放工作在非线性区时，（　　　　）概念已不存在，（　　　　）概念仍然成立。

（12）将反馈引入放大电路后，若使净输入减小，则引入的是（　　　　　）反馈；若使净输入增加，则引入的是（　　　　）反馈。

（13）反馈放大电路中，在输出端，若反馈信号取自输出电压，说明电路引入的是（　　　）反馈，若反馈信号取自输出电流，则是（　　　　）反馈；在输入端，若反馈信号与原输入信号以电压方式进行比较，说明是（　　　　）反馈；若反馈信号与原输入信号以电流方式进行比较，则是（　　　　）反馈。

（14）放大电路，若无反馈网络，称为（　　　）放大电路；若存在反馈网络，则称（　　　）放大电路。

（15）若使放大电路静态工作点稳定，应引入（　　　　）反馈；为了改善放大电路性能，应引入（　　　）反馈。

（16）放大电路引入负反馈后，当满足 $|1+\dot{A}\dot{F}| \gg 1$ 时，$\dot{A}_F \approx$（　　　　）

（17）需要输入电流控制输出电压，应选择（　　　　）负反馈。

（18）某仪表放大电路要求 R_i 大，输出电流稳定，应选择（　　　）负反馈。

（19）为了从信号源获得更大的电流信号，并使输出电流稳定，应引入（　　　）负反馈。

（20）负反馈虽然使放大器的增益（　　　　），但能使增益的稳定性（　　　　），通频带（　　　），放大器的非线性失真（　　　）。

（21）在放大电路中，为了稳定输出电流，降低输入电阻，应引入（　　　）反馈；为了稳定输出电压，提高输入电阻，应引入（　　　）反馈。

（22）当电路的闭环增益为 40dB 时，基本放大器的 A 变化 10%，A_F 相应变化 1%，则此时电路的开环增益为（　　　）dB。

（23）集成运放线性电路组成结构的特点是（　　　　）。

（24）（　　　　　　　）比例运算电路的输入电流基本上等于流过反馈电阻的电流，而（　　　）比例运算电路的输入电流几乎等于零。

（25）在反相比例运算电路中，运放的（　　　　）输入端为虚地点，而在（　　　）比例运算电路中，运放的两个输入端对地电压基本等于输入电压。

（26）电压跟随器是（　　　）比例运算电路的特例；反相器是（　　　）比例运算电路的特例。

（27）反相比例运算电路与同相比例运算电路相比，（　　　　）比例运算电路的输入电阻小。

（28）振荡器的相位平衡条件，指的是输出端反馈到输入端电压必须与输入电压（　　　）。

（29）一个实际的正弦波振荡电路主要由放大电路、反馈网络和（　　　　）组成。为了保证振荡幅值稳定且波形较好，常常还需要（　　　　）环节。

（30）正弦波振荡电路产生振荡的两个条件中，$\varphi_A + \varphi_F = \pm 2n\pi (n = 0, 1, 2, \cdots)$ 称为（　　）条件，$|\dot{A}\dot{F}| = 1$ 称为（　　）条件。

（31）振荡器自激振荡的起振条件是（　　）。

（32）在信号发生器中，产生低频正弦波信号一般用（　　）振荡电路，产生高频正弦波信号用（　　）振荡电路。

（33）RC 正弦波振荡电路中一般振荡频率与 RC 的乘积成（　　）关系。

（34）RC 桥式正弦波振荡电路中，其反馈系数 F_u 为（　　），放大电路的电压放大倍数 A_u 为（　　）。

6.3.3　选择题

（1）图 6-28 所示电路中，若运算放大器电源电压为 $\pm 15V$，则输出电压 u_o 最接近于（　　）。

A. $+20V$ 　　　　　　B. $-20V$ 　　　　　　C. $+13V$ 　　　　　　D. $-13V$

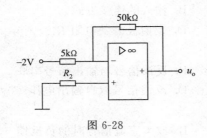
图 6-28

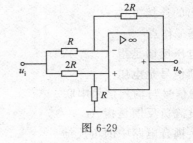
图 6-29

（2）在图 6-29 所示电路中输出电压 u_o 为（　　）。

A. u_i 　　　　　　B. $-u_i$ 　　　　　　C. $2u_i$ 　　　　　　D. $-2u_i$

（3）在图 6-30 所示电路中，输出电压 u_o 为（　　）。

A. u_i 　　　　　　B. $-u_i$ 　　　　　　C. $3u_i$ 　　　　　　D. $-3u_i$

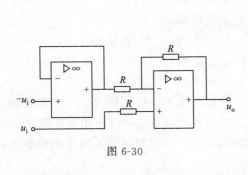
图 6-30

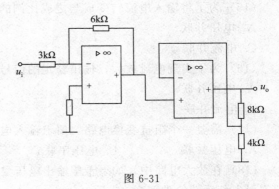
图 6-31

（4）在图 6-31 所示电路中，若 $u_i = 1V$，则 u_o 为（　　）。

A. $6V$ 　　　　　　B. $-6V$ 　　　　　　C. $4V$ 　　　　　　D. $-4V$

（5）通用型集成运放的输入级采用差分放大电路，这是因为它的（　　）。

A. 输入电阻高　　　　B. 输出电阻低　　　　C. 电压放大倍数大　　D. 共模抑制比大

（6）集成运放电路有两个输入端，分别称为（　　）。

A. 反相输入端和同相输入端　　　　　　B. 电压输入端和电流输入端

C. 正输入端和负输入端　　　　　　　　　D. 单输入端和双输入端

(7) 直接耦合放大电路存在零点漂移的原因是 (　　)。

A. 电阻阻值有误差　　　　　　　　　　　B. 晶体管参数的分散性

C. 晶体管参数受温度影响　　　　　　　　D. 电源电压不稳定

(8) 差分放大电路的共模抑制比 K_{CMR} 越大表明电路 (　　)。

A. 放大倍数越稳定　　　　　　　　　　　B. 抑制温漂能力越强，性能好

C. 交流放大倍数越大　　　　　　　　　　D. 直流放大倍数越大

(9) 差分放大电路的输出方式有 (　　)。

A. 共模输出　　　　B. 差模输出　　　　C. 电压输出　　　　D. 双端输出

(10) 在单端输出的差分放大电路中，用恒流源代替发射极电阻 R_e 能够使 (　　)。

A. 差模电压放大倍数增大　　　　　　　　B. 抑制共模信号能力减弱

C. 共模电压放大倍数增大　　　　　　　　D. 差模输入电阻增大

(11) 差分放大电路的差模输入电阻与 (　　) 有关。

A. 输出的连接方式　　　　　　　　　　　B. 输入的连接方式

C. 静态工作点　　　　　　　　　　　　　D. 发射极公共电阻 R_e。

(12) 电压反馈是指 (　　)。

A. 反馈信号是电压　　　　　　　　　　　B. 反馈信号与输出信号串联

C. 反馈信号与输入信号串联　　　　　　　D. 反馈信号取自输出电压

(13) 直流负反馈是指 (　　)。

A. 直接耦合电路中的负反馈　　　　　　　B. 放大直流信号时的负反馈

C. 存在于直流通路中的负反馈　　　　　　D. 含有直流电源的负反馈

(14) 对于串联负反馈放大电路，为了使反馈作用强，应使信号源内阻 (　　)。

A. 尽可能小　　　　　　　　　　　　　　B. 尽可能大

C. 与输入电阻接近　　　　　　　　　　　D. 与输出电阻接近

(15) 为了将输入电流转变成与之成比例的输出电压，应引入深度 (　　) 负反馈。

A. 电压并联　　　　　　　　　　　　　　B. 电压串联

C. 电流并联　　　　　　　　　　　　　　D. 电流串联

(16) 为了实现电流放大，输出稳定的信号电流，应引入 (　　) 负反馈。

A. 电压并联　　　　　　　　　　　　　　B. 电压串联

C. 电流并联　　　　　　　　　　　　　　D. 电流串联

(17) 需要一个阻抗变换电路，要求输入电阻大，输出电阻小，应选用 (　　) 负反馈。

A. 电压并联　　　　B. 电压串联　　　　C. 电流并联　　　　D. 电流串联

(18) 在放大电路中，如果希望输出电压受负载影响很小，同时对信号源的影响也要小，则需引入负反馈的类型为 (　　)。

A. 电压并联　　　　B. 电压串联　　　　C. 电流并联　　　　D. 电流串联

(19) 电流并联负反馈对放大器的输入、输出的电阻的影响是 (　　)。

A. 减小输入电阻及输出电阻　　　　　　　B. 减小输入电阻、增大输出电阻

C. 增大输入电阻、减小输出电阻　　　　　D. 增大输入电阻及输出电阻

(20) 在图 6-32 所示电路中，A 为理想运放。已知 $u_i=3V$，输出电压 u_o 等于 (　　)。

A. 0.5V　　　　　　B. 1V　　　　　　C. 2V　　　　　　D. 3V

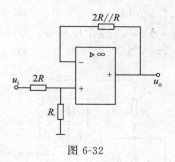

图 6-32

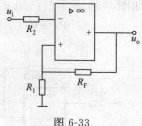

图 6-33

(21) 电路如图 6-33 所示，为理想集成运放，电路中存在如下关系（　　）。

A. $u_- = 0$ 　　　　　　B. $u_- = u_i$ 　　　　　　C. $u_- = u_i - i_2 R_2$ 　　D. $u_i = u_o$

(22) 如图 6-34 所示电路是（　　）。

A. 加法电路 　　　　　　B. 减法电路 　　　　　　C. 微分电路 　　　　　　D. 积分电路

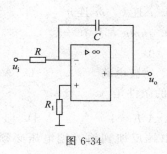

图 6-34

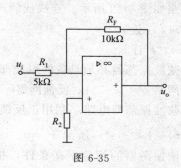

图 6-35

(23) 如图 6-35 所示电路，已知 $u_i = -5V$，其输出电压为（　　）。

A. $0.5V$ 　　　　　　B. $-1.5V$ 　　　　　　C. $10V$ 　　　　　　D. $-10V$

(24) 在下列关于负反馈的说法中，不正确的说法是（　　）。

A. 负反馈一定使放大器的放大倍数降低

B. 负反馈一定使放大器的输出电阻减小

C. 负反馈可减小放大器的非线性失真

D. 负反馈可对放大器输入输出电阻产生影响

(25) 电路如图 6-36 所示，设集成运放器件是理想的，则 N 点电位 u_N 为（　　）。

A. $0V$ 　　　　　　B. $3V$ 　　　　　　C. $2V$ 　　　　　　D. $1V$

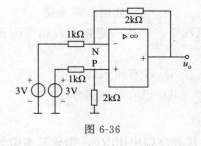

图 6-36

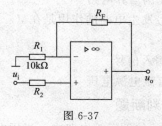

图 6-37

(26) 如图 6-37 所示电路，输入电压 $u_i = 5mV$，输出电压 $u_o = 40mV$，则反馈电阻 R_F 为（　　）。

A. 80kΩ   B. 40kΩ   C. 50kΩ   D. 70kΩ

(27) 电路如图 6-38 所示。已知 $u_{i1}=2V$，$u_{i2}=1V$，输出电压 u_o 为（　　）。

A. −8V   B. 4V   C. −4V   D. 12V

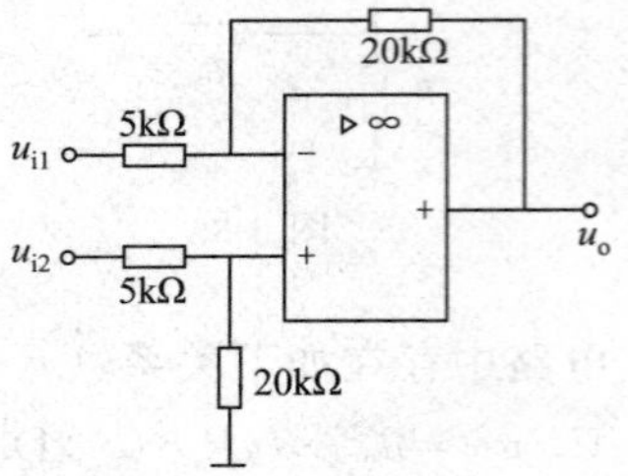

图 6-38 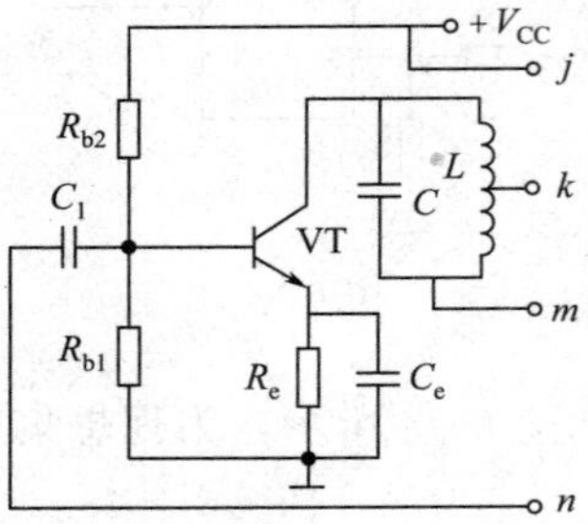   图 6-39

(28) 电路如图 6-39 所示。连线成能产生正弦波振荡电路的正确连法是（　　）。

A. k 连 m，j 连 n B. j 连 k，m 连 n

C. j 连 m，k 连 n D. $jkmn$ 都连在一起

(29) 正弦波振荡器必须具备的组成部分是（　　）。

A. 选频网络   B. 反馈网络   C. 滤波电路   D. A 和 B

(30) 正弦波振荡器电路，利用正反馈维持振荡的条件是（　　）。

A. $\dot{A}\dot{F}=-1$ B. $\dot{A}\dot{F}=0$ C. $\dot{A}\dot{F}=1$ D. $|1+\dot{A}\dot{F}|\geqslant 1$

(31) 所谓振荡器的相位平衡条件，指的是输出端反馈到输入端电压必须与输入电压（　　）

A. 大小相等   B. 同相   C. 反相   D. 相同

(32) 在信号发生器中，产生低频正弦波一般用（　　）振荡电路，产生高频正弦波一般用（　　）振荡电路。

A. RC，LC B. LC，RC C. 石英晶体，LC D. RC，石英晶体

(33) 正弦波振荡器电路中，振荡频率主要由（　　）决定。

A. 放大倍数   B. 反馈网络参数   C. 稳幅电路参数   D. 选频电路参数

(34) RC 桥式正弦波振荡电路可以由两部分电路组成，即 RC 串并联选频网络和（　　）。

A. 基本共发射极放大电路   B. 基本共集放大电路

C. 反相比例运算电路   D. 同相比例运算电路

(35) 信号发生电路的作用是在（　　）情况下，产生一定频率和幅度的正弦或非正弦信号。

A. 外加输入信号   B. 没有输入信号

C. 没有直流电源电压   D. 没有反馈信号

6.3.4　判断题

(1) 在反相比例运算电路中，当用电容 C 代替反馈电阻 R_F，构成基本微分电路；而电容 C 代替电阻 R_F，构成基本积分电路。（　　）

(2) 积分电路可将三角波变换为方波；而微分电路可将方波变换为三角波。（　　）

(3) 微分电路可将方波变换为尖脉冲。　　　　　　　　　　　　　　　　（　　　）

(4) 双端输出的差分放大电路是靠两个三极管参数的对称性来抑制温漂的。　（　　　）

(5) 双端输入的差分放大电路和单端输入的差分放大电路的差别在于，后者的输入信号中既有差模信号又有共模信号。　　　　　　　　　　　　　　　　　　　　　（　　　）

(6) 单端输出具有电流源的差分放大电路中，电流源的作用为提高差模电压增益。
　　　　　　　　　　　　　　　　　　　　　　　　　　　　　　　　　　（　　　）

(7) 在集成运放中采用直接耦合方式，是为了便于集成。　　　　　　　　　（　　　）

(8) 共模信号都是直流信号，差模信号都是交流信号。　　　　　　　　　　（　　　）

(9) 射极输出器为电流串联负反馈。　　　　　　　　　　　　　　　　　　（　　　）

(10) 若放大电路引入负反馈，则负载电阻变化时，输出电压基本不变。　　（　　　）

(11) 当输入信号是一个失真的正弦波时，加入负反馈后能使失真改善。　　（　　　）

(12) 若放大电路的放大倍数为负，则引入的反馈一定是负反馈。　　　　　（　　　）

(13) 只要在放大电路中引入反馈，就一定能使其性能得到改善。　　　　　（　　　）

(14) 电流反馈一定可以稳定输出电流，电压反馈一定可以稳定输出电压。　（　　　）

(15) 欲从信号源获得更大的电流，并稳定输出电流，应在放大电路中引入电流并联负反馈。　　　　　　　　　　　　　　　　　　　　　　　　　　　　　　　　（　　　）

(16) 信号发生电路用于产生一定频率和幅度的信号，所以信号发生电路工作时不需要直流电源。　　　　　　　　　　　　　　　　　　　　　　　　　　　　　　　（　　　）

(17) RC 桥式振荡电路中，RC 串并联网络既是选频网络又是正反馈网络。　（　　　）

(18) 选频网络采用 LC 回路的振荡电路，称为 LC 振荡电路。　　　　　　　（　　　）

(19) 非正弦波发生电路的振荡条件和正弦波振荡电路的振荡条件相同。　　（　　　）

(20) 在正弦波振荡电路中，只允许存在正反馈，不允许引入负反馈。　　　（　　　）

(21) 振荡电路中只要存在负反馈，就振荡不起来。　　　　　　　　　　　（　　　）

(22) 只要满足相位平衡条件，且 $|\dot{A}\dot{F}|=1$，就能产生自激振荡。　　　　（　　　）

(23) 只要电路引入了正反馈，就一定会产生正弦波振荡。　　　　　　　　（　　　）

(24) 对于 LC 正弦波振荡电路，若已满足相位平衡条件，则反馈系数越大，越容易起振。
　　　　　　　　　　　　　　　　　　　　　　　　　　　　　　　　　　（　　　）

6.3.5　基本题

(1) 分析图 6-40 所示电路分别具有何种类型和性质的反馈。

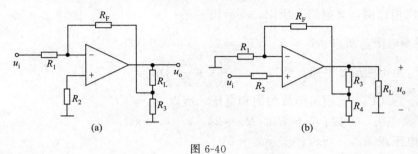

图 6-40

解　图 (a)，依据瞬时极性法知，引入负反馈；反馈量取自输出电流的一部分，故为电流反馈；在输入端进行电流比较，故为并联反馈；由于反馈回路既可以通过直流量，也可以通过交流量，故为交直流反馈。

图 (b)，依据瞬时极性法知，引入负反馈；反馈量取自输出电压的一部分，故为电压反馈；在输入端进行电压比较，故为串联反馈；由于反馈回路既可以通过直流量，也可以通过交流量，故为交直流反馈。

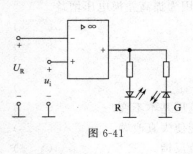

图 6-41

（2）图 6-41 所示是一种电平检测器，图中 U_R 为参考电压且为正值，R 和 G 分别为红色和绿色发光二极管，试判断在什么情况下它们会亮。

解 这种电平检测器实为单限电压比较器，所以：

当 $u_i > U_R$ 时，输出为高电平，R 导通，G 截止，红管亮；

当 $u_i < U_R$ 时，输出为低电平，G 导通，R 截止，绿管亮；

（3）求图 6-42 所示各电路的输出电压 u_o，并确定电阻 R' 的值。

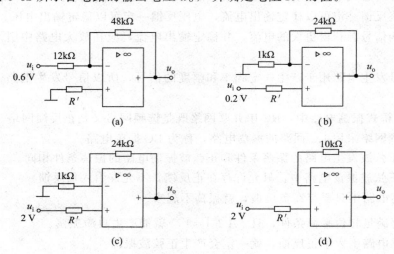

图 6-42

解 （a）为反相比例运算电路，所以：$u_o = -\dfrac{R_F}{R_1} u_i = -\dfrac{48}{12} \times 0.6 = -2.4\text{V}$

R' 为平衡电阻，所以：$R' = R_F /\!/ R_1 = 48 /\!/ 12 = 9.6\text{k}\Omega$

（b）为同相比例运算电路，所以：$u_o = \left(1 + \dfrac{R_F}{R_1}\right) u_i = \left(1 + \dfrac{24}{1}\right) \times 0.2 = 5\text{V}$

R' 为平衡电阻，所以：$R' = R_F /\!/ R_1 = 24 /\!/ 1 = 0.96\text{k}\Omega$

（c）为同相比例运算电路，所以：$u_o = \left(1 + \dfrac{R_F}{R_1}\right) u_i = \left(1 + \dfrac{24}{1}\right) \times 2 = 50\text{V}$

但是，$u_o = 50V$，已超出运放的饱和电压，所以 $u_o = +U_{sat}$

R' 为平衡电阻，所以：$R' = R_F /\!/ R_1 = 24 /\!/ 1 = 0.96\text{k}\Omega$

（d）为电压跟随器，所以：$u_o = u_i = 2\text{V}$

R' 为平衡电阻，所以：$R' = 10\text{k}\Omega$

（4）求图 6-43 所示电路中 u_o 与 u_{i1}、u_{i2}、u_{i3} 之间的关系。

解 第一级三个运放为电压跟随器，所以：

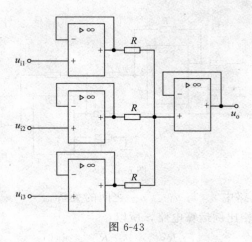

图 6-43

$u_{i1} = u_{o1}$, $u_{i2} = u_{o2}$, $u_{i3} = u_{o3}$

第二级运放仍为电压跟随器，所以：

$u_o = u_P$

$$u_P = \frac{\dfrac{u_{i1}}{R} + \dfrac{u_{i2}}{R} + \dfrac{u_{i3}}{R}}{\dfrac{1}{R} + \dfrac{1}{R} + \dfrac{1}{R}} = \frac{1}{3}(u_{i1} + u_{i2} + u_{i3})$$

$$u_o = \frac{1}{3}(u_{i1} + u_{i2} + u_{i3})$$

（5）求图 6-44 所示电路中 u_o 与 u_{i1}、u_{i2} 之间的关系。

解　第一级运放为同相比例运算电路，所以：

$$u_{o1} = \left(1 + \frac{R_{F1}}{R_1}\right) u_{i1}$$

第二级运放差分运算电路，所以：

$$u'_o = -u_{o1} \cdot \frac{R_{F2}}{R_2} = -\frac{R_{F2}}{R_2}\left(1 + \frac{R_{F1}}{R_1}\right) u_{i1},$$

$$u''_o = \left(1 + \frac{R_{F2}}{R_2}\right) u_{i2}$$

$$u_o = u'_o + u''_o = -\frac{R_{F2}}{R_2}\left(1 + \frac{R_{F1}}{R_1}\right) u_{i1} + \left(1 + \frac{R_{F2}}{R_2}\right) u_{i2}$$

$$= \left(\frac{R_2 + R_{F2}}{R_2}\right) u_{i2} - \frac{R_{F2}}{R_2}\left(\frac{R_1 + R_{F1}}{R_1}\right) u_{i1}$$

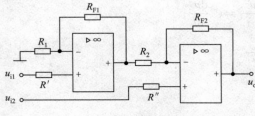

图 6-44

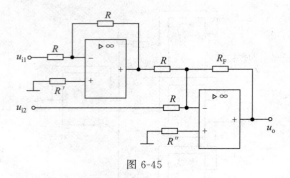

图 6-45

（6）求图 6-45 所示电路中 u_o 与 u_{i1}、u_{i2} 之间的关系。

解 第一级运放为反相比例运算电路，所以：

$$u_{o1} = -\frac{R_F}{R_1}u_{i1} = -\frac{R}{R}u_{i1} = -u_{i1}$$

第二级运放为反相加法运算电路，所以：

$$u_o = -\left(\frac{R_F}{R}u_{o1} + \frac{R_F}{R}\right)u_{i2} = -\frac{R_F}{R}(u_{o1} - u_{i2}) = -\frac{R_F}{R}(-u_{i1} - u_{i2}) = \frac{R_F}{R}(u_{i1} + u_{i2})$$

（7）求图 6-46 所示各电路中 u_o 与 u_{i1}、u_{i2} 之间的关系。

解 $i_1 + i_2 = i_F$

$$i_1 = \frac{u_{i1}}{R_1}, \quad i_2 = \frac{u_{i2}}{R_2}, \quad i_F = C\frac{du_c}{dt} = -C\frac{du_o}{dt}$$

$$\frac{u_{i1}}{R_1} + \frac{u_{i2}}{R_2} = -C\frac{du_o}{dt}$$

$$\int du_o = -\frac{1}{C}\int\left(\frac{u_{i1}}{R_1} + \frac{u_{i2}}{R_2}\right)dt, \quad u_o = -\frac{1}{C}\int\left(\frac{u_{i1}}{R_1} + \frac{u_{i2}}{R_2}\right)dt$$

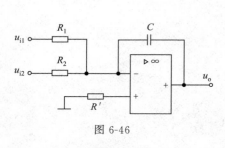

图 6-46

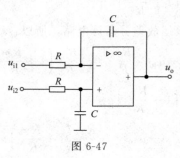

图 6-47

（8）求图 6-47 所示电路中 u_o 与 u_{i1}、u_{i2} 之间的关系。

解 $i_1 = i_F = \dfrac{u_{i1} - u_-}{R} = C\dfrac{du_c}{dt}$

$$i_2 = \frac{u_{i2} - u_+}{R} = C\frac{du_+}{dt}$$

$$u_{i2} = RC\frac{du_+}{dt} + u_+$$

$$\int u_{i2}\,dt = \int RC\,du_+ + \int u_+\,dt$$

$$\int u_{i2}\,dt = RCu_+ + \int u_+\,dt, \qquad u_+ = \frac{1}{RC}\int u_{i2}\,dt - \frac{1}{RC}\int u_+\,dt$$

由 $u_+ = u_-$：$\quad RC\dfrac{du_c}{dt} = u_{i1} - u_+, \qquad u_c = \dfrac{1}{RC}\int u_{i1}\,dt - \dfrac{1}{RC}\int u_+\,dt$

得：
$$\frac{1}{RC}\int u_+\,dt = \frac{1}{RC}\int u_{i1}\,dt - u_c$$

由
$$\begin{aligned}
u_o = u_- - u_c = u_+ - u_c &= \frac{1}{RC}\int u_{i2}\,dt - \frac{1}{RC}\int u_+\,dt - u_c \\
&= \frac{1}{RC}\int u_{i2}\,dt - \left(\frac{1}{RC}\int u_{i1}\,dt - u_c\right) - u_c \\
&= \frac{1}{RC}\int (u_{i2} - u_{i1})\,dt
\end{aligned}$$

6.3.6 提高题

（1）在自动控制系统中，常采用如图 6-48 所示的 PID 调节器，试分析输出电压与输入电压的运算关系式。

解 根据"虚短"和"虚断"的原则，$u_P = u_N = 0$，为虚地。

N 点的电流方程为：

$$i_1 + i_{C1} = i_F$$

$$i_1 = \frac{u_1}{R_1}, \qquad i_{C1} = C_1\frac{du_1}{dt}$$

$$u_o = -(u_{R_2} + u_{C_2})$$

$$u_{R_2} = i_F R_2 = (i_1 + i_{C1})R_2 = \left(\frac{u_1}{R_1} + C_1\frac{du_1}{dt}\right)R_2 =$$

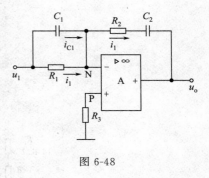

图 6-48

$$\left(\frac{R_2}{R_1}u_1 + R_2 C_1\frac{du_1}{dt}\right)$$

$$u_{C_2} = \frac{1}{C_2}\int i_F\,dt = \frac{1}{C_2}\int\left(\frac{u_1}{R_1} + C_1\frac{du_1}{dt}\right)dt = \frac{1}{R_1 C_2}\int u_1\,dt + \frac{C_1}{C_2}u_1$$

$$u_o = -\left(\frac{R_2}{R_1} + \frac{C_1}{C_2}\right)u_1 - \frac{1}{R_1 C_2}\int u_1\,dt + u_1 - R_2 C_1\frac{du_1}{dt}$$

（2）已知图 6-49 所示电路中，$R_1 = R_2 = R_3 = 2\text{k}\Omega$，$R_W = 10\text{k}\Omega$，$R = 40\text{k}\Omega$，$R_4 = 10\text{k}\Omega$，$R_5 = 100\text{k}\Omega$，求 u_o 与 R_x 之间的关系。

解 设 A_1 的输入为 u_{i1}，A_2 的输入为 u_{i2}，依据"虚短"和"虚断"性质，得：

$$\frac{u_{i1} - u_{i2}}{R_W} = \frac{u_{o1} - u_{o2}}{2R + R_W}$$

$$u_{i1} = \frac{5}{R_2 + R_x} \times R_x = \frac{5R_x}{2 + R_x}, \quad u_{i2} = \frac{5}{R_1 + R_3} \times R_3 = \frac{5}{2 + 2} \times 2 = \frac{5}{2}$$

$$u_o = \frac{R_5}{R_4}(u_{o2} - u_{o1}) = \frac{R_5}{R_4} \times \frac{2R + R_W}{R_W} \times (u_{i2} - u_{i1})$$

$$u_o = \frac{100}{10} \times \frac{2 \times 40 + 10}{10} \times \left(\frac{5}{2} - \frac{5R_x}{2 + R_x}\right) = 225\left(1 - \frac{2R_x}{2 + R_x}\right)$$

125

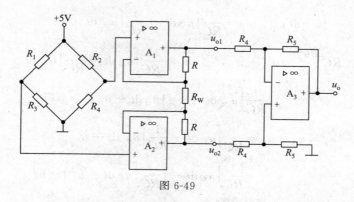

图 6-49

（3）图 6-50 是用运算放大器构成的音频信号发生器简化线路图。

（a）分析此电路如何满足振荡的相位和幅度条件；R_3 调到多大方能起振？

（b）R_P（含 R_{P1}、R_{P2}）为双联电位器，阻值变化范围从 0 到 14.4kΩ，试分析该振荡器频率的调节范围。

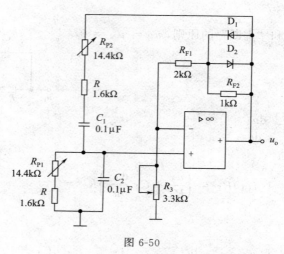

图 6-50

解　（a）此电路为 RC 振荡电路，放大电路采用的是同相比例运算电路，RC 串并联电路既是选频电路，又是正反馈电路。

图中：
$$\dot{F} = \frac{\dot{U}_F}{\dot{U}_o} = \frac{\dot{U}_+}{\dot{U}_o} = \frac{\dfrac{-jX_{C_2}(R_{P1}+R)}{(R_{P1}+R)-jX_{C_2}}}{(R_{P2}+R)-jX_{C_1} + \dfrac{-jX_{C_2}(R_{P1}+R)}{(R_{P1}+R)-jX_{C_2}}}$$

取：$C_1 = C_2$，$R_{P1} = R_{P2}$，则：
$$\dot{F} = \frac{1}{3 + j\left[\dfrac{(R_P+R)^2 - X_C^2}{(R_P+R)X_C}\right]}$$

为使 $\dot{U}_o$ 与 $\dot{U}_+$ 同相，则：$(R_P+R)^2 - X_C^2 = 0$，$(R_P+R) = X_C = \dfrac{1}{2\pi fC}$，

即满足振荡的相位条件。

此时 $f = f_0 = \dfrac{1}{2\pi(R_P+R)C}$，$|\dot{F}| = \dfrac{1}{3}$，

126

同相比例运算电路的放大倍数为：$|\dot{A}u| = 1 + \dfrac{R_{F1} + R_{F2}}{R_3}$，为满足 $\dot{A}\dot{F} = 1$ 的振荡条件，则：$R_{F1} + R_{F2} = 2R_3$，所以，$R_3 < 1.5\text{k}\Omega$ 时，该电路方能起振。

（b）R_P 阻值变化范围从 0 到 14.4kΩ，荡器频率的调节范围：$\dfrac{1}{2\pi(R_P + R)C} < f < \dfrac{1}{2\pi RC}$

即：

$$\frac{1}{2 \times 3.14 \times (14.4 + 1.6) \times 10^3 \times 0.1 \times 10^{-6}} < f < \frac{1}{2 \times 3.14 \times 1.6 \times 10^3 \times 0.1 \times 10^{-6}}$$

所以频率调整范围为：　　$99.5(\text{Hz}) < f < 995.2(\text{Hz})$

则：$R_{F1} + R_{F2} = 2R_3$，所以，$R_3 < 1.5\text{k}\Omega$ 时，该电路方能起振。

答案

填空题

（1）同相输入；反相输入；同相；反相

（2）共模；差模

（3）差；和的二分之一

（4）300；350

（5）差模放大倍数；共模放大倍数；抑制共模信号

（6）差模；共模；弱

（7）∞；∞；0

（8）虚短；虚断

（9）饱和；闭环

（10）虚短；虚断；虚短

（11）虚短；虚断

（12）负；正

（13）电压；电流；串联；并联

（14）开环；闭环

（15）直流；交流

（16）$\dfrac{1}{\dot{F}}$

（17）电压并联

（18）电流串联

（19）电流并联

（20）降低；提高；变宽；减小

（21）电流并联；电压串联

（22）60dB

（23）引入负反馈

（24）反相；同相

（25）同相；同相

（26）同相；反相

（27）反相

（28）同相

（29）选频；稳幅

（30）相平衡；幅平衡

（31）$\dot{A}\dot{F}=1$

（32）RC；LC

（33）反比

（34）$\dfrac{1}{3}$；3

选择题

(01)—(05) C B C B D；(06)—(10) A C B D A；(11)—(15) C D C B A；

(16)—(20) C B B B B；(21)—(25) B D C B C；(26)—(30) D C B D C；

(31)—(35) B A D D B

判断题

(01)—(05) × × × √ √；(06)—(10) × √ × × ×；

(11)—(15) √ × × × √；(16)—(20) × √ √ × ×；

(21)—(24) × × × √

第 7 章 组合逻辑电路

7.1 基本要求

了解数字信号、脉冲信号的概念，**理解**常用数制表示方法，**掌握**常用数制间相互转换。

掌握基本门电路和复合门电路的逻辑符号、逻辑式、逻辑状态表及波形图。

了解 TTL 集成与非门和三态门电路。

理解逻辑代数的常用公式、基本定律、最小项表达式，**掌握**逻辑函数的化简方法。

理解组合逻辑电路分析方法，**掌握**综合设计思路。

了解编码器、数据分配器，**理解**加法器、译码器和数据选择器的工作原理，**掌握**中规模集成器件设计，即应用 74LS138、74LS151 实现组合逻辑电路。

7.2 学习指南

7.2.1 主要内容综述

（1）常用数制间的相互转换

二进制是用 0 和 1 两个数码来表示数，是数字技术广泛采用的一种数制。由于二进制位数过长，为了便于运算和书写又引入了八进制和十六进制，而我们平时生活中使用的是十进制，学习数字电路必须首先掌握这四种进制间的转换方法，如表 7-1 所示。

要求能够将任意给定的二进制数转换为相应的十进制数、八进制数和十六进制数；将任意给定的十进制数转换为二进制数、八进制数和十六进制数。转换中应注意区分整数部分和小数部分。

表 7-1　四种进制的对应关系

十进制	二进制	八进制	十六进制	十进制	二进制	八进制	十六进制
0	0000	00	0	8	1000	10	8
1	0001	01	1	9	1001	11	9
2	0010	02	2	10	1010	12	A
3	0011	03	3	11	1011	13	B
4	0100	04	4	12	1100	14	C
5	0101	05	5	13	1101	15	D
6	0110	06	6	14	1110	16	E
7	0111	07	7	15	1111	17	F

（2）门电路的表示方法

数字电路是由各种门电路组成的，门电路是最小的单元电路。"门"是这样的一种电路：它规定各个输入信号之间满足某种逻辑关系时，才有信号输出，例如与门电路当输入信号中有一个 0 输出就为 0，只有当输入信号全 1 时，输出才为 1。学习中应该注意区分各种不同门电路的逻辑状态表（表 7-2）、逻辑式、逻辑符号、波形图等。常用的门电路有与门、或门、非门、与非门、或非门、与或非门、异或门、同或门 8 种，如图 7-1 所示，其中与非门和异或门应用最为广泛。

要求能够熟练掌握各种门电路的不同表示方法。

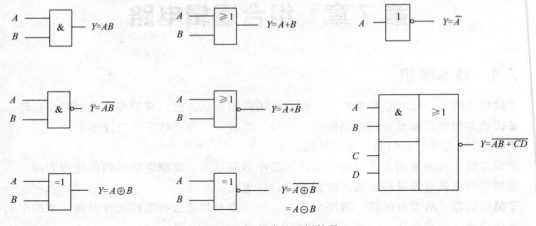

图 7-1　门电路的逻辑符号

表 7-2　门电路的逻辑状态表

A	B	$Y=AB$	$Y=A+B$	$Y=\overline{AB}$	$Y=\overline{A+B}$	$Y=A\oplus B$	$Y=A\odot B$
0	0	0	0	1	1	0	1
0	1	0	1	1	0	1	0
1	0	0	1	1	0	1	0
1	1	1	1	0	0	0	1

（3）逻辑函数的化简

逻辑函数越简单，实现它的电路就会越简单，既降低成本又减少故障点，所以在设计电路时，经常需要对逻辑函数进行化简或变换。化简通常要求最简，常用的方法有逻辑代数化简法和卡诺图化简法两种，要求对给定的逻辑函数表达式，能够合理地应用公式、定律将逻辑函数化简到最简。逻辑代数化简法需要一定的经验和技巧，也需要记忆一些基本和常用公式。

例如：吸收律　$A+AB=A$；$A+\overline{A}B=A+B$

　　　分配律　$A+BC=(A+B)\cdot(A+C)$

　　　反演律　$\overline{AB}=\overline{A}+\overline{B}$；$\overline{A+B}=\overline{A}\cdot\overline{B}$

（4）组合逻辑电路的分析方法

所谓分析是指对给定的逻辑电路分析其逻辑功能，通常采用的解题步骤为：

① 观察给定电路，如输入、输出变量的个数；构成电路门电路的类型等；

② 根据给定的逻辑电路，从输入到输出逐级列写输出函数表达式；

③ 利用代数法或卡诺图法对表达式化简；

④ 根据化简后的表达式列出相应的真值表；

⑤ 由真值表分析电路完成的逻辑功能。

需指出的是：具体分析时不一定每个步骤都采用，可根据实际情况略去某些步骤。

（5）组合逻辑电路的设计方法

设计是分析的逆过程，是难点也是重点。所谓设计是指根据给定的逻辑要求设计出能实现此功能的逻辑电路。通常采用的设计步骤如下。

① 首先进行逻辑赋值：根据设计要求确定输入和输出变量个数，并对其进行相应逻辑赋值（1 表示什么，0 表示什么），将实际逻辑问题转换成相应的逻辑关系表。

② 利用代数法或卡诺图法对输出函数表达式化简，得到最简表达式；

③ 根据最简表达式画出相应的逻辑电路图。

需指出的是：为了实际需要，设计中还应尽量减少门的种类。所以在组合电路设计中，常常会限定用某种特定门电路来实现。例如要求必须用与非门实现，那就需要将输出表达式转换为相应的与非-与非式后，再得到逻辑图。

（6）译码器和数据选择器的应用方法

需熟练掌握器件的固有功能，熟悉典型器件的各引脚定义，牢记其输出函数表达式和真值表，如 3 线-8 线二进制译码器 74LS138、8 选 1 数据选择器 74LS151，如图 7-2 所示。

要求能够应用指定的器件实现逻辑功能。能够写出分析过程、画出接线图。中规模逻辑器件相比门电路设计方法更为简单，也不需要进行化简，本知识点应熟练掌握。

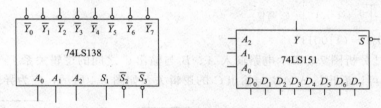

图 7-2　芯片 74LS138、74LS151 引脚图

7.2.2　重点难点解析

① 应了解数制的相关概念和二进制的特点；掌握常用的四种进制及其相互转换的方法。

② 逻辑运算包括与、或、非三种基本逻辑运算和与非、或非、与或非、异或、同或五种复合运算，深刻理解各逻辑运算的相互关系，掌握逻辑门电路的逻辑符号、逻辑表达式及逻辑状态表。

③ 了解 TTL 门、CMOS 门、三态门的逻辑符号和工作特点。

④ 逻辑代数是分析和设计数字电路的重要工具，掌握运用逻辑代数的基本运算法则对给定逻辑函数进行化简。

⑤ 理解加法器、编码器的工作原理和管脚图；掌握译码器等常用组合逻辑电路，能够应用译码器和数据选择器实现给定的逻辑功能。

⑥ 门电路构成的组合逻辑电路分析和设计、中规模组合逻辑电路的应用是本章的重点也是难点。需要注意的是：门电路的分析和设计需要化简，通常需要最简，而中规模组合逻辑电路如译码器和数据选择器的应用不需要化简，通常需要列写所求函数的逻辑状态表或最小项表达式，并与器件的逻辑状态表或逻辑式进行对比。

7.3　习题与解答

7.3.1　典型例题

【例 7-1】　将 $(11110101.011)_2$ 转换成十进制数、八进制数和十六进制数。

解　$(11110101.011)_2 = 1 \times 2^7 + 1 \times 2^6 + 1 \times 2^5 + 1 \times 2^4 + 0 \times 2^3 + 1 \times 2^2 + 0 \times 2^1 + 1 \times$

$$2^0 + 0 \times 2^{-1} + 1 \times 2^{-2} + 1 \times 2^{-3}$$
$$= (245.375)_{10}$$

$(\underline{11}\ \underline{110}\ \underline{101}.\ \underline{011})_2 = (365.3)_8$

$(\underline{1111}\ \underline{0101}.\ \underline{0110})_2 = (F5.6)_{16}$

注：二进制数转换为八进制（3 位一组）和十六进制数（4 位一组）时，若位数不足应补零。

【例 7-2】 将 $(51)_{10}$ 转换为二进制数。

解 整数部分需采用除 2 取余法，高低位从下向上。

```
2 | 51           余数
  2 | 25          1    b₀ 低位
    2 | 12        1    b₁
      2 | 6       0    b₂
        2 | 3     0    b₃
          2 | 1   1    b₄
              0   1    b₅ 高位
```

所以 $(51)_{10} = (110011)_2$

【例 7-3】 试分析图 7-3 所示电路输入 A、B 与输出 C 之间的逻辑关系。

解 从波形可以看出输入 AB 与输出 C 的逻辑关系如图 7-4 所示，应为异或关系。

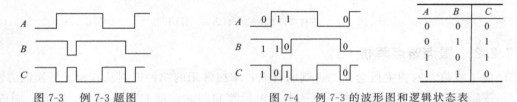

A	B	C
0	0	0
0	1	1
1	0	1
1	1	0

图 7-3　例 7-3 题图　　　　图 7-4　例 7-3 的波形图和逻辑状态表

【例 7-4】 应用逻辑代数法化简 $F = \overline{AC + \overline{A}BC + \overline{B}C + AB\overline{C}}$。

解 $F = \overline{(A + \overline{A}B)C + \overline{B}C + AB\overline{C}} = \overline{(A + B)C + \overline{B}C + AB\overline{C}} = \overline{AC + BC + \overline{B}C + AB\overline{C}}$

$= \overline{AC + C + AB\overline{C}} = \overline{C + AB\overline{C}} = \overline{C}$

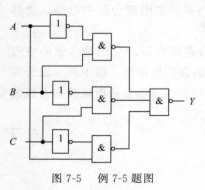

图 7-5　例 7-5 题图

【例 7-5】 写出图 7-5 所示电路的逻辑式，化简并列写逻辑状态表，说明其逻辑功能。

解 （1）列写逻辑式：$Y = \overline{\overline{AB} \cdot \overline{BC} \cdot \overline{CA}}$，

（2）化简与变换：$Y = \overline{\overline{\overline{AB}} \cdot \overline{\overline{BC}} \cdot \overline{\overline{CA}}} = \overline{\overline{AB}} + \overline{\overline{BC}} + \overline{\overline{CA}}$
$= \overline{AB} + \overline{BC} + \overline{CA}$，

（3）由表达式列出逻辑状态表，如表 7-3 所示，

（4）分析逻辑功能：当 A、B、C 三个变量不一致时，电路输出为 "1"，否则输出为 "0"，所以这个电路具有判断输入取值是否一致功能。

【例 7-6】 某设备有开关 A、B、C，要求：只有开关 A 接通的条件下，开关 B 才能接

通；开关 C 只有在开关 B 接通的条件下才能接通。违反这一规程，则发出报警信号。试用与非门设计实现此功能的报警电路。

解 （1）由题意可知，该报警电路的输入变量是三个开关 A、B、C 的状态，设开关接通用 1 表示，开关断开用 0 表示；设该电路的输出报警信号为 Y，Y 为 1 表示报警，Y 为 0 表示不报警。根据题意列写逻辑状态表，如表 7-4 所示。

<table>
<tr><td colspan="4">表 7-3　例 7-5 逻辑状态表</td><td colspan="4">表 7-4　例 7-6 逻辑状态表</td></tr>
<tr><td>A</td><td>B</td><td>C</td><td>Y</td><td>A</td><td>B</td><td>C</td><td>Y</td></tr>
<tr><td>0</td><td>0</td><td>0</td><td>0</td><td>0</td><td>0</td><td>0</td><td>0</td></tr>
<tr><td>0</td><td>0</td><td>1</td><td>1</td><td>0</td><td>0</td><td>1</td><td>1</td></tr>
<tr><td>0</td><td>1</td><td>0</td><td>1</td><td>0</td><td>1</td><td>0</td><td>1</td></tr>
<tr><td>0</td><td>1</td><td>1</td><td>1</td><td>0</td><td>1</td><td>1</td><td>1</td></tr>
<tr><td>1</td><td>0</td><td>0</td><td>1</td><td>1</td><td>0</td><td>0</td><td>0</td></tr>
<tr><td>1</td><td>0</td><td>1</td><td>1</td><td>1</td><td>0</td><td>1</td><td>1</td></tr>
<tr><td>1</td><td>1</td><td>0</td><td>1</td><td>1</td><td>1</td><td>0</td><td>1</td></tr>
<tr><td>1</td><td>1</td><td>1</td><td>0</td><td>1</td><td>1</td><td>1</td><td>0</td></tr>
</table>

（2）列写逻辑式：$Y = \overline{A}\,\overline{B}C + \overline{A}B\,\overline{C} + \overline{A}BC + A\,\overline{B}C$

（3）化简：$Y = (\overline{A} + A)\overline{B}C + \overline{A}B(\overline{C} + C) = \overline{B}C + \overline{A}B = \overline{\overline{\overline{A}B} + \overline{\overline{B}C}} = \overline{\overline{\overline{A}B} \cdot \overline{\overline{B}C}}$

（4）画逻辑图如图 7-6 所示。

【例 7-7】 试用译码器 74LS138 和门电路实现逻辑函数：$L = AB + BC$

解 将逻辑函数转换成最小项表达式，再转换成与非-与非形式。

$$L = \overline{A}BC + AB\,\overline{C} + ABC = m_3 + m_6 + m_7 = \overline{\overline{m_3} \cdot \overline{m_6} \cdot \overline{m_7}}$$

可用一片 74LS138 和一个与非门实现该逻辑函数，如图 7-7 所示。

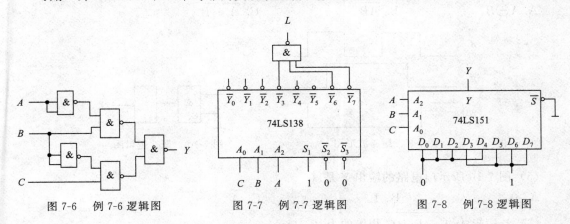

图 7-6　例 7-6 逻辑图　　图 7-7　例 7-7 逻辑图　　图 7-8　例 7-8 逻辑图

【例 7-8】 试用 8 选 1 数据选择器 74LS151 实现下列逻辑函数：$Y = \overline{A}BC + A\,\overline{B}C + AB$

解 （1）将逻辑函数转换成最小项表达式：$Y = \overline{A}BC + A\,\overline{B}C + AB\,\overline{C} + ABC$

（2）将逻辑函数写成三变量最小项编号的形式有：$Y = m_3 + m_5 + m_6 + m_7$

8 选 1 表达式 $Y = m_0 D_0 + m_1 D_1 + m_2 D_2 + m_3 D_3 + m_4 D_4 + m_5 D_5 + m_6 D_6 + m_7 D_7$，

对比表达式可知 $D_0 = D_1 = D_2 = D_4 = 0$，$D_3 = D_5 = D_6 = D_7 = 1$，画出逻辑图如图 7-8 所示。

7.3.2 填空题

（1）在时间上和数值上均做连续变化的电信号称为（　　　　）信号；在时间上和数值上离散的电信号称为（　　　　）信号。

（2）$(11011)_2 = ($　　　　$)_{10}$，$(11110110)_2 = ($　　　　$)_8$，$(21)_{10} = ($　　　　$)_2$。

（3）在逻辑门电路中，基本逻辑门分别是（　　　　）、（　　　　）和（　　　　）。

（4）进行异或运算时，若"1"的个数为偶数，"0"的个数为任意，则运算结果必为（　　　　）；若"1"的个数为奇数，0的个数为任意，则运算结果必为（　　　　）。

（5）数字逻辑电路按是否有记忆功能，可分为两大类：（　　　　）和（　　　　）。

（6）组合逻辑电路任意时刻的输出信号，只与该时刻的输入信号（　　　　），而与电路之前的状态（　　　　），组合电路是由（　　　　）组成的。

（7）若对36个字符编码，至少需要（　　　　）位二进制代码。

（8）不仅考虑（　　　　），而且考虑（　　　　）的运算电路，称为全加器。

（9）16选1数据选择器，共有（　　　　）个地址端，（　　　　）个数据端，（　　　　）个输出端。

7.3.3 选择题

（1）二进制数 $(100110)_2$ 可转换为十进制数（　　　　）。

A. 36　　　　　　　　B. 38　　　　　　　　C. 42

（2）十进制数 $(100)_{10}$ 可转换为十六进制数（　　　　）。

A. 56　　　　　　　　B. 64　　　　　　　　C. 72

（3）在 $(11100)_2$，$(26)_8$，$(1A)_{16}$ 三个数中最大的是（　　　　）。

A. $(11100)_2$　　　　B. $(26)_8$　　　　C. $(1A)_{16}$

（4）已知某电路的输入 A、B 和输出 Y 的波形如图7-9所示，该电路逻辑式为（　　　　）。

A. $A \oplus B$　　　　B. $\overline{AB}$　　　　C. $\overline{A + B}$

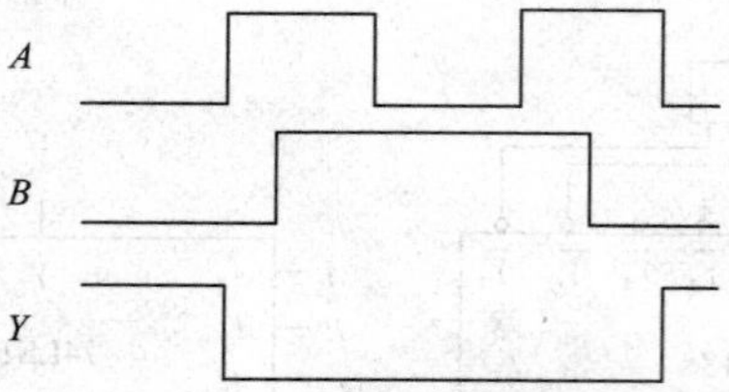

图7-9　题4波形图 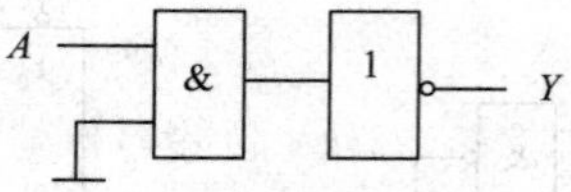　　　　　图7-10　题5逻辑图

（5）图7-10所示门电路的输出 Y 是（　　　　）。

A. 0　　　　　　　　B. 1　　　　　　　　C. $\overline{A}$

（6）与逻辑式 $\overline{A + \overline{B} + C}$ 相等的为（　　　　）。

A. $A\overline{B}C$　　　　B. $\overline{A}B\overline{C}$　　　　C. $\overline{A} + B + \overline{C}$

（7）与逻辑式 $A + \overline{A}B$ 相等的为（　　　　）。

A. AB　　　　　　B. $\overline{A}B$　　　　　C. $A + B$

（8）逻辑式 $A\overline{B} + B + \overline{A}B$ 化简后得（　　　　）。

A. $A + \overline{B}$　　　　B. AB　　　　　C. $A + B$

（9）已知逻辑函数的逻辑状态表如表7-5所示，则输出 Y 的逻辑式为（　　　　）。

表 7-5 题 9 逻辑状态表

A	B	C	Y
0	0	0	0
0	0	1	1
0	1	0	1
0	1	1	0
1	0	0	1
1	0	1	0
1	1	0	0
1	1	1	0

A. $\overline{A}\,\overline{B}C + \overline{A}B\,\overline{C} + A\,\overline{B}\,\overline{C}$

B. $\overline{A}\,\overline{B}C + \overline{A}BC + A\,\overline{B}\,\overline{C}$

C. $\overline{A}\,\overline{B}C + \overline{A}BC + ABC$

(10) 逻辑式 $Y = \overline{A}BC + AC + \overline{B}C$ 的最小项表达式为（   ）。

A. $\overline{A}BC + ABC + A\,\overline{B}C$

B. $\overline{A}BC + ABC + A\,\overline{B}C + \overline{A}\,\overline{B}C$

C. $\overline{A}BC + A\,\overline{B}C + \overline{B}C$

(11) 图 7-11 所示逻辑图的逻辑式为（   ）。

A. $ABC + \overline{A}\,\overline{C}$ 　　　　B. ABC 　　　　C. $A\,\overline{B}C + B\,\overline{C}$

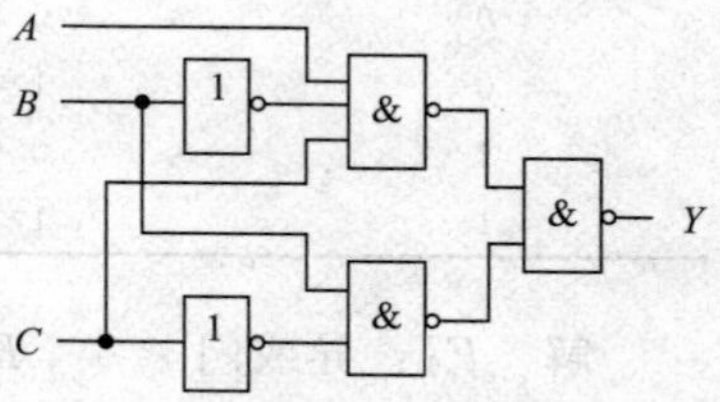

(12) 可以接到总线上的门电路是（   ）。

A. OC 门 　　　　　　B. OD 门 　　　　　　C. 三态门

(13) 只完成加数和被加数相加，不考虑低位进位的加法
电路，称为（   ）。

图 7-11 题 11 逻辑图

A. 半加器 　　　　　　B. 全加器 　　　　　　C. A 和 B 都不对

(14) 可以有多个有效输入电平的编码器是（   ）。

A. 二进制编码器 　　　B. 二-十进制编码器 　　C. 优先编码器

(15) 3 线-8 线译码器 74LS138 处于译码时，当输入 $A_2A_1A_0 = 001$ 时，输出 $\overline{Y_0} \sim \overline{Y_7}$ 是
（   ）。

A. 01000000 　　　　B. 10001010 　　　　C. 10111111

(16) 七段显示器采用共阴极接法时，若 a～g = 1011011，则显示的数字是（   ）。

A. 6 　　　　　　　　B. 5 　　　　　　　　C. 3

7.3.4 判断题

(1) 二值只可以用来表示数字，不可以用来表示文字和符号等。　　　　　　（   ）

(2) 十进制转换为二进制的时候，整数部分和小数部分都要采用除 2 取余法。（   ）

(3) 在逻辑函数表达式中，如果一个乘积项包含的输入变量最少，那么该乘积项叫做最
小项。　　　　　　　　　　　　　　　　　　　　　　　　　　　　　　　　（   ）

(4) 在全部输入是"0"的情况下，函数 $Y = \overline{A + B}$ 运算的结果是逻辑"0"。　（   ）

(5) 在变量 A、B 取值相异时，其逻辑函数值为 1，相同时为 0，称为异或运算。（   ）

(6) 对任意一个最小项，只有一组变量取值使得它的值为 1。　　　　　　　（   ）

(7) 与门、或门和非门都具有多个输入端和一个输出端。　　　　　　　　　（   ）

(8) 门电路的应用日益广泛，利用它的组合可以产生新逻辑功能，组成触发器、振荡
器，并实现各种控制功能。　　　　　　　　　　　　　　　　　　　　　　　（   ）

(9) 组合逻辑电路的逻辑功能可用逻辑图、真值表、逻辑表达式、卡诺图和波形图五种
方法来描述，它们在本质上是相通的，可以互相转换。　　　　　　　　　　　（   ）

(10) 用译码器和数据选择器实现逻辑函数通常不需要化简。　　　　　　　（   ）

(11) 译码器与数据分配器的功能相近，实际应用中通常用译码器构成数据分配器。

( )

7.3.5 基本题

(1) 将十进制数 $(117)_{10}$ 转换成二进制数、八进制数、和十六进制数。

解 $(117)_{10} = (1110101)_2 = (165)_8 = (75)_{16}$

(2) 将二进制数 $(11000101)_2$ 转换成十进制数、八进制数、和十六进制数。

解 $(11000101)_2 = (197)_{10} = (305)_8 = (C5)_{16}$

(3) 常用逻辑门电路逻辑状态表如表 7-6 所示，则 F_1、F_2、F_3 分别属于何种逻辑门。

表 7-6 题 3 逻辑状态表

A	B	F_1	F_2	F_3
0	0	0	1	0
0	1	1	1	1
1	0	1	1	1
1	1	0	0	1

解 F_1：异或门　　　F_2：与非门　　　F_3：或门

(4) 试用逻辑代数的定律和定理证明下列等式成立。

(a) $AB + \overline{A}\,\overline{B} + A\overline{B} = A + \overline{B}$

(b) $AB + \overline{A}\,\overline{B} = \overline{\overline{A}B + A\overline{B}}$

(c) $\overline{\overline{A} + B} + \overline{\overline{A} + \overline{B}} = A$

(d) $\overline{A}\,\overline{C} + \overline{A}\,\overline{B} + \overline{A}C\overline{D} + BC = \overline{A} + BC$

(e) $(A+C)(A+D)(B+C)(B+D) = AB + CD$

解 (a) 证明：左 $= AB + \overline{B}(\overline{A} + A) = AB + \overline{B} = (A + \overline{B})(B + \overline{B}) =$ 右

(b) 证明：左 $= \overline{\overline{AB + \overline{A}\,\overline{B}}} = \overline{\overline{AB} \cdot \overline{\overline{A}\,\overline{B}}} = \overline{(\overline{A} + \overline{B})(A + B)} = \overline{\overline{A}B + A\overline{B}} =$ 右

(c) 证明：左 $= A\overline{B} + AB = A(\overline{B} + B) =$ 右

(d) 证明：左 $= \overline{A}(\overline{C} + \overline{B} + \overline{C}\,\overline{D}) + BC = \overline{A}(\overline{C} + \overline{B}) + BC = \overline{A}\,\overline{BC} + BC$
$\quad\quad = (\overline{A} + BC)(\overline{BC} + BC) = \overline{A} + BC =$ 右

(e) 证明：左 $= (A + CD)(B + CD) = AB + CD(A + B + 1) = AB + CD =$ 右

(5) 说明图 7-12 所示电路的逻辑功能，要求列出逻辑状态表，写出表达式。

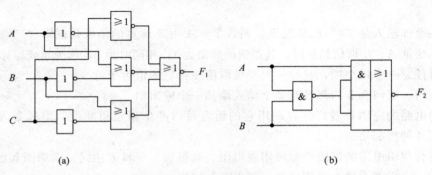

(a)　　　　　　　　　　　　　　(b)

图 7-12 题 5 逻辑图

解 (a) $F_1 = \overline{\overline{\overline{A} + C} + \overline{A + \overline{B}} + \overline{B + \overline{C}}} = (\overline{A} + C) \cdot (A + \overline{B}) \cdot (B + \overline{C}) = \overline{A}\,\overline{B}\,\overline{C} + ABC$

表 7-7　题 5 (a) 逻辑状态表

A	B	C	F_1
0	0	0	1
0	0	1	0
0	1	0	0
0	1	1	0
1	0	0	0
1	0	1	0
1	1	0	0
1	1	1	1

逻辑功能：由逻辑状态表（表 7-7）可以看出，当 ABC 取值为 000 或 111，即取值相同时，输出为 1。所以电路具有判断 ABC 取值是否一致功能。

(b) $F_2 = \overline{\overline{A\,\overline{AB}} + \overline{B\,\overline{AB}}} = \overline{\overline{AB} \cdot (A + B)} = AB + \overline{A + B} = AB + \overline{A}\,\overline{B}$

表 7-8　题 5 (b) 逻辑状态表

A	B	F_2
0	0	1
0	1	0
1	0	0
1	1	1

逻辑功能：由逻辑状态表（表 7-8）可以看出，当 AB 取值为 00 或 11，即 1 的个数是偶数时输出为 1。所以电路具有判断 AB 中 1 的个数奇偶的功能，称为同或功能。

（6）用与非门设计一个裁判表决电路。举重比赛有 3 个裁判，一个主裁判和两个副裁判。杠铃完全举上的裁决由每一个裁判按一下自己面前的按钮来确定。只有当两个或两个以上裁判判明成功，并且其中有一个为主裁判时，表明成功的灯才亮。

解　设 A 为主裁判意见，BC 为两副裁判意见，Y 为运动员成绩；其中 ABC 若取值"1"裁决为举上，取值"0"裁决为未举上；Y 取值"1"表示成功，取值为"0"表示不成功，则有如下逻辑状态表（表 7-9）。

表 7-9　题 6 逻辑状态表

A	B	C	Y
0	0	0	0
0	0	1	0
0	1	0	0
0	1	1	0
1	0	0	0
1	0	1	1
1	1	0	1
1	1	1	1

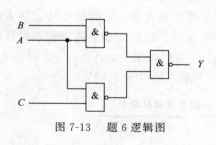

图 7-13　题 6 逻辑图

$Y = A\,\overline{B}C + AB\,\overline{C} + ABC = AC + AB = \overline{\overline{AC + AB}} = \overline{\overline{AC} \cdot \overline{AB}}$，逻辑图如图 7-13 所示。

（7）某同学参加三门课程结业考试，规则如下：

(a) 课程 A 及格得 1 分，不及格得 0 分

(b) 课程 B 及格得 2 分，不及格得 0 分

(c) 课程 C 及格得 3 分，不及格得 0 分

若总分大于或等于 4 分，就可结业。试用与非门设计实现上述要求。

解 设输入变量为 ABC，取值"0"表示不及格，"1"表示及格；输出变量 Y，取值"0"表示未结业，"1"表示结业，则有如下逻辑状态表（表 7-10）。

表 7-10　题 7 逻辑状态表

A	B	C	Y
0	0	0	0
0	0	1	0
0	1	0	0
0	1	1	1
1	0	0	0
1	0	1	0
1	1	0	0
1	1	1	1

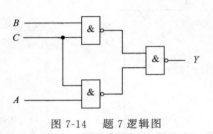

图 7-14　题 7 逻辑图

$Y = \overline{A}BC + A\overline{B}C + ABC = BC + AC = \overline{\overline{BC + AC}} = \overline{\overline{BC} \cdot \overline{AC}}$，逻辑图如图 7-14 所示。

（8）试用与非门设计一个故障显示电路，(a) 两台设备 A 和 B 正常工作时，绿灯 G 亮；(b) A 或 B 发生故障时，黄灯 Y 亮；(c) A 和 B 都发生故障时，红灯 R 亮。

解 设输入变量 AB 取值"0"表示故障，取值"1"表示正常，输出变量 G（绿），R（红），Y（黄），取值"0"表示灭，取值"1"表示亮，则有如下对应关系（表 7-11）。

表 7-11　题 8 逻辑状态表

A	B	G	Y	R
0	0	0	0	1
0	1	0	1	0
1	0	0	1	0
1	1	1	0	0

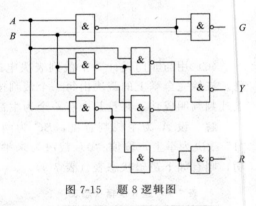

图 7-15　题 8 逻辑图

输出 $G = AB = \overline{\overline{AB}}$

$Y = \overline{A}B + A\overline{B} = \overline{\overline{\overline{A}B + A\overline{B}}} = \overline{\overline{\overline{A}B} \cdot \overline{A\overline{B}}}$

$R = \overline{A}\,\overline{B} = \overline{\overline{\overline{A}\,\overline{B}}}$，逻辑图如图 7-15 所示。

（9）甲乙两校举行联欢会，入场券分为红、蓝两种，甲校学生持红票入场，乙校学生持蓝票入场。会场入口设有自动检票机，符合条件可入场，否则不准入场。试根据如上逻辑要求设计检票电路。

解 设 $A = 1$ 为甲校学生，$A = 0$ 为乙校学生，$B = 1$ 有红票，$C = 1$ 有蓝票，$Y = 1$ 为准许入场，$Y = 0$ 不准入场（表 7-12）。

表 7-12　题 9 逻辑状态表

A	B	C	Y
0	0	0	0
0	0	1	1
0	1	0	0
0	1	1	1
1	0	0	0
1	0	1	0
1	1	0	1
1	1	1	1

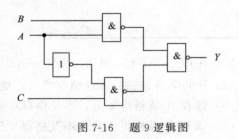

图 7-16　题 9 逻辑图

输出 $Y = \overline{A}\,\overline{B}C + \overline{A}BC + AB\overline{C} + ABC = \overline{A}C + AB$，逻辑图如图 7-16 所示。

（10）旅客列车分为特快、普快和普慢（ABC）三种，并依此为优先通行次序。某车站同一时间只能有一趟列车从车站出发，即只能给出一个开车信号，设计出满足如上要求的逻辑电路，开车信号分别为 $Y_A Y_B Y_C$。

解 输入变量 A，B，C，其"0"表示未出发，"1"表示出发，输出变量 Y_A, Y_B, Y_C，其值"0"表示未开，"1"表示开（表 7-13）。

表 7-13　题 10 逻辑状态表

A	B	C	Y_A	Y_B	Y_C
0	0	0	0	0	0
0	0	1	0	0	1
0	1	0	0	1	0
0	1	1	0	1	0
1	0	0	1	0	0
1	0	1	1	0	0
1	1	0	1	0	0
1	1	1	1	0	0

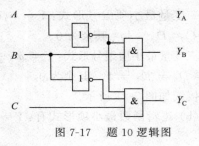

图 7-17　题 10 逻辑图

输出 $Y_A = A$，$Y_B = \overline{A} B \overline{C} + \overline{A} B C = \overline{A} B$，$Y_C = \overline{A}\, \overline{B} C$，逻辑图如图 7-17 所示。

（11）组合逻辑电路如图 7-18 所示，写出输出表达式。

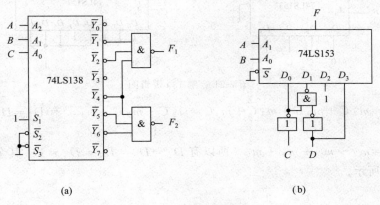

(a)　　　　　　　　　　　　(b)

图 7-18　题 11 逻辑图

解 （a）$F_1 = \overline{A}\,\overline{B} C + \overline{A} B \overline{C} + A\,\overline{B}\,\overline{C}$

$\qquad F_2 = A\,\overline{B}\,\overline{C} + A\,\overline{B} C + A B \overline{C}$

（b）$F = \overline{A}\,\overline{B}\,\overline{C} + \overline{A} B C + \overline{A} B D + A\,\overline{B} + A B D$

（12）试用 3 线-8 线译码器 74LS138（图 7-19）和门电路实现如下逻辑函数（图 7-20）。

$$Y_1 = \overline{A}\,\overline{B} C + A\,\overline{B}\,\overline{C} + B C;$$

$$Y_2 = B C;$$

$$Y_3 = \overline{A} C + A\,\overline{B} C$$

图 7-19　74LS138 芯片图

解 (a) $Y_1 = \overline{\overline{Y_1} \cdot \overline{Y_3} \cdot \overline{Y_4} \cdot \overline{Y_7}}$, (b) $Y_2 = \overline{\overline{Y_3} \cdot \overline{Y_7}}$, (c) $Y_3 = \overline{\overline{Y_1} \cdot \overline{Y_3} \cdot \overline{Y_5}}$

（13）试分别用 4 选 1 数据选择器和 8 选 1 数据选择器实现下列逻辑函数。

（a）$Y = \overline{A}BC + A\overline{B}C + AB$；（b）$Y = (A+B)(\overline{A}+\overline{C})$；

解 （a）将逻辑函数转换为最小项形式有：$Y = \overline{A}BC + A\overline{B}C + AB\overline{C} + ABC$。

二变量最小项编号形式：$Y = m_1 C + m_2 C + m_3$，有 $D_1 = D_2 = C$，$D_3 = 1$，其余为 0。

三变量最小项编号形式：$Y = m_3 + m_5 + m_6 + m_7$，有 $D_3 = D_5 = D_6 = D_7 = 1$，其余为 0。

接线如图 7-21 所示。

（b）逻辑函数最小项形式有：$Y = A\overline{B}\,\overline{C} + AB\overline{C} + \overline{A}B\overline{C} + \overline{A}BC$

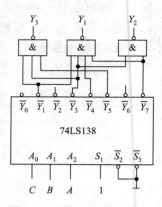

图 7-20　题 12 逻辑图

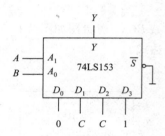
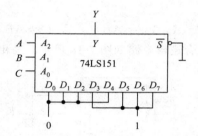

图 7-21　题 13a 逻辑图

4 选 1：$Y = m_2\overline{C} + m_3\overline{C} + m_1\overline{C} + m_1 C = m_2\overline{C} + m_3\overline{C} + m_1$，有 $D_2 = D_3 = \overline{C}$，$D_1 = 1$ 其余为 0

8 选 1：$Y = m_2 + m_3 + m_4 + m_6$　所以有 $D_2 = D_3 = D_4 = D_6 = 1$，其余为 0

如图 7-22 所示。

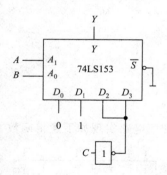
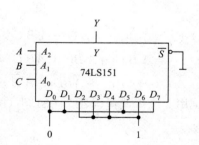

图 7-22　题 13b 逻辑图

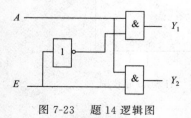

图 7-23　题 14 逻辑图

（14）图 7-23 所示电路是一个数据分配器，电路通过控制端 E 来选择将输入 A 送至输出端 Y_1 或 Y_2，试分析电路的工作原理，列出逻辑状态表。

解　由逻辑电路可知，输出 $Y_1 = A\overline{E}$，$Y_2 = AE$，逻辑状态表如下所示。

表 7-14　题 14 逻辑状态表

E	A	Y_1	Y_2
0	0	0	0
0	1	1	0
1	0	0	0
1	1	0	1

逻辑功能：从逻辑状态表（表 7-14）可以看出，当控制端 $E=0$ 时 $Y_1=A$，当控制端 $E=1$ 时 $Y_2=A$，电路实现了数据分配功能。

（15）图 7-24 所示电路为数据选择器电路，电路通过控制端 E 来选择将 A 和 B 两个输入中的哪一个送到输出端 Y，试分析电路的工作原理，列出逻辑状态表。

解　由逻辑电路可知，当三态门的控制端 $E=1$ 时，上方高有效的三态门工作，输出 $Y=A$；当 $E=0$ 时，下方低有效的三态门工作，$Y=B$，电路实现了数据选择功能（表 7-15）。

表 7-15　题 15 逻辑状态表

E	A	B	Y
0	0	0	0
0	0	1	1
0	1	0	0
0	1	1	1
1	0	0	0
1	0	1	0
1	1	0	1
1	1	1	1

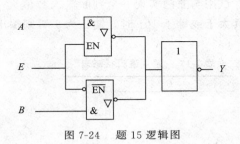

图 7-24　题 15 逻辑图

7.3.6　提高题

（1）将下列各函数式化为最小项之和的形式。

(a) $Y=\overline{A}BC+AC+\overline{B}C$

(b) $Y=A\overline{B}\,\overline{C}D+BCD+\overline{A}D$

解　(a) $Y=\overline{A}BC+A\overline{B}C+ABC+\overline{A}\,\overline{B}C$

(b) $Y=A\overline{B}\,\overline{C}D+\overline{A}BCD+ABCD+\overline{A}\,\overline{B}\,\overline{C}D+\overline{A}\,\overline{B}CD+\overline{A}B\overline{C}D$

（2）采用代数化简法化简下列逻辑表达式。

$$Y=\overline{A}\,\overline{B}\,\overline{C}+\overline{A}\,\overline{B}C+\overline{A}B\overline{C}+A\overline{B}\,\overline{C}+\overline{A}BC$$

解

$$Y=\overline{A}\,\overline{B}\,\overline{C}+\overline{A}\,\overline{B}C+\overline{A}B\overline{C}+A\overline{B}\,\overline{C}+\overline{A}BC$$
$$=\overline{A}\,\overline{B}\,\overline{C}+\overline{A}\,\overline{B}C+\overline{A}B\overline{C}+\overline{A}B\overline{C}+\overline{A}\,\overline{B}\,\overline{C}$$
$$+A\overline{B}\,\overline{C}+\overline{A}BC$$
$$=\overline{A}\,\overline{B}+\overline{A}\,\overline{C}+\overline{B}\,\overline{C}+\overline{A}BC=\overline{A}(\overline{B}+\overline{C})+$$
$$\overline{B}\,\overline{C}+\overline{A}BC=\overline{A}\,\overline{BC}+\overline{B}\,\overline{C}+\overline{A}BC$$
$$=\overline{A}+\overline{B}\,\overline{C}$$

（3）分析图 7-25 所示电路的逻辑功能，写出 Y_1、Y_2 的逻辑函数式，列出真值表，说明电路逻辑功能。

解

$$Y_1=ABC+(A+B+C)\overline{AB+AC+BC}$$
$$Y_2=AB+AC+BC$$

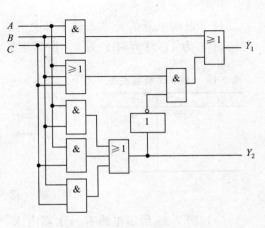

图 7-25　题 3 逻辑图

141

表 7-16　题 3 逻辑状态表

A	B	C	Y_1	Y_2
0	0	0	0	0
0	0	1	1	0
0	1	0	1	0
0	1	1	0	1
1	0	0	1	0
1	0	1	0	1
1	1	0	0	1
1	1	1	1	1

由真值表（表 7-16）可知：电路构成全加器，输入 A、B、C 为加数、被加数和低位的进位，Y_1 为"和"，Y_2 为"进位"。

（4）试用与非门实现一个判断输入数值大小的电路。ABC 的取值表示一个三位二进制数，当其大于或等于 101 时，输出为 1 否则输出为 0。

解　（a）

表 7-17　题 4 逻辑状态表

A	B	C	Y
0	0	0	0
0	0	1	0
0	1	0	0
0	1	1	0
1	0	0	0
1	0	1	1
1	1	0	1
1	1	1	1

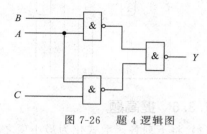

图 7-26　题 4 逻辑图

（b）由真值表（表 7-17）写出各输出的逻辑表达式：$Y = A\,\overline{B}C + AB\,\overline{C} + ABC$

（c）根据要求，将上式转换为与非表达式：$Y = AB + AC = \overline{\overline{AB} \cdot \overline{AC}}$

（d）画出逻辑图如图 7-26 所示。

（5）设计一个楼上、楼下开关电路来控制楼梯上的路灯，要求：使之在上楼前，用楼下开关打开电灯，上楼后，用楼上开关关灭电灯；或者在下楼前，用楼上开关打开电灯，下楼后，用楼下开关关灭电灯。

解　设楼上开关为 A，楼下开关为 B，灯泡为 Y。并设 A、B 闭合时为 1，断开时为 0；灯亮时 Y 为 1，灯灭时 Y 为 0。根据逻辑要求列出真值表（表 7-18、图 7-27）。

表 7-18　题 5 逻辑状态表

A	B	Y
0	0	0
0	1	1
1	0	1
1	1	0

$Y = \overline{A}B + A\overline{B}$

图 7-27　题 5 逻辑图

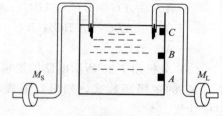

图 7-28　题 6 水箱电路

（6）图 7-28 所示电路有一水箱由大、小两台泵 M_L 和 M_S 供水，水箱中设置了 3 个水位检测元件 A、B、C。水面低于检测元件时，检测元件给出高电平；水面高于检测元件时，检测元件给出低电平。现要求当水位超过 C 点时水泵停止工作；水位低于 C 点而高于 B 点时 M_S 单独工作；水位低于 B 点而高于 A 点时 M_L 单独工作；水位低于 A 点时 M_L 和 M_S 同时工作。试用门电路设计一个控制两台水泵的逻辑电路。

解 M_S、M_L 的 1 状态表示工作，0 状态表示停止（表 7-19）。

表 7-19　题 6 逻辑状态表

A	B	C	M_S	M_L
0	0	0	0	0
0	0	1	1	0
0	1	0	$\times$	$\times$
0	1	1	0	1
1	0	0	$\times$	$\times$
1	0	1	$\times$	$\times$
1	1	0	$\times$	$\times$
1	1	1	1	1

表中的 $\overline{A}B\overline{C}$、$A\overline{B}C$、$A\,\overline{B}\,\overline{C}$、$AB\overline{C}$ 为约束项，利用卡诺图化简（图 7-29）后得到：

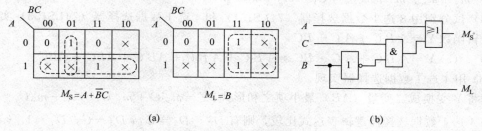

图 7-29　题 6 逻辑图

$$M_S = A + \overline{B}C, \quad M_L = B$$

（7）试分别用下列逻辑器件设计一位全加器。

（a）异或门和与非门；

（b）3 线-8 线译码器。

解

见表 7-20。

表 7-20　题 7 逻辑状态表

A	B	C_{i-1}	S	C_i
0	0	0	0	0
0	0	1	1	0
0	1	0	1	0
0	1	1	0	1
1	0	0	1	0
1	0	1	0	1
1	1	0	0	1
1	1	1	1	1

（a）用异或门和与非门实现（图 7-30）：

143

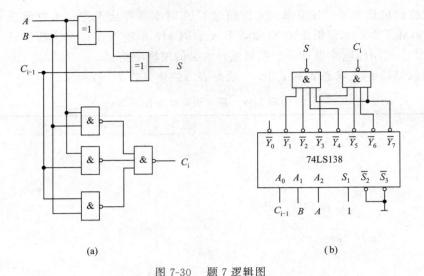

(a)   (b)

图 7-30   题 7 逻辑图

(b) 3 线-8 线译码器实现:

$$S = m_1 + m_2 + m_4 + m_7 \qquad C_i = m_3 + m_5 + m_6 + m_7$$

(8) 试分别用 8 选 1 数据选择器 (74LS151) 和 4 选 1 数据选择器 (74LS153) 实现逻辑函数 $Y = A\,\overline{B}\,\overline{C} + \overline{A}\,\overline{C} + BC$

解   (a) $Y = A\,\overline{B}\,\overline{C} + \overline{A}\,\overline{C} + BC = A\,\overline{B}\,\overline{C} + \overline{A}\,\overline{B}\,\overline{C} + \overline{A}B\,\overline{C} + \overline{A}BC + ABC$

(b) 用 4 选 1 数据选择器实现

先将 Y 变换成二变量 (AB) 最小项之和形式:$Y = m_2\,\overline{C} + m_0\,\overline{C} + m_1 + m_3 C$

与 4 选 1 数据选择器逻辑表达式比较,则有 $D_0 = D_2 = \overline{C}$,$D_3 = C$,$D_1 = 1$。

(c) 用 8 选 1 数据选择器实现

先将 Y 变换成三变量最小项之和形式 $Y = m_0 + m_2 + m_3 + m_4 + m_7$

凡 Y 中含有的最小项,其对应的 D 接 1,否则接 0。如图 7-31 所示。

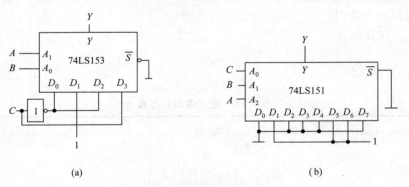

(a)   (b)

图 7-31   题 8 逻辑图

答案

填空题

(1) 模拟;数字

(2) 27;166;10101

(3) 与门；或门；非门

(4) 0；1

(5) 组合逻辑电路；时序逻辑电路

(6) 有关；无关；门电路

(7) 6

(8) 加数和被加数；低位进位

(9) 4；16；1

选择题

(01)—(05) B B A C B；(06)—(10) B C C A B；

(11)—(16) C C A C C B

判断题

(01)—(05) × × × × √；(06)—(11) √ × √ √ √ √

第8章 触发器和时序逻辑电路

8.1 基本要求

本章应该分为三大部分，即触发器、时序电路及 555 定时器。

触发器要求：**了解**触发器的电路结构；正确**理解**触发器的工作原理；**掌握**触发器的功能、触发方式、特性。准确画出其输出波形。

时序电路要求：**了解**寄存器结构、工作原理；**理解**移位寄存器；掌握时序逻辑电路的基本分析方法，常用集成时序逻辑器件的逻辑功能及使用方法；**掌握**同步时序逻辑电路的设计，**理解**异步时序电路的设计。

555 定时器要求：**了解** 555 定时器电路结构，**理解**其工作原理。掌握由 555 定时器构成施密特触发器、单稳态触发器和多谐振荡器的工作原理，**掌握**电路相关参数的计算、波形及应用。

8.2 学习指南

主要内容综述如下。

（1）基本 RS 触发器

① 基本 RS 逻辑符号 如图 8-1 所示。

② 工作特点 输入信号 $\bar{S}$、$\bar{R}$ 在全部作用时间内都能直接改变输出端 Q 和 $\bar{Q}$ 的状态，即能直接置"1"或直接置"0"。因为这种动作特点，所以称 $\bar{S}$、$\bar{R}$ 为直接置位端和直接复位端。

（2）同步 RS 触发器

① 同步 RS 逻辑符号 如图 8-2 所示。

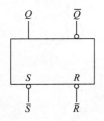

图 8-1 基本 RS 触发器
逻辑符号

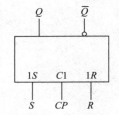

图 8-2 同步 RS 触发器
逻辑符号

② 工作特点 在 $CP=1$ 的全部时间里，S 和 R 的变化都会引起触发器输出端 Q 和 $\bar{Q}$ 的变化，因此，如果在 $CP=1$ 时输入信号多次发生变化，则触发器也会产生多次翻转，这就降低了电路的抗干扰能力。

146

（3）主从触发器

① 主从 RS 触发器

a. 主从 RS 逻辑符号如图8-3所示。

b. 工作特点

ⓐ 当 $CP=1$ 时，G_7、G_8 打开，主触发器接受 S 和 R 端的输入信号，$CP=1$，从触发器被封锁，保持原来状态不变。

ⓑ 当 CP 由1跃变到0时，即 $CP=0$，$\overline{CP}=1$。主触发器被封锁，输入信号 S 和 R 不再影响主触发器的状态。而这时，由于 $\overline{CP}=1$，G_3、G_4 打开，从触发器接受主触发器输出端的状态。

由上分析可知，主从触发器的翻转是在 CP 由1变0时（CP 下降沿）发生的，CP 一旦变为0后，主触发器被封锁，其状态不再受 S 和 R 影响，所以主从触发器对输入信号的敏感时间大大缩短，只在 CP 由1变0的时刻翻转，因此不会有空翻现象。

② 主从 JK 触发器

a. 主从 JK 逻辑符号如图8-4所示。

b. 工作特点

JK 触发器的逻辑功能与 RS 触发器的逻辑功能基本相同，不同之处是 JK 触发器没有约束条件，在 $J=K=1$ 时，每输入一个时钟脉冲后，触发器向相反的状态翻转一次。

（4）边沿触发器（D 触发器）

① 边沿 D 逻辑符号如图8-5所示。

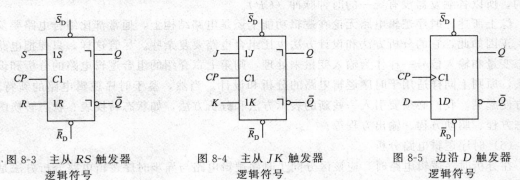

图8-3　主从 RS 触发器　　　图8-4　主从 JK 触发器　　　图8-5　边沿 D 触发器
　　　　逻辑符号　　　　　　　　　逻辑符号　　　　　　　　　逻辑符号

② 工作特点

CP 边沿触发，在 CP 的上升沿（或下降沿）时刻，触发器按照特性方程转换状态，实际上是锁存输入信号并输出；边沿触发抗干扰能力强，只要 D 端信号稳定触发器就能可靠接受。

（5）时序逻辑电路特点及分类

与组合逻辑电路相比，时序逻辑电路在逻辑功率上的共同特点是，任意时刻的输出信号不仅取决于当时的输入信号，而且还取决于信号作用前电路原来的状态，或者说，还与电路以前的输入有关。即时序逻辑电路具有记忆功能。

① 时序逻辑电路特点　时序逻辑电路的结构框图如图8-6所示，它有两个特点。

a. 通常由组合电路和存储电路两部分组成，存储电路必不可少，且大都为触发器组成，用以实现"记忆"功能。

b. 存储电路的状态必须反馈到输入端，与输入信号一起决定组合电路的输出。

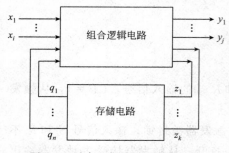

图 8-6　时序逻辑电路的结构框图

从时序逻辑电路的结构上看，时序逻辑电路又可以分为 Mealy 和 Moore 型两种。在 Mealy 型电路中，有输入信号，所以输出同时取决于存储电路状态和输入。而在 Moore 型电路中，无输入信号，所以输出只是现态的函数。显然，Mealy 型是 Moore 型的特例。

时序逻辑电路其逻辑功能可用三个方程表示。

输出方程：$Y(t_n) = F[X(t_n), Q(t_n)]$

驱动方程：$Z(t_n) = H[X(t_n), Q(t_n)]$

状态方程：$Q(t_{n+1}) = G[Z(t_n), Q(t_n)]$

这种用输入信号和状态变量的逻辑函数来描述时序逻辑电路逻辑功能的方法叫做时序机 (SAM)。因此在分析和设计时序电路时，就是依据方程分析电路或寻求方程设计电路。这是分析和设计时序电路的基本思路。

② 时序逻辑电路分类

a. 从时序逻辑电路的结构上看，时序逻辑电路又可以分为 Mealy 和 Moore 型两种。在 Mealy 型电路中，有输入信号，所以输出同时取决于存储电路状态和输入。而在 Moore 型电路中，无输入信号，所以输出只是现态的函数。显然，Mealy 型是 Moore 型的特例。

b. 从存储电路中触发器的动作特点不同，在实现电路中就有同步时序逻辑电路和异步时序逻辑电路之分。在同步时序逻辑电路中，所有触发器的状态变化都是在同一时钟信号 (CLK) 的控制下同时发生的；而在异步时序逻辑电路中，各触发器状态的变化不是同时发生的，所以各触发器没有统一的时钟脉冲 (CP)。

综上所述，时序逻辑电路无论在逻辑功能上还是电路结构上，通常都比组合电路要复杂些。正因如此，它的分析方法和设计方法也比组合电路要复杂些。尽管这样，只要把电路的状态变量和输入信号一样作为输入变量来处理，则第七章介绍的组合逻辑电路的分析和设计方法，原则上同样适用于时序逻辑电路的分析和设计。当然，鉴于时序逻辑电路的新特点，为方便起见，我们必须要引入一些新的表示方法和分析方法，如状态转换表、状态转换图和状态方程、驱动方程、输出方程等。

（6）时序逻辑电路分析

在分析时序逻辑电路时，应该区分同步时序逻辑电路与异步时序逻辑电路分析方法是不同的。分析步骤如图 8-7 所示。

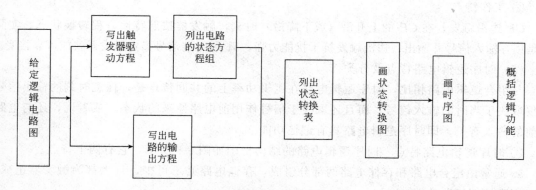

图 8-7　时序逻辑电路分析步骤

① 在列电路的状态方程时，应注意同步和异步时序电路的区别。对同步时序电路只要驱动方程直接代入触发器的特性方程中（有时需作适当的化简）即可，而对异步时序电路除将驱动方程代入触发器的特性方程中外，还应注明该状态方程是在哪个时钟有效信号作用下才成立（一般是将求出的状态方程与相应的时钟的有效信号 CP_i "相与"的表达式来表示）。

② 列出状态方程组后，一般要将电路的初态及输入变量代入状态方程和输出方程，求出电路次态和现态下的输出值，然后再以所得次态作为新初态，和此时的新的输入变量再代入状态方程和输出方程中得到新次态和新输出，依此类推。直到求出全部的次态和输出（即计算到最后的次态回到第一次计算时的初态）为止，并将所有结果按时钟输入的先后次序得到状态转换表。

（7）时序逻辑电路设计

同组合逻辑电路的设计一样，所谓时序逻辑电路的设计，也是要求设计者从实际的逻辑问题出发，设计出满足逻辑功能要求的电路，并力求最简。

当选用小规模集成电路（SS）设计时，电路最简的标准是所用的触发器和门电路的数目最少，而且触发器和门电路的输入端数目也最少。

基于 SSI 设计同步时序逻辑电路时，一般按以下步骤进行。

① 逻辑抽象，建立原始状态转换图/表。

这上步是基础，也是关键，因为原始状态转换图/表建立的正确与否，将决定着所设计的电路能否实现预定的逻辑功能。

② 状态化简，以便消去多余状态，得到最小状态转换图/表。

③ 状态分配（或叫状态编码），画出编码后的状态转换图/表。

因为时序逻辑电路的状态是用触发器状态的不同组合来表示的。所以，这一步所做的工作就是确定触发器个数 n，并给每个状态分配一组二值代码。其中，n 为满足公式 $n \geqslant \log_2 N$（N 为状态数）的最小整数。

④ 选定触发器类型，求出电路的输出方程、驱动方程。（如果是异步电路，还要求出时钟方程）

⑤ 根据得到的方程式画出逻辑图。

⑥ 检查设计的电路能否自启动。

（8）555 定时器及其应用

555 定时电路的结构如图 8-8 所示。

555 定时电路的功能表如表 8-1。

表 8-1 CB555 的功能表

输入			输出	
R'_D	V_{I1}	V_{I2}	V_O	T_D
0	×	×	0	导通
1	$>\frac{2}{3}V_{CC}$	$>\frac{1}{3}V_{CC}$	0	导通
1	$<\frac{2}{3}V_{CC}$	$>\frac{1}{3}V_{CC}$	不变	不变
1	$<\frac{2}{3}V_{CC}$	$<\frac{1}{3}V_{CC}$	1	截止
1	$>\frac{2}{3}V_{CC}$	$<\frac{1}{3}V_{CC}$	1	截止

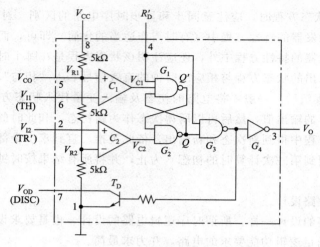

图 8-8　CB555 的电路结构

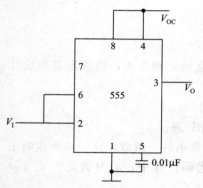

图 8-9　用 555 定时器接成的
施密特触发器

利用 555 定时器构成施密特触发器电路如图 8-9 所示。

当电源电压 V_{CC}，无外接控制电压 V_{CO} 时，施密特触发器的正向阈值电压 $V_{T+} = \frac{2}{3} V_{CC}$，负向阈值电压 $V_{T-} = \frac{1}{3} V_{CC}$，回差电压 $\Delta V_T = \frac{1}{3} V_{CC}$。

当电源电压 V_{CC}，外接控制电压为 V_{CO} 时，施密特触发器的正向阈值电压 $V_{T+} = V_{CO}$，负向阈值电压 $V_{T-} = \frac{1}{2} V_{CO}$，回差电压 $\Delta V_T = \frac{1}{2} V_{CO}$。

由 555 定时器构成的施密特触发器为反相输出施密特触发器。

利用 555 定时器构成单稳态触发器电路如图 8-10 所示。

图 8-10 电路各点的电压波形如图 8-11 所示。

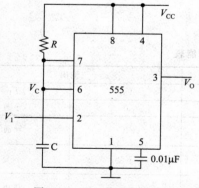

图 8-10　555 定时器接成
单稳态触发器

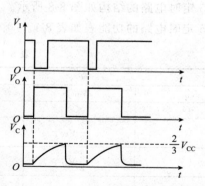

图 8-11　图 8-10 所示电路的
电压波形

暂态持续时间/脉冲宽度

$$t_w = RC\ln\frac{V_{CC}-0}{V_{CC}-\frac{2}{3}V_{CC}} = RC\ln3 = 1.1RC$$

利用 555 定时器构成多谐振荡器电路如图 8-12 所示。

V_O 与 V_C 的工作波形如图 8-13 所示，图 8-12 所示电路输出信号的周期

$$T = T_1 + T_2 = (R_1+R_2)C\ln\frac{V_{CC}-V_{T-}}{V_{CC}-V_{T+}} + R_2C\ln\frac{0-V_{T+}}{0-V_{T-}}(R_1+2R_2)C\ln2$$

占空比：$q = \dfrac{T_1}{T} = \dfrac{R_1+R_2}{R_1+2R_2}$

此电路的占空比始终大于 50%

占空比任意可调的多谐振荡电路如图 8-14 所示。

占空比：$q = \dfrac{T_1}{T} = \dfrac{R_1}{R_1+R_2}$

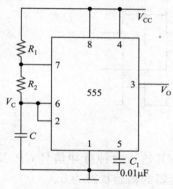

图 8-12　555 定时器接成的多谐振荡器

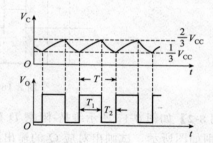

图 8-13　图 8-12 所示电路的电压波形

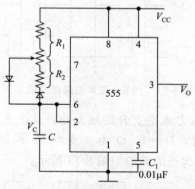

图 8-14　用 555 定时器接成的占空比可调的多谐振器

8.3　习题与解答

8.3.1　典型题

【例 8-1】电路如图 8-15 所示，触发器为主从结构的 JK 触发器，试画出电路 Q，$\bar{Q}$，P_1，P_2 各端的波形。设其初始状态为 0。

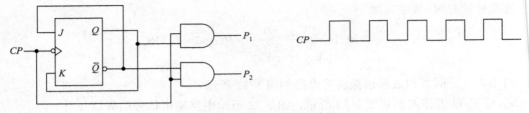

图 8-15　例 8-1 逻辑电路图

解　JK 触发器是下降沿触发的触发器，当 $J = K = 0$ 时，状态保持；当 $J = K = 1$ 时，状态反转；当 $J \neq K$ 时，输出随 J 变化。本例题 J 与 $\bar{Q}$ 相连，次态等于 $Q^{n+1} = J = \bar{Q}$，依题意各端波形如图 8-16 所示。

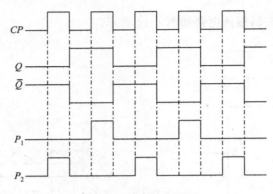

图 8-16　例 8-1 波形图

【例 8-2】 如图 8-17 所示维持-阻塞 D 触发器电路，其输入时钟脉冲信号 CP 及 D 信号波形分别如图所示，试画出对应 Q 的输出波形。设触发器的初始状态为 0。

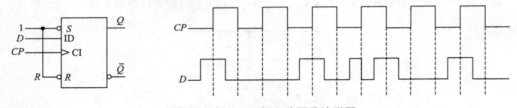

图 8-17　例 8-2 逻辑电路图及波形图

解　本例题 D 触发器触发方式是上升沿触发的，其次态取决于该时刻的输入信号 D。第一个时钟脉冲上升沿到来时，$D = 1$，Q 由 0 变为 1；同理可知，在第二、三、四、五、六时钟脉冲信号的上升沿，Q 次态的波形如图 8-18 所示。

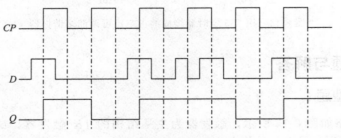

图 8-18　例 8-2 波形图

【例 8-3】 电路如图 8-19 所示，已知 CP 和 X 的波形，试画出 Q_1 和 Q_2 的波形。设触发器的初始状态均为 0。（$J = X \oplus Q_1$）

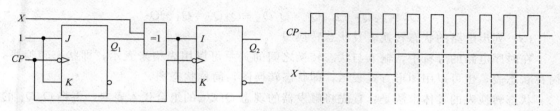

图 8-19 例 8-3 逻辑电路图及波形图

解 第一个 JK 触发器，$J = K = 1$，所以 Q_1 的次态随时钟脉冲信号的下降沿反转；第二个 JK 触发器 Q_2 的次态 $Q_2^* = (X \oplus Q_1) \overline{Q}_2 + \overline{X \oplus Q_1} Q_2 = X \oplus Q_1 \oplus Q_2$，所以可得波形如图 8-20 所示。

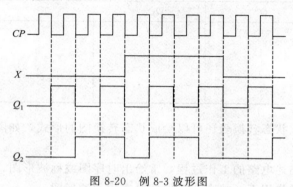

图 8-20 例 8-3 波形图

【例 8-4】 已知同步时序电路的逻辑图如图 8-21 所示，试分析电路的逻辑功能。

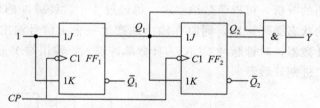

图 8-21 例 8-4 逻辑电路图

解 如图所示电路是一个同步时序电路。时序电路的存储电路由两个 JK 触发器组成，时序电路的输出信号为 Y。

分析方法如下：

（1）列写触发器的驱动议程和电路的输出方程

触发器的驱动方程为

$$J_1 = K_1 = 1$$
$$J_2 = K_2 = Q_1$$

电路的输出方程为 $\qquad Y = Q_2 Q_1$

（2）求触发器的状态方程

JK 触发器的特征方程为 $\qquad Q^* = J\overline{Q} + \overline{K}Q$

153

将各触发器的驱动方程代入特征方程，得到状态方程

$$Q_1^* = J_1\overline{Q}_1 + \overline{K}_1 Q_1 = \overline{Q}_1$$

$$Q_2^* = J_2\overline{Q}_2 + \overline{K}_2 Q_2 = Q_1\overline{Q}_2 + \overline{Q}_1 Q_2 = Q_1 \oplus Q_2$$

（3）列出电路的状态转换表及状态转换图

在时序电路的分析中，输入与状态转换之间的关系可以用表格来表示，即状态转换表，简称状态表。也可以用图形方式表示，即状态转换图，简称状态图。

状态转换表的具体求法是：首先将触发器的现态 Q_2Q_1 的组合代入表内，再将 Q_2Q_1 的取值代入状态方程，求出触发器的次态 $Q_2^* Q_1^*$；代入输出方程，求时序电路的输出 Y，填入表 8-2 为状态转换表。

表 8-2　例 8-4 的状态转换表

现态		次态		输出
Q_2	Q_1	Q_2^{n+1}	Q_1^{n+1}	Y
0	0	0	1	0
0	1	1	0	0
1	0	1	1	0
1	1	0	0	1

为了更形象直观，状态转换表还可以绘成状态转换图的形式，如图 8-22 所示。

（4）作时序图

有时为了更好地描述电路的工作过程，常给出时序图或称波形图，画出同步时序电路在时钟脉冲和输入信号的作用下，状态和输出信号变化的波形图。

（5）逻辑功能分析

通过状态转换图的分析，可以清楚地看出，每经过 4 个时钟脉冲的作用，QQ 的状态从到顺序递增，电路的状态循环一次，同时在输出端产生一个 1 信号输出。因此，图 8-23 所示电路是一个模 4 计数器，时钟脉冲 CLK 为计数脉冲输入，输出端 Y 是进位输出。也可将该计数器称为 2 位二进制计数器。

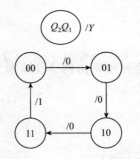

图 8-22　Q_2Q_1 的状态转换图

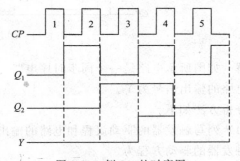

图 8-23　例 8-4 的时序图

【例 8-5】分析如图 8-24 所示的异步时序电路。

解　图 8-24 所示电路的时钟连接方式是 CP_0、CP_2 与计数脉冲 CLK 相连，CP_1 与 Q_0 相连。由于触发器的时钟输入端不统一，因此各触发器的状态转换不是同时进行的，该电路是异步时序电路。

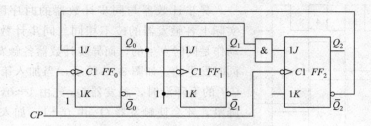

图 8-24 例 8-5 的逻辑电路图

分析异步时序电路的状态转换时,要特别注意各触发器的时钟输入端是否有边沿信号,只有当触发器的时钟边沿有效时,该触发器才能翻转,否则触发器将保持原状态不变。

(1) 列写各触发器的驱动方程的时钟方程

$$J_0 = \bar{Q}_2 \quad K_0 = 1$$
$$J_1 = K_1 = 1$$
$$J_2 = Q_0 Q_1, \quad K_1 = 1$$
$$CP_0 = CP_2 = CP$$
$$CP_1 = Q_0$$

(2) 求触发器的状态方程

$$Q_0^{n+1} = (J_0 \bar{Q}_0 + \bar{K}_0 Q_0) CP_0 = (\bar{Q}_0 \bar{Q}_2) CP_0$$
$$Q_1^{n+1} = (J_1 \bar{Q}_1 + \bar{K}_1 Q_1) CP_1 = (\bar{Q}_1) CP_1$$
$$Q_2^{n+1} = (J_2 \bar{Q}_2 + \bar{K}_2 Q_2) CP_2 = (Q_0 \bar{Q}_1 \bar{Q}_2) CP_2$$

(3) 求状态转换表

电路中的 JK 触发器为下降沿触发,所以各状态方程只有在它的时钟下降沿到来时才成立。

假设电路现态为 $Q_2 Q_1 Q_0 = 011$,在计数脉冲 CLK 作用下,$Q_0^{n+1} = \bar{Q}_2 \bar{Q}_0 = 1 \cdot 0 = 0$,此时 Q_0 由 $1 \to 0$,Q_0 产生一个下降沿作用于触发器 1,使 $Q_1^{n+1} = \bar{Q}_1 = \bar{1} = 0$,在计数脉冲 CP 的作用下,$Q_2^{n+1} = (\bar{Q}_2 Q_1 Q_0) = \bar{0} \cdot 1 \cdot 1 = 1$ 因此电路的状态由 011 转换到 100。

若电路的现态为 $Q_2 Q_1 Q_0 = 011$,在计数脉冲 CLK 作用下,$Q_0^{n+1} = \bar{Q}_2 \bar{Q}_0 = 1 \cdot 0 = 0$,$Q_0^{n+1}$ 没有产生下降沿,因此触发器 1 维持原状态不变,$Q_1^{n+1} = 0$;在计数脉冲 CP 作用下,$Q_2^{n+1} = (\bar{Q}_2 Q_1 Q_0) = \bar{1} \cdot 0 \cdot 0 = 0$。因此电路状态由 100 转换到 000。

其余各状态转换同上面分析相同,由此可得到该电路的状态转换表如表 8-3 所示,时序图如图 8-25 所示。由状态转换表可以看出,该电路是一个模 5 异步计数器。

表 8-3 例 8-5 状态转换表

初态			时钟			次态		
Q_2	Q_1	Q_0	CP_2	CP_1	CP_0	Q_2^{n+1}	Q_1^{n+1}	Q_0^{n+1}
0	0	0	↓	0	↓	0	0	1
0	0	1	↓	↓	↓	0	1	0
0	1	0	↓	0	↓	0	1	1
0	1	1	↓	↓	↓	1	0	0
1	0	0	↓	0	↓	0	0	0

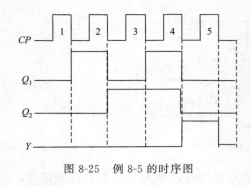

图 8-25　例 8-5 的时序图

异步计数器与同步计数器的时序图表面看相同，实际上各触发器的棱不相同。同步计数器各触发器的动作是同时发生的，而异步计数器各触发器的动作不是同时发生的。如图 8-25 所示，当加入第二个时钟脉冲 CP 的下降沿时，触发器 Q_0 先由 $1\to0$，出现 Q_0 的下降沿，才会使触发器 Q_1 由 $0\to1$。加入第四个时钟脉冲 CP 的下降沿时，触发器 Q_0 由 $1\to0$，Q_0 产生下降沿，才使触发器 Q_1 由 $1\to0$。因此，异步计数器各触发器的动作有先有后。

【例 8-6】 试分析图 8-26 所示逻辑电路，画出它的状态图，说明它是几进制计数器。

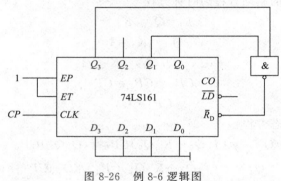

图 8-26　例 8-6 逻辑图

解　图 8-26 所示逻辑电路图是由 74LS161 用"反馈清零法"构成的计数器。设电路的初始为 0000，在第 10 个脉冲作用后，$Q_3Q_2Q_1Q_0=1010$。这时，Q_3、Q_1 信号经与非门使 74LS161 的异步清零输入端 R'_D 由 1 变为 0，使整个计数器回到 0000 状态，完成一个计数周期。此后 $\bar{R}_D$ 恢复为 1，计数器又进入正常计数状态。其中，1010 仅在极短的时间内出现，电路的基本状态只有 0000~1001 十个状态，状态图如图 8-27 所示。该电路经 10 个时钟完成一次循环，因此，模为 $M=10$，是十进制计数器。

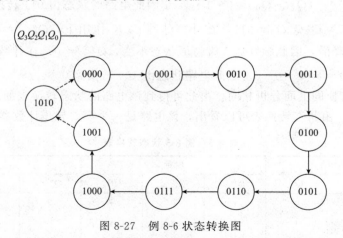

图 8-27　例 8-6 状态转换图

【例 8-7】 试分析图 8-28 所示逻辑电路，画出它的状态图，说明它是几进制计数器。

解　由图 8-28 所示电路是由 74LS161 用"反馈置数法"构成的计数器。设电路初态为

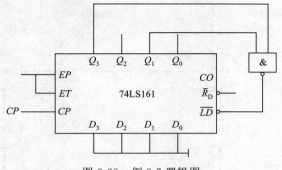

图 8-28 例 8-7 逻辑图

0000，在第 10 个计数脉冲作用后，$Q_3Q_2Q_1Q_0 = 1010$，使并行置数使能端由 1 变为 0 而有效，由于 74LS161 是同步预置数计数器，因此只有在第 11 个计数脉冲作用后，数据输入端 $D_3D_2D_1D_0 = 0000$ 的状态才置入计数器，使 $Q_3Q_2Q_1Q_0 = 0000$。电路的状态转换图如图 8-29 所示，它是一个十一进制计数器。

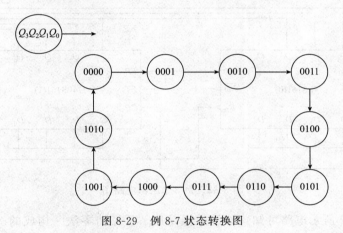

图 8-29 例 8-7 状态转换图

【例 8-8】 试分析图 8-30 所示逻辑电路，画出它的状态图，说明它是几进制计数器。

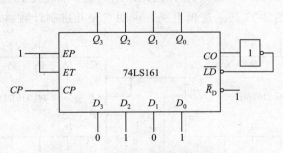

图 8-30 例 8-8 逻辑电路图

解 该题所示逻辑电路是由 74LS161 用"反馈置数法"构成的计数器。设电路的初始状态为并行置入的数据，$D_3D_2D_1D_0 = 0101$，在第 10 个计数脉冲作用后，$Q_3Q_2Q_1Q_0$ 变成 1111，使进位信号 $CO = 1$，并行置数使能端由 1 变为 0，因此在第 11 个计数脉冲作用后，数据输入端 $D_3D_2D_1D_0 = 0101$ 的状态被置入计数器，使 $Q_3Q_2Q_1Q_0 = 0101$，为新的计数周期做好准备。电路的状态图如图 8-31 所示，它有 11 个状态，是一个十一进制计数器。

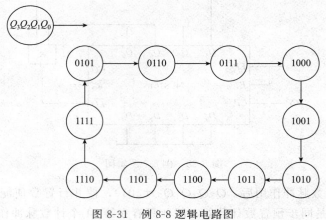

图 8-31　例 8-8 逻辑电路图

【例 8-9】 试分析图 8-32 所示逻辑电路，说明它是几进制计数器。

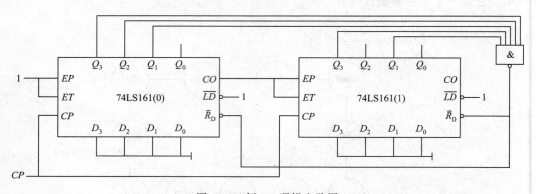

图 8-32　例 8-9 逻辑电路图

解 由图 8-32 所示电路可知，该计数器是用"反馈清零法"构成的。当输出端状态为 10101110 时，与非门输出清零信号，使 2 片 74LA161 同时清零，计数器又从 00000000 状态开始计数。由于 $(10101110)_2 = (174)_{10}$，因此该电路是一百七十四进制计数器（$M = 174$）。

【例 8-10】 试分析图 8-33 所示逻辑电路，说明它是几进制计数器。

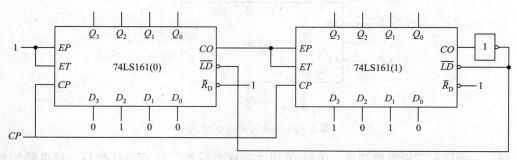

图 8-33　例 8-10 逻辑电路图

解 该电路是由两片 74LS161 级联后，最多可能有 $16^2 = 256$ 个不同的状态。而在用"反馈置数法"构成的该电路中，数据输入端所加的数据为 10100100，它所对应的十进制数是 164，说明该电路在置数以后从 10100100 状态开始计数，跳过了 164 个状态。因此，该

计数器的模 $M = 256 - 164 = 92$，即为 92 进制计数器。

【例 8-11】 用集成异步 2/5 进制计数器 74LS290 接成六进制。不用其他元器件。

解 利用一片 74LS290 器件，可构成模 $M \leqslant 10$ 的任意进制计数器。由于该器件设有异步复位端 $R_{0(1)}$ 和 $R_{0(2)}$，当且仅当 $R_{0(1)} \cdot R_{0(2)} = 1$ 用 $S_{9(1)} \cdot S_{9(2)} = 0$ 时复位；并设有异步置 9 端 $S_{9(1)}$ 和 $S_{9(2)}$，当且仅当 $S_{9(1)} \cdot S_{9(2)} = 1$ 时置 9（1001）。所以，采用 74LS290 来构成任意进制计数器时，可采用复位法或置 9 法改接而成。

首先将 74LS290 接成 8421 码的十进制计数器，即将 CLK_1 与 Q_0 相连，CLK_0 作为外部计数脉冲 CLK。

采用"复位法"构成的六进制计数器如图 8-34（a）所示。当计数器计到 $Q_3 Q_2 Q_1 Q_0 =$ 0110（即 S_M）状态时，$R_{0(1)}$ 和 $R_{0(2)}$ 同时有效，将计数器置零，回到 0000 状态。其相应的状态转换图如图 8-34（b）所示。

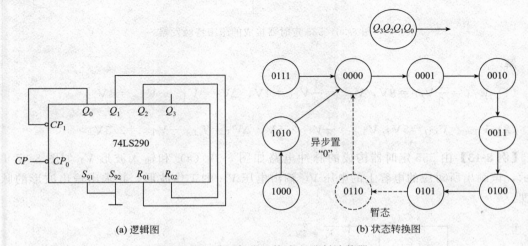

(a) 逻辑图　　　　　　　　　　(b) 状态转换图

图 8-34　采用复位法构成六进制计数器

若采用"置 9 法"来构成六进制计数器，则置位信号将由 $Q_3 Q_2 Q_1 Q_0 = 0110$（即 $S_{M.1}$）状态产生。其相应的逻辑图和状态转换图如图 8-35 所示。

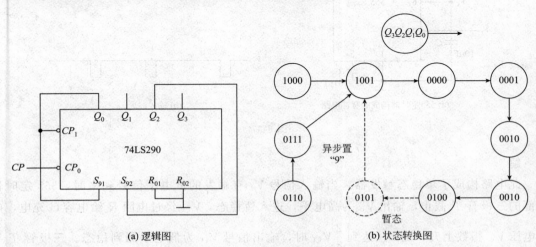

(a) 逻辑图　　　　　　　　　　(b) 状态转换图

图 8-35　采用置 9 法构成六进制计数器

159

【例 8-12】 在图 8-36 中用 555 定时器接成的施密特触发器电路中，试求：

（1） 当 $V_{CC} = 12V$ 而且没有外接控制电压时，V_{T+}、V_{T-} 及 ΔV_T 值。

（2） 当 $V_{CC} = 9V$，外接控制电压 $V_{CO} = 5V$ 时，V_{T+}、V_{T-}、ΔV_T 各为多少。

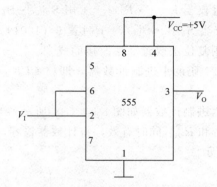

图 8-36　555 定时器接成的施密特触发器

解

（1） $V_{T+} = \dfrac{2}{3}V_{CC} = 8V$，$V_{T-} = \dfrac{1}{3}V_{CC} = 4V$，$\Delta V_T = V_{T+} - V_{T-} = 4V$

（2） $V_{T+} = V_{CO} = 5V$，$V_{T-} = \dfrac{1}{2}V_{CO} 2.5V$，$\Delta V_T = T_{T+} - V_{T-} = 2.5V$

【例 8-13】 由 555 定时器构成的脉冲电路如图 8-37（a）和输入波形 V_I 如图 8-37（b）所示，试画出所对应的电容上的电压 V_C 输出电压 V_O 的工作波形，并求出输出波形的脉冲宽度。

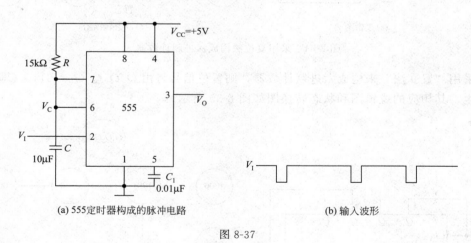

(a) 555定时器构成的脉冲电路　　　　　　　(b) 输入波形

图 8-37

解

此电路构成了单稳态触发器，当输入信号 V_I 有触发的低电平信号到来时，555 定时器内部的三极管 T 截止，输出 V_O 为高电平，进入暂稳态，V_{CC} 经过电阻 R 给电容 C 充电，电容电压 V_C 指数上升，当 V_C 达到 $\dfrac{2}{3}V_{CC}$ 时，输出信号 V_O 为低电平回到稳态。三极管 T 导通，C 放电，电容电压 V_C 下降。V_C 与 V_O 的工作波形如图 8-38 所示。

脉冲宽度

$$t_W = RC\ln\frac{V_{CC}-0}{V_{CC}-\frac{2}{3}V_{CC}} = RC\ln3 = 1.1RC$$

【例 8-14】利用 555 定时器构成的多谐振荡器如图 8-39，试画出 V_O 和 V_C 的工作波形，并求出振荡频率。

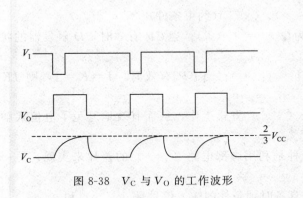

图 8-38　V_C 与 V_O 的工作波形

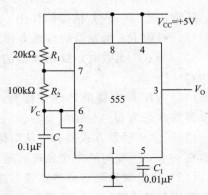

图 8-39　555 定时器构成的多谐振荡器

解

V_{CC} 经过电阻 R_1，R_2 给电容 C 充电。当 V_C 上升到 $\frac{2}{3}V_{CC}$ 时，输出 V_O 为低电平。555 定时器内部的三极管 T 导通，电容 C 经过 R_2，T 放电，电压 V_C 下降，当 V_C 下降到 $\frac{1}{3}V_{CC}$ 时，输出 V_O 为高电平。重复 C 充电过程。因此电容 C 上电压 V_C 就是一个周期性的充电、放电的指数曲线。V_O、V_C 工作波形如图 8-40 所示。

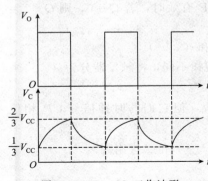

图 8-40　V_O、V_C 工作波形

充电脉宽：$t_{WH} = 0.69(R_1+R_2)C = 0.69 \times (20+100) \times 0.1 \times 10^{-3} \approx 8.4\text{ms}$

放电脉宽：$t_{WL} = 0.69R_2C = 0.69 \times 100 \times 0.1 \times 10^{-3} = 7\text{ms}$

周期：$T = t_{WH} + t_{WL} = 15.4\text{ms}$

振动频率：$f = \frac{1}{T} = 65\text{Hz}$

8.3.2　填空题

（1）触发器是双稳态触发器的简称，它由逻辑门加上适当的（　　）线耦合而成，具有两个互补的输出端 Q 和 $\bar{Q}$。

（2）双稳态触发器有两个基本性质，一是（　　），二是（　　）。

（3）由与非门构成的基本 RS 触发器，正常工作时必须保证输入 $\bar{R}_D$、$\bar{S}_D$ 中至少有一个为（　　），即必须满足（　　）约束条件。

（4）触发器有两个输出端 Q 和 $\bar{Q}$，正常工作时 Q 和 $\bar{Q}$ 端的状态（　　），以（　　）

161

端的状态表示触发器的状态。

(5) 按结构形式的不同，触发器可分为两大类：一类是没有时钟控制的（　　）触发器，另一类是具有时钟控制端的（　　）触发器。

(6) 按逻辑功能划分，触发器可以分为 RS 触发器、（　　）触发器、（　　）触发器和（　　）触发器四种类型。

(7) 时钟控制的触发器也称同步触发器，其状态的变化不仅取决于（　　）信号的变化，还取决于（　　）信号的作用。

(8) 钟控 RS 触发器的特性方程为（　　）、（　　）(约束条件)。

(9) 当 CP 无效时，D 触发器的状态为 $Q^{n+1}=$（　　）；当 CP 有效时，D 触发器的状态为 $Q^{n+1}=$（　　）。

(10) JK 触发器的特性方程为：$Q^{n+1}=$（　　）；当 CP 有效时，$J=K=1$，则 JK 触发器的状态为 $Q^{n+1}=$（　　）。

(11) 主从触发方式具有主从结构，以（　　）方式工作，从而有效地避免了电位式触发器在一个 CP 期间的多次翻转问题。

(12) 边沿触发器有两种实现方法，一种是利用内部电路（　　）的差异来实现；另一种是利用电路内部（　　）线来实现。

(13) 各种时钟控制的触发器中，不需具备时钟条件的输入信号是（　　）和（　　）。

(14) 具有直接复位端 $\overline{R}_D$ 和置位端 $\overline{S}_D$ 的触发器，当触发器处于受 CP 脉冲控制的情况下工作时，应使 $\overline{R}_D=$（　　），$\overline{S}_D=$（　　）。

(15) JK 触发器的特性方程为 $Q^{n+1}=J\overline{Q}+\overline{K}Q$，当 CP 有效时，若 $Q=0$，则 $Q^{n+1}=$（　　）；若 $Q=1$，则 $Q^{n+1}=$（　　）。

(16) 触发器逻辑功能的基本特点是可以保存（　　）和（　　）。

(17) 根据输入方式及触发器的状态随输入信号变化的规律不同，将触发器分为（　　）、（　　）、（　　）和（　　）等几种类型。

(18) 主从型 RS 触发器是由两个（　　）触发器组成，但它们的时钟信号 CP 相位（　　）。

(19) 一个 JK 触发器有（　　）个稳态，它可存储（　　）位二进制数。

(20) 主从型 JK 触发器的特性方程（　　）。

(21) 用 4 个触发器可以存储（　　）位二进制数。

(22) 根据触发器结构的不同，边沿型触发器状态的变化发生在 CP（　　）时，其他时刻触发器保持原态不变。

(23) 当 T 触发器的输入端接固定高电平，则特性方程为（　　）。

(24) 触发器或锁存器在电路上具有（　　）状态，输入信号变换前的状态称为（　　），输入信号变化后的状态称为（　　）。

(25) 锁存器靠（　　）工作，而边沿触发器则靠（　　）工作。

(26) 触发器异步置 0，必须使 $\overline{S}_D=$（　　），$\overline{R}_D=$（　　）。

(27) 在 JK、RS、T 三种类型触发器中，其中（　　）触发器的功能最强。在需要使用 RS 触发器时，只要将 JK 触发器的（　　）当做 S、R 端使用，就可以实现 RS 触发器的功能；在需要 T 触发器时，只要将（　　）连在一起当 T 端使用，就可以实现 T 触发器功能。

（28）各种触发器电路基本构成部分（　　　）。

（29）任一时刻的稳定输出不仅决定于该时刻的输入，而且还与电路原来的状态有关的电路叫（　　　）。

（30）某 512 位串行输入串行输出右移寄存器，已知时钟频率为 4MHz，数据从输入端到输出端被延迟的时间为（　　　）。

（31）描述时序逻辑电路功能需要三个方程，是（　　　）方程、（　　　）方程和（　　　）方程。

（32）时序逻辑电路按触发器的时钟端的连接方式分为（　　　）和（　　　）。

（33）时序逻辑电路由（　　　）和（　　　）两部分组成。

（34）可用来暂时存放数据的器件叫（　　　）。

（35）十进制加法计数器现时的状态为 0010，经过 3 个时钟输入之后，其内容变为（　　　），再 30 个时钟后，其内容变为（　　　）。

（36）集成计数器的模值是固定的，但可以用（　　　）和（　　　）来改变它们的模值。

（37）N 级环形计数器的计数长度是（　　　）；N 级扭环形计数器的计数长度是（　　　）。

（38）移位寄存器的主要功能有（　　　）、（　　　）、（　　　）。

（39）电源电压为 +18V 的 555 定时器，无外接控制电压，接成施密特触发器，则该触发器的正向阈值点位 $V_{T+}=$（　　　）；负向阈值点位 $V_{T-}=$（　　　）。

（40）欲把输入的正弦波信号转换成同频的矩形波信号，可采用（　　　）电路。

（41）由 555 定时器构成的单稳态触发器，若已知电阻 $R=500K\Omega$，电容 $C=10\mu F$，则该单稳态触发器的脉冲宽度 $t_w \approx$（　　　）。

（42）施密特触发器有（　　　）个阈值电压，分别称为（　　　）和（　　　）。

（43）单稳态触发器有（　　　）个稳定状态；多谐振荡器有（　　　）个稳定状态。

（44）施密特触发器输出由低电平转换到高电平和由高电平转换到低电平所需输入触发电平不同，其差值称为（　　　）电压，该差值电压越大，电路的抗干扰能力越（　　　）。

8.3.3　选择题

（1）能够存储 0、1 二进制信息的器件是（　　　）。

A. TTL 门　　　　　B. $CMOS$ 门　　　　　C. 触发器　　　　　D. 译码器

（2）触发器是一种（　　　）。

A. 单稳态电路　　　B. 无稳态电路　　　C. 双稳态电路　　　D. 三稳态电路

（3）用与非门构成的基本 RS 触发器处于置 1 状态时，其输入信号 $\bar{R}$、$\bar{S}$ 应为（　　　）。

A. $\bar{R}\bar{S}=00$　　B. $\bar{R}\bar{S}=01$　　C. $\bar{R}\bar{S}=10$　　D. $\bar{R}\bar{S}=11$

（4）用与非门构成的基本 RS 触发器，当输入信号 $\bar{R}=1$，$\bar{S}=0$ 时，其逻辑功能为（　　　）。

A. 置 1　　　　　B. 置 0　　　　　C. 保持　　　　　D. 不定

（5）下列触发器中，输入信号直接控制输出状态的是（　　　）。

A. 基本 RS 触发器　　　　　　　　B. 同步 RS 触发器

C. 主从 JK 触发器　　　　　　　　D. 维持阻塞 D 触发器

（6）下列触发器中，存在一次变化问题的是（　　　）。

A. 基本 RS 触发器　　　　　　　　B. 主从 JK 触发器

C. 主从 RS 触发器　　　　　　　　D. 维持阻塞 D 触发器

(7) 具有直接复位端 $\overline{R}_D$ 和置位端 $\overline{S}_D$ 的触发器，当触发器处于受 CP 脉冲控制的情况下工作时，这两端所加的信号为（　　）。

A. $\overline{R}_D\overline{S}_D=00$ 　　　　B. $\overline{R}_D\overline{S}_D=01$ 　　　　C. $\overline{R}_D\overline{S}_D=10$ 　　　　D. $\overline{R}_D\overline{S}_D=11$

(8) 同步 RS 触发器中，不允许的输入是（　　）。

A. $RS=00$ 　　　　B. $RS=01$ 　　　　C. $RS=10$ 　　　　D. $RS=11$

(9) 当输入 $J=K=1$ 时，JK 触发器所具有的功能是（　　）。

A. 置 0 　　　　B. 置 1 　　　　C. 保持 　　　　D. 计数

(10) 不属于组合逻辑电路的部件是（　　）。

A. 编码器 　　　　B. 译码器 　　　　C. 触发器 　　　　D. 数据选择器

(11) T 触发器中，当 $T=1$ 时，触发器实现（　　）功能。

A. 置 1 　　　　B. 置 0 　　　　C. 计数 　　　　D. 保持

(12) 用触发器设计一个 24 进制的计数器，至少需要（　　）个触发器。

A. 4 　　　　B. 5 　　　　C. 6 　　　　D. 7

(13) 若将 D 触发器的 D 端连在 $\overline{Q}$ 端上，经 100 个脉冲后，它的次态 $Q(t+100)=0$，则原态 Q 应为（　　）。

A. 0 　　　　B. 1 　　　　C. 与原状态无关 　　　　D. 不定

(14) 对于 JK 触发器，输入 $J=0$，$K=1$，CP 脉冲作用后，触发器的次态应为（　　）。

A. 0 　　　　B. 1 　　　　C. 不变 　　　　D. 不定

(15) JK 触发器在 CP 脉冲作用下，欲使 $Q^{n+1}=\overline{Q}$，则不能作为输入信号的是（　　）。

A. $J=K=1$ 　　　　B. $J=Q$，$K=\overline{Q}$ 　　　　C. $J=\overline{Q}$，$K=Q$ 　　　　D. $J=\overline{Q}$，$K=1$

(16) JK 触发器要实现 $Q^{n+1}=1$ 时，下列不是 J、K 端的取值为（　　）。

A. $J=0$，$K=1$ 　　　　B. $J=0$，$K=0$ 　　　　C. $J=1$，$K=1$ 　　　　D. $J=1$，$K=0$

(17) 设计模值为 36 的计数器至少需要（　　）个触发器。

A. 3 　　　　B. 4 　　　　C. 5 　　　　D. 6

(18) 一个 4 位移位寄存器原来的状态为 0000，如果串行输入始终为 1，则经过 4 个移位脉冲后寄存器的内容为（　　）。

A. 0001 　　　　B. 0111 　　　　C. 1110 　　　　D. 1111

(19) 同步计数器是指（　　）的计数器。

A. 由同类型的触发器构成的计数器

B. 各触发器时钟连在一起，统一由系统时钟控制

C. 可用前级的输出作后级触发器的时钟

D. 可用后级的输出作前级触发器的时钟

(20) 由 10 级触发器构成的二进制计数器，其模值为（　　）。

A. 10 　　　　B. 20 　　　　C. 1000 　　　　D. 1024

(21) 用 n 级触发器组成计数器，其最大计数模是（　　）。

A. n 　　　　B. $2n$ 　　　　C. 2^n 　　　　D. n^2

(22) 若 4 位二进制加法计数器正常工作时，由 0000 状态开始计数，则经过 43 个输入计数脉冲后，计数器的状态应是（　　）。

A. 0011 　　　　B. 1011 　　　　C. 1101 　　　　D. 1110

(23) 4 级触发器组成十进制计数器，其无效状态数为（　　）。

A. 不能确定　　　　　　B. 10 个　　　　　　C. 8 个　　　　　　D. 6 个

（24）用置零法来改变由 8 位二进制加法计数器的模值，可以实现（　　　）模值范围的计数器。

　　A. 1～15　　　　　　B. 1～16　　　　　　C. 1～32　　　　　　D. 1～255

（25）在设计同步时序逻辑电路时，检查到不能自启动时，则

　　A. 只能用反馈复位清清零

　　B. 只能用修改驱动方程的方法

　　C. 必须用反馈复位法清零并修改驱动方程

　　D. 可以采用反馈复位法（置位法），也可以采用修改驱动方程的方法保证电路能自行启动

（26）若 4 位同步二进制减法计数器当前的状态是 0111，下一个输入时钟脉冲后，其内容变为（　　　）。

　　A. 0111　　　　　　B. 0110　　　　　　C. 1000　　　　　　D. 0011

（27）设计一个能存放 8 位二进制代码的寄存器，需要（　　　）个触发器。

　　A. 8　　　　　　　　B. 4　　　　　　　　C. 3　　　　　　　　D. 2

（28）多谐振荡器可产生（　　　）。

　　A. 正弦波　　　　　　　　　　　　　　B. 矩形脉冲

　　C. 三角波　　　　　　　　　　　　　　D. 锯齿波

（29）555 定时器不可以组成（　　　）。

　　A. 多谐振荡器　　　　　　　　　　　　B. 单稳态触发器

　　C. 施密特触发器　　　　　　　　　　　D. JK 触发器

（30）以下各电路中，（　　　）可以用于定时。

　　A. 多谐振荡器　　　　　　　　　　　　B. 单稳态触发器

　　C. 施密特触发器　　　　　　　　　　　D. 石英晶体多谐振荡器

（31）下列哪些不是单稳态触发器的用途（　　　）。

　　A. 整形　　　　　　B. 延时　　　　　　C. 计数　　　　　　D. 定时

（32）下面（　　　）电路可以将正弦信号转换成与之频率相同的脉冲信号。

　　A. T 触发器　　　　　　　　　　　　　B. 施密特触发器

　　C. 优先编码器　　　　　　　　　　　　D. 移位寄存器

（33）施密特触发器常用于对脉冲波形的（　　　）。

　　A. 延时和定时　　　　B. 计数　　　　　　C. 整形与变换　　　　D. 寄存

8.3.4　判断题判断题（正确的在括号内打"√"，否则打"×"）

（1）主从 RS 触发器能够克服空翻，但不能消除不定态。　　　　　　　　　　（　　）

（2）一个触发器能够记忆"0"和"1"两种状态。　　　　　　　　　　　　　　（　　）

（3）主从式的 JK 触发器在工作时对输入信号没有约束条件。　　　　　　　（　　）

（4）RS 触发器、JK 触发器均具有状态翻转功能。　　　　　　　　　　　　（　　）

（5）RS 触发器、JK 触发器均具有约束条件。　　　　　　　　　　　　　　（　　）

（6）对边沿触发器，在 CP 为高电平期间，当 $J=K=1$ 时，状态会翻转一次。（　　）

（7）JK 触发器在 CLK 作用下，若 $J=K=1$，其状态保持不变。　　　　　　（　　）

(8) D 触发器的特性方程 $Q^{n+1}=D$，而与 Q 无关，所以 D 触发器不是时序电路。 （　　）

(9) JK 触发器在 CP 作用下，若 J、K 端悬空，其状态保持不变。 （　　）

(10) 同步时序电路由组合电路和存储两部分组成。 （　　）

(11) 组合电路不含有记忆功能的器件。 （　　）

(12) 时序电路不含有记忆功能的器件。 （　　）

(13) 同步时序电路具有统一的时钟 CP 控制。 （　　）

(14) 异步时序电路的各级触发器类型不同。 （　　）

(15) 环形计数器在每个时钟 CP 作用时，仅有一位触发器发生状态更新。 （　　）

(16) 环形计数器如果不做自启动修改，则总有孤立状态存在。 （　　）

(17) 计数器的模是指构成计数器的触发器的个数。 （　　）

(18) 计数器的模是指有效循环中有效状态的个数。 （　　）

(19) 施密特触发器具有延时功能。 （　　）

(20) 在同步时序电路的设计中，若最简状态表中的状态数为 2^N，而又是用 N 级触发器来实现其电路，则不需检查电路的自启动性。 （　　）

(21) 把一个五进制计数器与一个十进制计数器串联可以得到一个十五进制计数器。

（　　）

(22) 同步计数器的电路比异步计数器复杂，所以实际应用中较少使用同步二进制计数器。

（　　）

(23) 利用反馈归零法获得 N 进制计数器时，若为异步置零方式，则状态 S_N 只是短暂的过渡状态，不能稳定而是立刻变为状态。 （　　）

8.3.5 基本题

(1) 如图 8-41（a）所示由与非门组成的 SR 锁存器，输出端 $\bar{S}_D$、$\bar{R}_D$ 的电压波形如图（b）所示，画出 Q 和 Q^{n+1} 的电压波形。

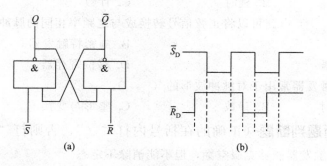

图 8-41

解 如图 8-42。

(2) 主从结构 SR 触发器如图 8-43（a）所示，若 CP、S、R 端的电压波形如图（b）所示，试画出 Q 和 Q^{n+1} 端对应的电压波形。假设触发器的初始状态为 $Q=0$。

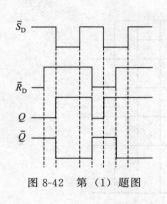

图 8-42　第（1）题图

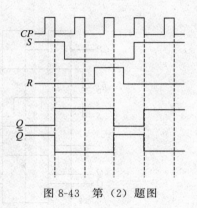

图 8-43　第（2）题图

解　如图 8-44。

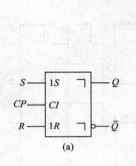

(a)

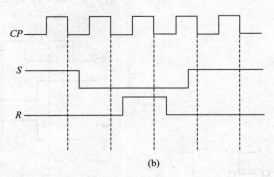

(b)

图 8-44

（3）主从结构 SR 触发器如图 8-45（a）所示，CP、S、R、$\bar{R}_D$ 各输入端的电压波形如图（b）所示，$\bar{S}=1$，试画出 Q 和 $\bar{Q}$ 端对应的电压波形。

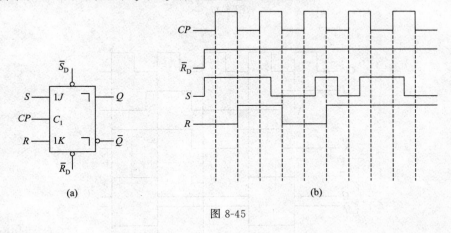

(a)

(b)

图 8-45

解　如图 8-46。

（4）主从 JK 触发器如图 8-47（a）所示，已知 J、K、CP 端电压波形如图（b）所示，试画出 Q 和 $\bar{Q}$ 端对应的电压波形。设触发器的初始状态为 $Q=0$。

解　如图 8-48。

（5）CMOS 边沿触发器输入端 D 如图 8-49（a）所示，时钟信号 CP 的电压波形如图（b）所示，试画出 Q 和 $\bar{Q}$ 端对应的电压波形。设触发器的初始状态为 $Q=0$。

167

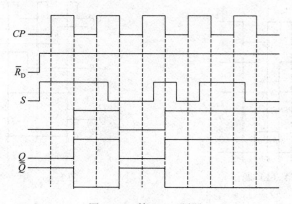

图 8-46　第 (3) 题图

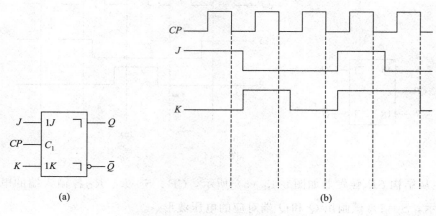

图 8-47

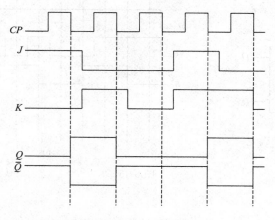

图 8-48　第 (4) 题图

解　如图 8-50。

（6）在主从结构触发器中，已知 T、CP 段的电压波形如图 8-51 (a)、(b) 所示，试画出 Q 和 $\overline{Q}$ 端对应的电压波形。设触发器的初始状态为 $Q=0$。

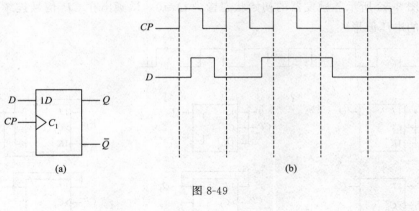

(a)

(b)

图 8-49

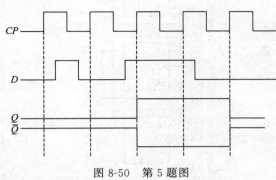

图 8-50　第 5 题图

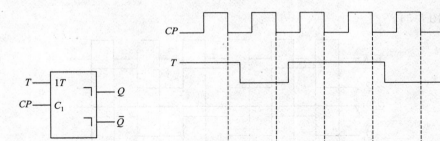

(a)

(b)

图 8-51

解　如图 8-52。

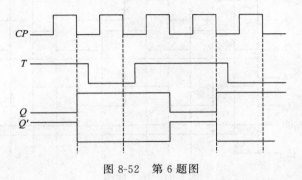

图 8-52　第 6 题图

（7）设图 8-53 所示各触发器的初始状态皆为 $Q=0$，试画出在 CP 信号连续作用下各触发器输出端的电压波形。

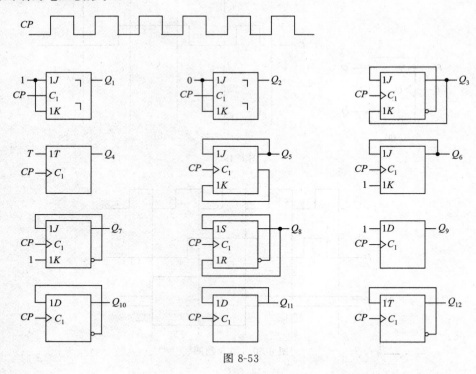

图 8-53

解 如图 8-54。

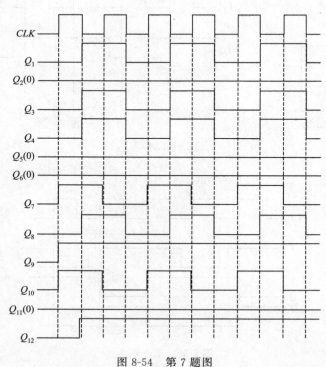

图 8-54　第 7 题图

(8) 回答下列问题：

(a) 欲将一个存放在移位寄存器中的二进制数乘以 16，需要多少个移位脉冲？

(b) 若高位在此移位寄存器的右边，要完成上述功能应左移还是右移？

(c) 如果时钟频率是 5kHz，要完成（b）中的操作需要多少时间？

解 （a）需要四个移位脉冲。

（b）右移。

（c）$T = \dfrac{1}{f} = \dfrac{1}{5 \times 10^3} = 0.2$（ms），完成该操作需要 $0.2 \times 4 = 0.8$（ms）的时间。

(9) 回答下列问题：

(a) 用 7 个 T' 触发器连接成异步二进制计数器，输入时钟脉冲的频率 $f = 512\text{Hz}$，求此计数器最高位触发器输出的脉冲频率。

(b) 若需要每输入 1024 个脉冲，分器输出一个脉冲，则此分器需要多少个触发器连接而成？

解 （a）用 7 个 T' 触发器构成模 2^7 计数器，因计数器的分功能，其最高位触发器输出的频率降低为时钟脉冲 CP 频率的 $\dfrac{1}{2^7}$，所以计数器最高位触发器的输出脉冲为：$f_0 = \dfrac{f}{2^7} = \dfrac{512}{2^7} = 4$（kHz）

（b）由于 $1024 = 2^{10}$，也即分器实现 $\dfrac{1}{2^{10}}$ 的分频，所以应设计成模 2^{10} 计数器，需要用 10 个触发器构成。

(10) 分析如图 8-55 所示电路逻辑功能，写出电路的驱动方程、状态方程、输出方程，画出电路的状态转换表，状态转换图，并说明电路能否自启动。

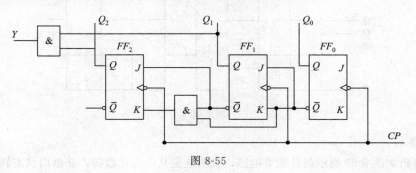

图 8-55

解 驱动方程：$J_0 = K_0 = 1$　　$J_1 = K_1 = \bar{Q}_0$　　$J_2 = \bar{Q}_1$、$K_2 = \bar{Q}_1 \bar{Q}_0$

状态方程：$Q_0^{n+1} = J_0 \bar{Q}_0 + \bar{K}_0 Q_0 = \bar{Q}_0$

$\qquad\qquad Q_1^{n+1} = J_1 \bar{Q}_1 + \bar{K}_1 Q_1 = \bar{Q}_0 \bar{Q}_1 + Q_0 Q_1 = Q_0 \odot Q_1$

$\qquad\qquad Q_2^{n+1} = J_2 \bar{Q}_2 + \bar{K}_2 Q_2 = \bar{Q}_2 \bar{Q}_1 + \overline{\bar{Q}_1 \bar{Q}_0} Q_2$

输出方程：$Y = Q_1 Q_2$

状态转换表（状态转换图略，自己可根据状态转换表画出）。

能自启动。

(11) 试分析如图 8-56 所示电路逻辑功能，画出状态转换表、状态转换图、时序图。

171

Q_2	Q_1	Q_0
0	0	0
1	1	1
1	1	0
1	0	1
1	0	0
0	1	1
0	1	0
0	0	1

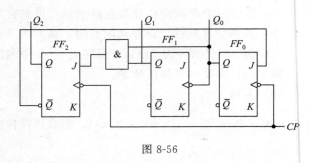

图 8-56

解 状态转换表（状态转换图略，自己可根据状态转换表画出），其时序图如图 8-57。

Q_2	Q_1	Q_0
0	0	0
0	0	1
0	1	0
0	1	1
1	0	0
1	0	1
1	1	0
1	1	1

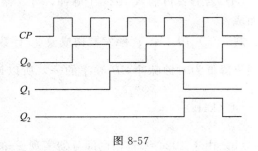

图 8-57

（12）在某个计数器的输出端观察到的波形如图 8-58 所示，试确定计数器的模。

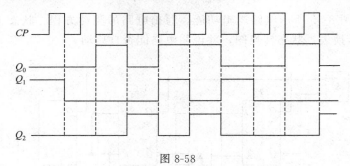

图 8-58

解 6 进制。

（13）分析如图 8-59 所示的计数器电路，说明这是几进制计数器，并画出状态转换图。

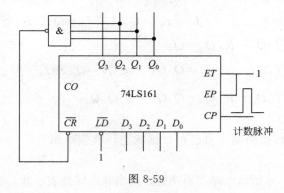

图 8-59

解 7 进制。

（14）分析如图 8-60 所示的计数器电路，说明这是几进制计数器。其功能表与 74LS161 相同。

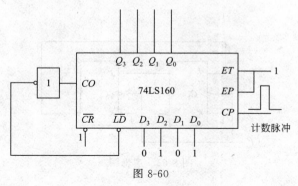

图 8-60

解 5 进制。

（15）分析如图 8-61 所示电路的逻辑功能。并画出状态转换图。

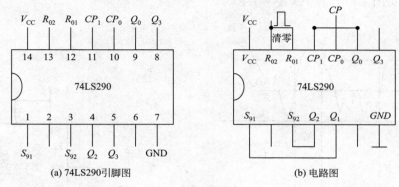

(a) 74LS290引脚图　　　　　　(b) 电路图

图 8-61

解 5 进制。

（16）试用边沿 JK 触发器设计一个时序逻辑电路，要求该电路的输出 Y 与 CP 之间的关系应满足图 8-62 所示的波形图。

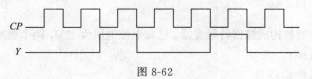

图 8-62

解 观察 CP 与 Y 的关系发现，Y 的频率是 CP 频率的 1/3。即 3 分频。

状态转换表：

计数脉冲	Q_1^n	Q_0^n	Q_1^{n+1}	Q_0^{n+1}	Y
1	0	0	0	1	0
2	0	1	1	0	0
3	1	0	0	0	1
4	1	1	$\times$	$\times$	$\times$

得驱动方程：$J_1 = Q_0^n$ 　　　$K_1 = 1$

　　　　　　　$J_0 = \bar{Q}_1^n$ 　　　$K_0 = 1$

输出方程：$Y = Q_1$

逻辑图：如图 8-63。

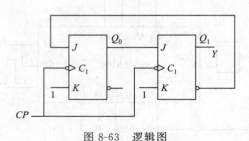

图 8-63　逻辑图

（17）利用 555 定时器芯片构成一个鉴幅电路，实现图 8-64 所示的鉴幅功能。图中，$U_{R1} = 3.2V$，$U_{R2} = 1.6V$。要求画出电路图，并标明电路中相关的参数值。

解　电路见图 8-65，其中 $V_{CC} = 4.8V$。

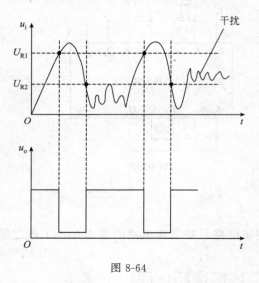

图 8-64

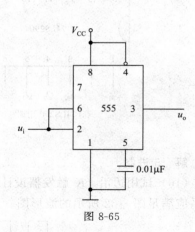

图 8-65

（18）试用 555 定时器构成施密特触发器。已知电源电压为 15V，两个触发电平分别为 8V、5V。

（a）画出电路图。

（b）画出其电压传输特性。

解　电路图如图 8-66（a），电压传输特性如图 8-66（b）。

（19）如图 8-67 所示是用 555 定时器构成的电路，已知 $V_{DD} = 10V$，$C = 0.1\mu F$，$R_1 = 20k\Omega$，$R_2 = 80k\Omega$。要求：

（a）说明该电路的功能；（b）振荡周期 T；并画出 u_C、u_o 波形。

解　（a）多谐振荡器。

（b）$T = 0.7 \times (R_1 + 2R_2)C = 12.6ms$，其波形图如图 8-68。

（20）在使用图 8-69 由 555 定时器组成的单稳态触发器电路时对触发脉冲的宽度有无限制？当输入脉冲的低电平持续时间过长时，电路应作何修改？

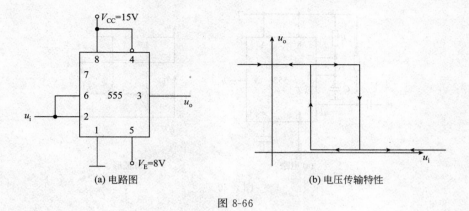

(a) 电路图   (b) 电压传输特性

图 8-66

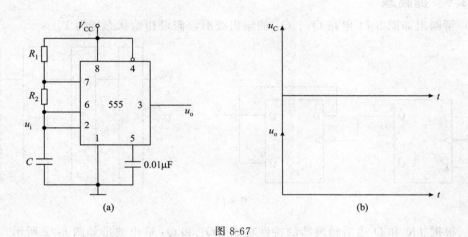

(a)   (b)

图 8-67

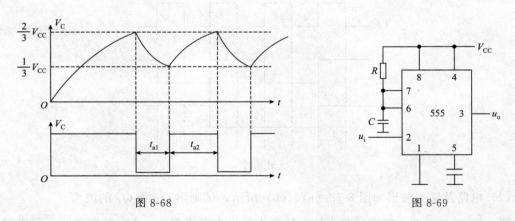

图 8-68   图 8-69

解 当示波器的输入电容和接线电容所造成的延迟时间远大于每个门电路本身的传输延迟时间时，就会导致这种结果。

对输入触发脉冲宽度有限制，负脉冲宽度应小于单稳态触发器的暂态时间 T_w，当输入低电平时间过长时，可在输入端加微分电路，将宽脉冲变为尖脉冲如图 8-70（a）所示，以 V_I' 做为单稳态电路触发器脉冲。

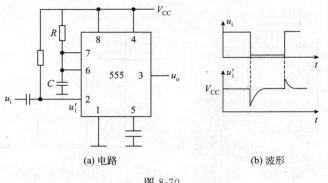

(a) 电路　　　　　　　　(b) 波形

图 8-70

8.3.6　提高题

（1）请画出如图 8-71 电路 Q_1、Q_2 的输出波形，假设初始状态皆为 1。

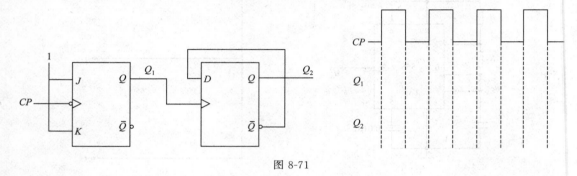

图 8-71

解　根据 JK 和 D 边沿触发器的特性功能，Q_1 和 Q_2 输出波形如图 8-72 所示。

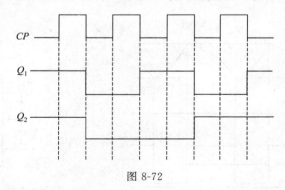

图 8-72

（2）电路及输入波形如图 8-73（a）、（b）所示，试画出 Q_1 和 Q_2 的波形。

解　$\overline{R}_D$ 信号对两个触发器都有效：D 触发器市上升沿触发，JK 触发器时下降沿触发；且 $J = Q_1$，$K = 1$。由此可画出 Q_1 和 Q_2 的波形。R'_D 为 0 时，初始状态 $Q_1 = Q_2 = 0$。当第一个 CLK 脉冲上升沿出现时，$D = 1$，所以 Q_1 由 0 变为 1；当它的下降沿出现时，$J = Q_1 = 1$，$K = 1$，所以 Q_2 由 0 变为 1，当第二个脉冲出现时，$D = 1$，所以 Q_1 保持 1 不变；它的下降沿出现时，$J = Q_1 = 1$，$K = 1$，因此，Q_2 由 1 变为 0。依此类推，可画出其他脉冲作用下的波形如图 8-74 所示。

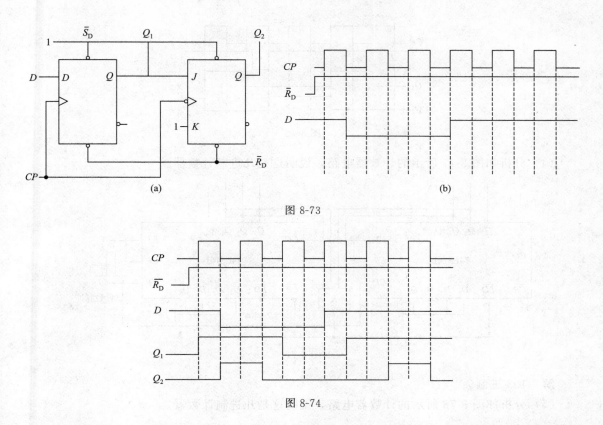

图 8-73

图 8-74

（3）电路如图 8-75（a）所示，触发器为 JK 触发器，设初始状态均为 0。试按图给定的输入信号波形如图（b）所示，画出输出 Q_1、Q_2 端的波形。

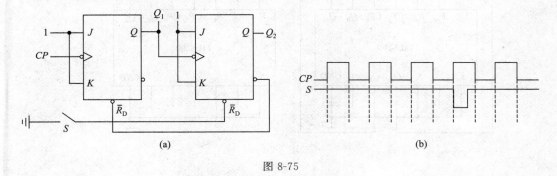

图 8-75

解 两个触发器的 $J=K=1$，所以都是 T 触发器，只是触发器 1 的时钟是 CP 脉冲，而触发器 2 的时钟是 Q_1 输出。此外触发器 1 的异步清零信号来自 $\bar{Q}_2$，而触发器 2 的异步清零信号由开关信号 S 提供，如图所示，第一个 CLK 脉冲信号下降沿到来时，Q_1 由 0 变为 1，Q_2 保持 0 状态不变（无触发信号），第二个 CLK 脉冲信号下降沿到来时，Q_1 由 1 变为 0，因此 Q_2 由 0 变为 1；第三个 CLK 脉冲信号下降沿到来时，由于 $\bar{Q}_2$ 为低电平，使 Q_1 处于异步清零状态。因此 Q_1 保持 0 状态，Q_2 保持 1 状态；随后出现 S 负脉冲，Q_2 由 1 变为 0；第四个 CLK 脉冲信号下降沿到来时，Q_1 由 0 变为 1，依此类推，输出波形如图 8-76 所示。

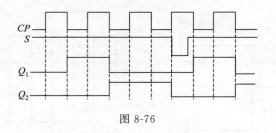

图 8-76

（4）分析如图 8-77 所示的计数器电路，说明这是几进制计数器。

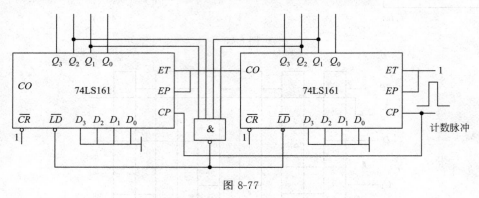

图 8-77

解 103 进制。

（5）分析如图 8-78 所示的计数器电路，说明这是几进制计数器。

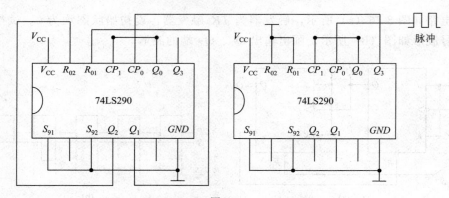

图 8-78

解 60 进制。

（6）"555" 组成防盗报警器如图 8-79，A、B 两端为一细铜线接通，并悬于窃者必经之路，当盗者闯入室内将铜线碰断时，扬声器即发出报警信号。回答相关问题。

（a）图中 "555" 集成定时器所构成电路的名称。

（b）A、B 两点间接通时输出电位。

（c）若 A、B 两点在 $t=0$ 时刻断开，试画出 u_o 输出的波形，要求体现出高、低电平的持续时间，图中各电阻、电容值均为已知。

解 （a）多谐振荡器。

（b）A、B 接通，输出低电平。

（c）高电平持续时间：$T_1 = 0.7(R_1 + R_2)C = 0.399 \times 10^{-3}$（s）

低电平持续时间：$T_2 = 0.7(R_2)C = 0.329 \times 10^{-3}$（s）波形见图 8-80。

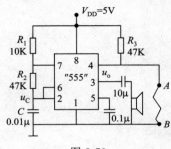

图 8-79

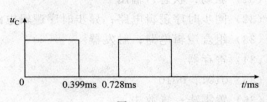

图 8-80

答案

填空题

（1）反馈

（2）有两个稳定状态；根据不同的输入信号置 1 或置 0 状态

（3）1；$R'_D + S'_D = 1$。

（4）互补；Q

（5）基本 RS 触发器；时钟触发器

（6）D；JK；T

（7）输入；时钟脉冲

（8）$Q^{n+1} = S + \bar{R}Q$；$RS = 0$

（9）Q；D

（10）$J\bar{Q} + \bar{K}Q$；$\bar{Q}^n$

（11）主从

（12）时延；维持-阻塞

（13）直接置位信号 $\bar{S}_D$；直接复位信号 $\bar{R}_D$

（14）1；1

（15）J；$\bar{K}$

（16）0；1

（17）RS；JK；T，D

（18）S；相反

（19）两；反

（20）$Q^{n+1} = J\bar{Q} + \bar{K}Q$

（21）四

（22）上升沿或下降沿

（23）$Q^{n+1} = \bar{Q}^n$

（24）两个稳定；原态；次态

（25）电位；脉冲边沿

（26）1；0

（27）JK；J；K

（28）*SR* 锁存器

（29）时序逻辑电路

（30）$\dfrac{512}{4\times10^6}$S

（31）驱动；状态；输出

（32）同步时序逻辑电路；异步时序逻辑电路

（33）组合逻辑电路；触发器

（34）寄存器

（35）0101；0010

（36）置零法；置数法

（37）*N*；2*N*

（38）保存数据；构成移存型计数器，实现并/串转换或串/并转换

（39）12；6

（40）施密特触发器

（41）5.5s

（42）2；V_{T+}，V_{T-}

（43）1；0

（44）回差电压；强

选择题

（01）—（05）C C C A D；（06）—（10）B D D D C；（11）—（15）C B B A B

（16）—（20）A D D B D；（21）—（25）C B D D D；（26）—（30）B A B D B

（31）—（33）C B C

判断题

（01）—（05）√ √ √ × ×；（06）—（10）× × × × ×；

（11）—（15）√ × √ × ×；（16）—（20）√ × √ × √；

（21）—（23）× × √

第 9 章 数/模和模/数转换

9.1 基本要求

了解 D/A 的转换精度和转换速度，**理解** 倒 T 形电阻网络型 D/A 转换器的工作原理、D/A 转换器使用方法。

了解 A/D 的转换精度和转换速度，**理解** 逐次逼近型 A/D 转换器的工作原理，**掌握** A/D 转换器使用方法。

9.2 学习指南

主要内容综述如下。

（1）D/A 转换器

D/A 转换器是利用电阻网络和模拟开关，将多位二进制数 D 转换为与之成比例的模拟量的一种转换电路，因此，输入应是一个 n 位的二进制数，它可以按二进制数转换为十进制数的通式展开为：

$$D_n = d_{n-1} \times 2^{n-1} + d_{n-2} \times 2^{n-2} + \cdots + d_1 \times 2^1 + d_0 \times 2^0$$

而输出应当是与输入的数字量成比例的模拟量 A：

$$A = KD_n = K(d_{n-1} \times 2^{n-1} + d_{n-2} \times 2^{n-2} + \cdots + d_1 \times 2^1 + d_0 \times 2^0)$$

式中，K 为转换系数。其转换过程是把输入的二进制数中为 1 的每一位代码，按每位权的大小，转换成相应的模拟量，然后将各位转换以后的模拟量，经求和运算放大器相加，其和便是与被转换数字量成正比的模拟量，从而实现了数模转换。一般的 D/A 转换器输出量 A 是正比于输入数字量 D 的模拟电压量。比例系数 K 为一个常数，单位为伏特。

① 倒 T 形电阻网络 D/A 转换器 倒 T 形电阻网络 D/A 转换器是目前使用最为广泛的一种形式，其电路结构如图 9-1 所示。

当输入数字信号的任何一位是"1"时，对应开关便将 $2R$ 电阻接到运放反相输入端，而当其为"0"时，则将电阻 $2R$ 接地。由图 9-1 可知，按照虚短、虚断的近似计算方法，求和放大器反相输入端的电位为虚地，所以无论开关合到哪一边，都相当于接到了"地"电位上。在图示开关状态下，从左侧将电阻折算到右侧，先是 $2R$ 和 $2R$ 并联，电阻值为 R，再和 R 串联，又是 $2R$，一直折算到最右侧，电阻仍为 R，则可写出电流 I 的表达式为

$$I = \frac{V_{REF}}{R}$$

只要 V_{REF} 选定，电流 I 为常数。流过每个支路的电流从右向左。如图 9-1 所示。输入的数字信号为"1"时，电流流向运放的反相输入端，当输入的数字信号为"0"时，电流流向地，可写出 I_Σ 的表达式

$$I_\Sigma = \frac{I}{2} d_{n-1} + \frac{I}{4} d_{n-2} + \cdots + \frac{I}{2^{n-1}} d_1 + \frac{I}{2^n} d_0$$

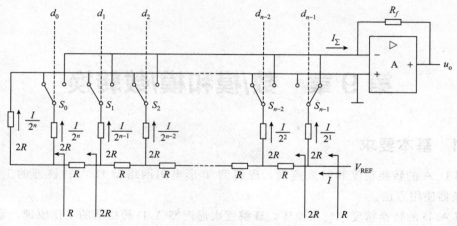

图 9-1　R-2R 倒 T 型电阻网络 D/A 转换器

在求和放大器的反馈电阻等于 R 的条件下，输出模拟电压为

$$u_{\mathrm{o}} = -R_F I_\Sigma = -R_F \left(\frac{I}{2} d_{n-1} + \frac{I}{4} d_{n-2} + \cdots + \frac{I}{2^{n-1}} d_1 + \frac{I}{2^n} d_0 \right)$$

$$= -\frac{R_F V_{\mathrm{REF}}}{R \cdot 2^n} (d^{n-1} 2^{n-1} + d^{n-2} 2^{n-2} + \cdots + d_1 2^1 + d_0 2^0)$$

当时，则

$$u_{\mathrm{o}} = -\frac{V_{\mathrm{REF}}}{2^n} (d_{n-1} \times 2^{n-1} + d_{n-2} \times 2^{n-2} + \cdots + d_1 \times 2^1 + d_0 \times 2^0) \qquad (9\text{-}1)$$

由上式可知：u_{o} 的最小值为 $\dfrac{u_{\mathrm{o}}}{2^n}$；最大值为 $\dfrac{(2^n-1) \cdot u_{\mathrm{o}}}{2^n}$。

② 主要参数

a. 分辨率　　分辨率是用以说明 D/A 转换器在理论上可达到的精度。用于表征 D/A 转换器对输入微小量变化的敏感程度，显然输入数字量位数越多，输出电压可分离的等级越多，即分辨率越高。所以实际应用中，往往用输入数字量的位数表示 D/A 转换器的分辨率。此外，D/A 转换器的分辨率也定义为电路所能分辨的最小输出电压 U_{LSB} 与最大输出电压 U_{m} 之比来表示，即：

$$\text{分辨率} = \frac{U_{\mathrm{LSB}}}{U_{\mathrm{m}}} = \frac{-\dfrac{V_{\mathrm{REF}}}{2^n}}{-\dfrac{V_{\mathrm{REF}}}{2^n}(2^n-1)} = \frac{1}{2^n-1} \qquad (9\text{-}2)$$

上式说明，输入数字代码的位数 n 越多，分辨率越小，分辨能力越高，例如，5G7520 十位 D/A 转换器的分辨率为：

$$\frac{1}{2^{10}-1} = \frac{1}{1023} \approx 0.000978$$

b. 转换精度　　转换器的精度是指输出模拟电压的实际值与理想值之差，即最大静态转换误差。该误差是由参考电压偏离标准值、运算放大器的零点漂移、模拟开关的电压降以及电阻值的偏差等原因所引起的。

（2）A/D 转换器

A/D 转换器的功能是将输入的模拟电压转换为输出的数字信号，即将模拟量转换成与

182

其成比例的数字量。一个完整的 A/D 转换过程，必须包括采样、保持、量化、编码四部分电路。在具体实施时，常把这四个步骤合并进行。例如，采样和保持是利用同一电路连续完成的。量化和编码是在转换过程中同步实现的，而且所用的时间又是保持的一部分。

如图 9-2 是某一输入模拟信号经采样后得出的波形。为了保证能从采样信号中将原信号恢复，必须满足条件：

$$f_s \geq 2 f_{i(max)} \tag{9-3}$$

其中 f_s 为采样频率，$f_{i(max)}$ 为信号 u_i 中最高次谐波分量的频率。这一关系称为采样定理。A/D 转换器工作时的采样频率必须大于等于式（9-3）所规定的频率。采样频率越高，留给每次进行转换的时间就越短，这就要求 A/D 转换电路必须具有更高的工作速度。因此，采样频率通常取 $f_s = (3 \sim 5)f_{i(max)}$ 已能满足要求。

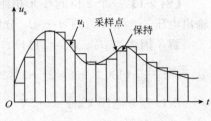

图 9-2 模拟信号采样

① 逐次逼近型 A/D 转换器　常用的逐次逼近型 A/D 转换器的分辨率较高、转换误差较低、转换速度较快，一般由顺序脉冲发生器、逐次逼近寄存器、数模转换器和电压比较器等几部分组成，如图 9-3 所示。

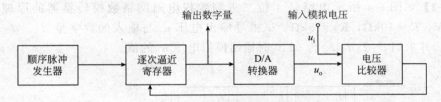

图 9-3　逐次逼近型模数转换器的原理框图

逐次逼近型模数转换器的工作原理类似于用天平称量物体的质量。转换开始前先将所有寄存器清零。开始转换以后，时钟脉冲首先将寄存器最高位置成 1，使输出数字为 $100\cdots0$。这个数码被数模转换器转换成相应的模拟电压 u_o，送到比较器中与 u_i 进行比较。若 $u_o > u_i$，说明数字过大，故将最高位的 1 清除；若 $u_o < u_i$，说明数字还不够大，应将最高位的 1 保留。然后，再按同样的方式将次高位置成 1，并且经过比较以后确定这个 1 是否应该保留。这样逐位比较下去，一直到最低位为止。比较完毕后，寄存器中的状态就是所要求的数字量输出。

② A/D 转换器的分类　常见的 A/D 转换器类型：逐次逼近型、双积分型、并行比较型、量化反馈型。

③ 主要参数

a. 分辨率　指 A/D 转换器输出数字量的最低位变化一个数码时，对应输入模拟量的变化量。分辨率也可用 A/D 转换器的位数表示。位数越多，能分辨的最小模拟电压值就越小。

b. 相对精度（又称转换误差）　指 A/D 转换器实际输出数字量与理想输出数字量之间的最大差值。通常用最低有效位 LSB 的倍数来表示。

c. 转换时间　指 A/D 转换器完成一次转换所需要的时间，即从转换开始到输出端出现稳定的数字信号所需要的时间。转换时间越小，转换速度越高。

D/A 转换器和 A/D 转换器的分辨率和转换精度都与转换器的位数有关，位数越多，分辨率和精度越高。基准电压 V_{REF} 是重要的应用参数，要理解基准电压的作用，尤其是在 A/D 转换中，它的值对量化误差、分辨率都有影响。一般应按器件手册给出的范围确定 V_{REF} 值，并且保证输入的模拟电压最大值不大于 V_{REF} 值。

9.3　习题与解答

9.3.1　典型题

【例 9-1】 一个 8 位的 T 形电阻网络数模转换器，$R_F = 3R$，若 $d_7 \sim d_0$ 为 11111111 时的输出电压 $u_o = 5\,V$，则 $d_7 \sim d_0$ 分别为 11000000、00000001 时 u_o 各为多少？

解　因为当 $d_7 \sim d_0 = 11111111$ 时有：

$$u_o = -\frac{V_{REF}}{2^8}(1 \times 2^7 + 1 \times 2^6 + 1 \times 2^5 + 1 \times 2^4 + 1 \times 2^3 + 1 \times 2^2 + 1 \times 2^1 + 1 \times 2^0) \approx -V_{REF} = 5\,V$$

所以参考电压 $V_{REF} = -5\,V$

当 $d_7 \sim d_0 = 11000000$ 时有：$u_o = -\dfrac{-5}{2^8}(1 \times 2^7 + 1 \times 2^6) = 3.75(V)$

当 $d_7 \sim d_0 = 00000001$ 时有：$u_o = -\dfrac{-5}{2^8} \times 1 \times 2^0 = 0.0195(V)$

【例 9-2】 如图 9-4 所示电路是 4 位二进制数权电阻网络数模转换器的原理图，已知 $V_{REF} = 10\,V$，$R = 10\,k\Omega$，$R_F = 5\,k\Omega$。试推导输出电压 u_o 与输入的数字量 d_3、d_2、d_1、d_0 的关系式，并求当 $d_3 d_2 d_1 d_0$ 为 0110 时输出模拟电压 u_o 的值。

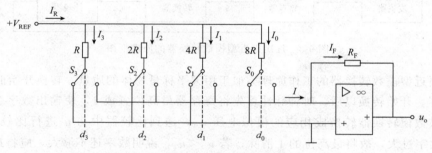

图 9-4　例 9-1 题图

解　（1）求转换的数字输出状态

因其 D/A 转换器的最大输出电压 u_{omax} 已知，而且知道此 DAC 为 10 位，故其最低位为 "1" 时输出为：$u_{omin} = \dfrac{V_{omax}}{2^n - 1} = \dfrac{14.322V}{2^{10} - 1} = 0.014V$

故当输入电压 $u_i = 9.45V$ 时的数字输出状态为：$\dfrac{9.45V}{0.014V} = (675)_{10} = (1010100011)_2$

即 $d_9 \sim d_0 = 1010100011$

（2）求完成此次转换所需的时间 t

由逐次渐近型 A/D 的过程可知，无论输入信号 u_i 的大小，其最后的数字输出状态都必须在第 $n+2$ 个时钟脉冲到后才能输出，所以转换时间与输入信号的大小无关，只与转换的位数有关，故有：

$$t = (n+2)\frac{1}{f_c} = (10+2) \times \frac{1}{1 \times 10^6}s = 12\mu s$$

【例 9-3】 某个数模转换器，要求 10 位二进制数能代表 0～50V，试问此二进制数的最低位代表几伏？

解 数模转换器输入二进制数的最低位代表最小输出电压。数模转换器最小输出电压（对应的输入二进制数只有最低位为 1）与最大输出电压（对应的输入二进制数的所有位全为 1）的比值为数模转换器的分辨率。

由于该数模转换器是 10 位数模转换器，根据数模转换器分辨率的定义，最小输出电压 u_{omin} 与最大输出电压 u_{omax} 的比值为：

$$\frac{u_{\text{omin}}}{u_{\text{omax}}} = \frac{1}{2^{10}-1} = \frac{1}{1023} \approx 0.001$$

由于 $u_{\text{omax}} = 50\text{V}$，所以此 10 位二进制数的最低位所代表的电压值为：

$$u_{\text{omin}} \approx 0.001 \times 50 = 0.05(\text{V})$$

【例 9-4】 在如图 9-5 所示的 T 型电阻网络数模转换器电路中，若 $U_R = +5\text{V}$，$R_F = 3R$，其最大输出电压 u_o 是多少？

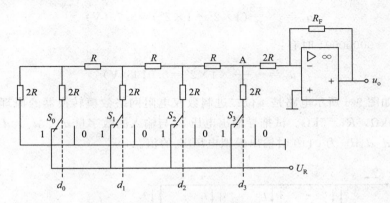

图 9-5 例 9-4 题图

解 数模转换器的最大输出电压是输入二进制数的所有位全为 1 时所对应的输出电压。

如图 9-5 所示电路是 4 位 T 型电阻网络数模转换器，当 $R_F = 3R$ 时，其输出电压 u_o 为：

$$u_o = -\frac{U_R}{2^4}(d_3 \cdot 2^3 + d_2 \cdot 2^2 + d_1 \cdot 2^1 + d_0 \cdot 2^0)$$

显然，当 d_3、d_2、d_1、d_0 全为 1 时输出电压 u_o 最大，为：

$$u_{\text{omax}} = -\frac{5}{2^4}(2^3 + 2^2 + 2^1 + 2^0) = -4.6875(\text{V})$$

【例 9-5】 一个 8 位的 T 型电阻网络数模转换器，设 $U_R = +5\text{V}$，$R_F = 3R$，试求 $d_7 \sim d_0$ 分别为 11111111、11000000、00000001 时的输出电压 u_o。

解 当 $R_F = 3R$ 时，8 位 T 型电阻网络数模转换器数的输出电压 u_o 为：

$$u_o = -\frac{U_R}{2^8}(d_7 \cdot 2^7 + d_6 \cdot 2^6 + d_5 \cdot 2^5 + d_4 \cdot 2^4 + d_3 \cdot 2^3 + d_2 \cdot 2^2 + d_1 \cdot 2^1 + d_0 \cdot 2^0)$$

当 $d_7 \sim d_0 = 11111111$ 时有：

$$u_o = -\frac{5}{2^8}(1 \times 2^7 + 1 \times 2^6 + 1 \times 2^5 + 1 \times 2^4 + 1 \times 2^3 + 1 \times 2^2 + 1 \times 2^1 + 1 \times 2^0) = -4.98(\text{V})$$

当 $d_7 \sim d_0 = 1100000$ 时有：

$$u_o = -\frac{5}{2^8}(1 \times 2^7 + 1 \times 2^6) = -3.75(\text{V})$$

当 $d_7 \sim d_0 = 00000001$ 时有：

$$u_o = -\frac{5}{2^8} \times 1 \times 2^0 = -0.0195(\text{V})$$

【例 9-6】 一个 8 位的 T 型电阻网络数模转换器，$R_F = 3R$，若 $d_7 \sim d_0$ 为 11111111 时的输出电压 $u_o = 5$ V，则 $d_7 \sim d_0$ 分别为 11000000、00000001 时 u_o 各为多少？

解 因为当 $d_7 \sim d_0 = 11111111$ 时有：

$$u_o = -\frac{U_R}{2^8}(1 \times 2^7 + 1 \times 2^6 + 1 \times 2^5 + 1 \times 2^4 + 1 \times 2^3 + 1 \times 2^2 + 1 \times 2^1 + 1 \times 2^0) \approx -U_R = $$
5 （V）

所以参考电压 $U_R = -5$V。

当 $d_7 \sim d_0 = 11000000$ 时有：

$$u_o = -\frac{-5}{2^8}(1 \times 2^7 + 1 \times 2^6) = 3.75(\text{V})$$

当 $d_7 \sim d_0 = 00000001$ 时有：

$$u_o = -\frac{-5}{2^8} \times 1 \times 2^0 = 0.0195(\text{V})$$

【例 9-7】 如图 9-6 所示电路是 4 位二进制数权电阻网络数模转换器的原理图，已知 $U_R = 10$V，$R = 10\text{k}\Omega$，$R_f = 5\text{k}\Omega$。试推导输出电压 u_o 与输入的数字量 d_3、d_2、d_1、d_0 的关系式，并求当 $d_3 d_2 d_1 d_0$ 为 0110 时输出模拟电压 u_o 的值。

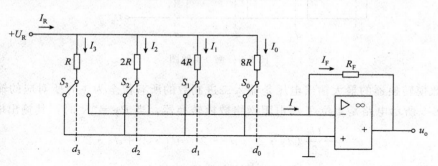

图 9-6 例 9-7 题图

解 由图 9-6 可知，输入的某位数字量为高电平 1 时，相应的模拟电子开关接通右边触点，电流流入外接的运算放大器；输入的某位数字量为低电平 0 时，相应的模拟电子开关接通左边触点，电流流入地。根据运算放大器的虚地概念，可以求出流入运算放大器的总电流为：

$$I_F = I_3 d_3 + I_2 d_2 + I_1 d_1 + I_0 d_0$$
$$= \frac{U_R}{R}d_3 + \frac{U_R}{2R}d_2 + \frac{U_R}{4R}d_1 + \frac{U_R}{8R}d_0$$
$$= \frac{U_R}{2^3 R}(d_3 \cdot 2^3 + d_2 \cdot 2^2 + d_1 \cdot 2^1 + d_0 \cdot 2^0)$$

运算放大器的输出电压为：

$$u_o = -R_F I_F = -\frac{R_F U_R}{2^3 R}(d_3 \cdot 2^3 + d_2 \cdot 2^2 + d_1 \cdot 2^1 + d_0 \cdot 2^0)$$

当 $d_3d_2d_1d_0 = 0110$ 时有：

$$u_o = -\frac{5 \times 10}{2^3 \times 10}(0 \times 2^3 + 1 \times 2^2 + 1 \times 2^1 + 0 \times 2^0) = -3.75(\text{V})$$

【例 9-8】 电路如图 9-7 所示，试画出输出电压 u_o 随计数脉冲 C 变化的波形，并计算 u_o 的最大值。

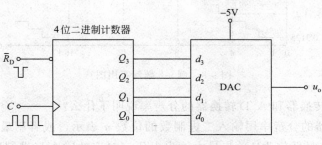

图 9-7　例 9-8 题图

解　如图 9-7 所示电路是将 4 位二进制计数器的输出送至 4 位数模转换器，然后经数模转换器转换为模拟电压输出，欲画出输出电压 u_o 随计数脉冲 C 变化的波形，只要计算出随着计数脉冲 C 的变化输出电压 u_o 的各个值即可。

数模转换器的输出电压 u_o 为：

$$u_o = -\frac{U_R}{2^4}(d_3 \cdot 2^3 + d_2 \cdot 2^2 + d_1 \cdot 2^1 + d_0 \cdot 2^0)$$

式中，$d_3 = Q_3$，$d_2 = Q_2$，$d_1 = Q_1$，$U_R = -5\text{V}$，随着计数脉冲 C 的变化，输出电压 u_o 的值如表 9-1 所示。由表 9-1 可知输出电压 u_o 的最大值为 4.6875V，输出电压 u_o 随计数脉冲 C 变化的波形如图 9-8 所示。

表 9-1　例 9-8 题解答用表

C	d_3	d_2	d_1	d_0	u_o/V
0	0	0	0	0	0
1	0	0	0	1	0.3125
2	0	0	1	0	0.625
3	0	0	1	1	0.9375
4	0	1	0	0	1.25
5	0	1	0	1	1.5625
6	0	1	1	0	1.875
7	0	1	1	1	2.1875
8	1	0	0	0	2.5
9	1	0	0	1	2.8125
10	1	0	1	0	3.125
11	1	0	1	1	3.4375
12	1	1	0	0	3.75
13	1	1	0	1	4.0625
14	1	1	1	0	4.375
15	1	1	1	1	4.6875
16	0	0	0	0	0

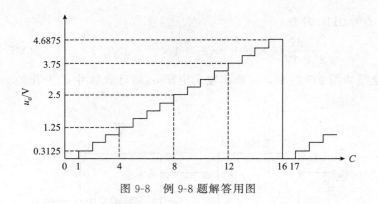

图 9-8　例 9-8 题解答用图

【例 9-9】 D/A 转换器和 A/D 转换器的分辨率说明了什么？

解　D/A 转换器的分辨率用输入二进制数的位数 n 表示，或者用最小输出电压（对应的输入二进制数只有最低位为 1）与最大输出电压（对应的输入二进制数的所有位全为 1）的比值来表示。而最小输出电压为：

$$u_{omin} = \frac{U_R}{2^n}$$

显然，u_{omin} 就是输出电压增量。所以，D/A 转换器的分辨率说明了对输出电压微小变化的敏感程度。

A/D 转换器的分辨率用输出二进制数的位数 n 表示，能分辨的最小模拟电压是最大输入模拟电压的 $\frac{1}{2^n}$，所以，A/D 转换器的分辨率说明了转换精度的高低。

【例 9-10】 在 4 位逐次逼近型模数转换器中，D/A 转换器的基准电压 $U_R = 10V$，输入的模拟电压 $u_i = 6.92V$，试说明逐次比较的过程，并求出最后的转换结果。

解　逐次比较过程可列表如表 9-2 所示。表中各次 u_o 计算如下：

$$(1)\ u_o = \frac{U_R}{2^4}(d_3 \cdot 2^3 + d_2 \cdot 2^2 + d_1 \cdot 2^1 + d_0 \cdot 2^0) = \frac{10}{16} \times 8 = 5V$$

$$(2)\ u_o = \frac{U_R}{2^4}(d_3 \cdot 2^3 + d_2 \cdot 2^2 + d_1 \cdot 2^1 + d_0 \cdot 2^0) = \frac{10}{16} \times (8+4) = 7.5V$$

$$(3)\ u_o = \frac{U_R}{2^4}(d_3 \cdot 2^3 + d_2 \cdot 2^2 + d_1 \cdot 2^1 + d_0 \cdot 2^0) = \frac{10}{16} \times (8+2) = 6.25V$$

$$(4)\ u_o = \frac{U_R}{2^4}(d_3 \cdot 2^3 + d_2 \cdot 2^2 + d_1 \cdot 2^1 + d_0 \cdot 2^0) = \frac{10}{16} \times (8+2+1) = 6.875V$$

表 9-2　例 9-10 题解答用表

转换顺序	$d_3d_2d_1d_0$				u_o/V	比较判断	该位数码 1 是否保留
1	1	0	0	0	5	$u_o < u_i$	保留
2	1	1	0	0	7.5	$u_o > u_i$	除去
3	1	0	1	0	6.25	$u_o < u_i$	保留
4	1	0	1	1	6.875	$u_o < u_i$	保留

【例 9-11】 U_R 和 u_i 的值与上题相同，如果采用 8 位逐次逼近型模数转换器，试计算转换结果，并与上题结果进行比较。

解 逐次比较过程可列表如表 9-3 所示。

表 9-3 例 11 题解答用表

转换顺序	$d_7d_6d_5d_4d_3d_2d_1d_0$	u_o/V	比较判断	该位数码 1 是否保留
1	10000000	5	$u_o<u_i$	保留
2	11000000	7.5	$u_o>u_i$	除去
3	10100000	6.25	$u_o<u_i$	保留
4	10110000	6.875	$u_o<u_i$	保留
5	10111000	7.1875	$u_o>u_i$	除去
6	10110100	7.0313	$u_o>u_i$	除去
7	10110010	6.9531	$u_o>u_i$	除去
8	10110001	6.914	$u_o<u_i$	保留

表中各次 u_o 计算如下：

(1) $u_o = \dfrac{10}{2^8} \times 2^7 = 5$ V

(2) $u_o = \dfrac{10}{2^8} \times (2^7 + 2^6) = 7.5$ V

(3) $u_o = \dfrac{10}{2^8} \times (2^7 + 2^5) = 6.25$ V

(4) $u_o = \dfrac{10}{2^8} \times (2^7 + 2^5 + 2^4) = 6.875$ V

(5) $u_o = \dfrac{10}{2^8} \times (2^7 + 2^5 + 2^4 + 2^3) = 7.1875$ V

(6) $u_o = \dfrac{10}{2^8} \times (2^7 + 2^5 + 2^4 + 2^2) = 7.03125$ V

(7) $u_o = \dfrac{10}{2^8} \times (2^7 + 2^5 + 2^4 + 2^1) = 6.9531$ V

(8) $u_o = \dfrac{10}{2^8} \times (2^7 + 2^5 + 2^4 + 2^0) = 6.914$ V

上题的绝对误差为：

$$\Delta u_o = 6.875 - 6.92 = -0.045 \text{V}$$

相对误差为：

$$\gamma = \frac{6.875 - 6.92}{6.92} \times 100\% = -0.65\%$$

本题的绝对误差为：

$$\Delta u_o = 6.914 - 6.92 = -0.006 \text{V}$$

相对误差为：

$$\gamma = \frac{6.914 - 6.92}{6.92} \times 100\% = -0.087\%$$

可见，对于同样大小的输入电压，采用 8 位模数转换器的误差比采用 4 位模数转换器时要小得多。

9.3.2 填空题

(1) 理想的 DAC 转换特性应是使输出模拟量与输入数字量成（   ）。转换精度是指 DAC 输出的实际值和理论值（   ）。

(2) 将模拟量转换为数字量，采用（   ）转换器，将数字量转换为模拟量，采用（   ）转换器。

(3) A/D 转换器的转换过程，可分为采样、保持及（   ）和（   ）4 个步骤。

(4) D/A 转换器的分辨率越高，则分辨（   ）的能力越强；A/D 转换器的分辨率越高，分辨（   ）的能力越强。

9.3.3 选择题

(1) 倒 T 型电阻网络 DAC 电路中，设 $U_R = -10V$，$R_F = R$，则输出模拟电压 u_o 的最小值为（   ），u_o 最大值为（   ）。

A. 1.375   B. 0.625   C. 5.255   D. 9.375

(2) 在倒 T 型电阻网络 DAC 中，当输入数字量为 1 时，输出模拟电压为 4.885。而最大输出电压为 10，则该转换器是（   ）位的。

A. 10   B. 11   C. 12   D. 13

(3) 在 D/A 转换电路中，输出模拟电压数值与输入的数字量之间（   ）关系。

A. 成正比   B. 成反比   C. 无

(4) 已知 8 位 ADC 的参考电压，输入模拟电压则输出数字量为（   ）。

A. 11001000   B. 11001001   C. 01001000   D. 10010100

(5) 在 D/A 转换电路中，当输入全部为"0"时，输出电压等于（   ）。

A. 电源电压   B. 0   C. 基准电压

(6) 在 D/A 转换电路中，数字量的位数越多，分辨输出最小电压的能力（   ）。

A. 越稳定   B. 越弱   C. 越强

(7) 在 A/D 转换电路中，输出数字量与输入的模拟电压之间（   ）关系。

A. 成正比   B. 成反比   C. 无

9.3.4 基本题

(1) 要求某 DAC 电路输出的最小分辨电压 V_{LSB} 约为 5mV，最大满度输出电压 $U_m = 10V$，试求该电路输入二进制数字量的位数 n 应是多少？

$$V_{LSB} = 10 \times \frac{1}{2^{10} - 1} = 10 \times \frac{1}{1023} \approx 0.005V$$

解

$$2^n - 1 = \frac{10}{0.005} = 2000$$

$$2^n \approx 2000$$

$$n \approx 11$$

所以，该电路输入二进制数字量的位数 n 应是 11。

(2) 已知某 DAC 电路输入 10 位二进制数，最大满度输出电压 $U_m = 5V$，试求分辨率和最小分辨电压。

解 其分辨率为

$$\frac{1}{2^{10}-1}=\frac{1}{1023}\approx0.001=0.1\%$$

因为最大满度输出电压为 5V。

10 位 DAC 能分辨的最小电压为：

$$V_{LSB}=5\times\frac{1}{2^{10}-1}=5\times\frac{1}{1023}\approx0.005V=5mV$$

（3）设 $V_{REF}=+5V$，试计算当 DAC0832 的数字输入量分别为 7FH，81H，F3H 时（后缀 H 的含义是指该数为十六进制数）的模拟输出电压值。

解 若采用内部反馈电阻，当 DAC0832 的数字输入量为 7FH 时，因为 7FH 的数值为 127，所以模拟输出电压值为：

$$u_o=-i_oR_F=-\frac{V_{REF}R_F}{2^8R}\cdot D=-\frac{V_{REF}}{2^8}\cdot D=-\frac{5}{256}\times127\approx-2.48V$$

当 DAC0832 的数字输入量为 81H 时，因为 81H 的数值为 129，所以模拟输出电压值为：

$$u_o=-i_oR_F=-\frac{V_{REF}R_F}{2^8R}\cdot D=-\frac{V_{REF}}{2^8}\cdot D=-\frac{5}{256}\times129\approx-2.52V$$

当 DAC0832 的数字输入量为 F3H 时，因为 F3H 的数值为 243，所以模拟输出电压值为：

$$u_o=-i_oR_F=-\frac{V_{REF}R_F}{2^8R}\cdot D=-\frac{V_{REF}}{2^8}\cdot D=-\frac{5}{256}\times243\approx-4.75V$$

（4）在 AD7520 电路中，若 $V_{DD}=10V$，输入十位二进制数为 $(1011010101)_2$，试求：

(a) 其输出模拟电流 i_o 为何值（已知 $R=10k\Omega$）？

(b) 当 $R_F=R=10k\Omega$ 时，外接运放 A 后，输出电压应为何值？

解 (a) 其输出模拟电流 i_o 为：

$$i_o=\frac{V_{REF}}{R\cdot2^{10}}\cdot D=\frac{10}{10\cdot2^{10}}\cdot(512+128+64+16+4+1)=\frac{725}{1024}\approx0.708mA$$

(b) 当 $R_F=R=10k\Omega$ 时，外接运放 A 后，输出电压应为

$$u_o=-i_oR_F=-0.708\times10=-7.08V$$

（5）某 8 位 D/A 转换器，试问：

(a) 若最小输出电压增量为 0.02V，当输入二进制 01001101 时，输出电压位多少伏？

(b) 若其分辨率用百分数表示，则为多少？

(c) 若某一系统中要求的精度由于 0.25%，则该 D/A 转换器能否使用？

解 (a) 最小输出电压增量为 0.02V，即 $u_{omin}=0.02V$，

则输出电压 $u_o=u_{omin}\times\sum_{i=1}^{n-1}D_i\times2^i$

当输入二进制码 01001101 时输出电压 $u_o=0.02\times77=1.54V$

(b) 分辨率用百分数表示为 $\frac{u_{omin}}{u_{omax}}\times100\%=\frac{0.02}{0.02\times255}\times100\%=0.39\%$

(c) 不能。

（6）已知 10 位 R-2R 倒 T 型电阻网络 DAC 的 $R_F=R=10k\Omega$，$V_{REF}=10V$，试分别求出数字量为 0000000001 和 1111111111 时，输出电压 u_o。

解　输入数字量为 0000000001 时的输出电压：

$$u_{omin} = \frac{V_{REF} R_F}{2^{10} R} = 0.0049V$$

输入数字量为 1111111111 时的输出电压为：

$$u_{omax} = \frac{V_{REF} R_F}{2^{10} R} \times 1023 = 4.995V$$

（7）设 $V_{REF} = 5V$，当 ADC0809 的输出分别为 80H 和 F0H 时，求 ADC0809 的输入电压 u_{i1} 和 u_{i2}。

解　由 $D_x = \dfrac{D_{max}}{u_{imax}} \times u_i = \dfrac{255}{V_{REF}} \times u_i$　可知

当 $D_x = 80H = 10000000$ 时，$128 = \dfrac{255}{5V} \times u_i$，得到 $u_i = 2.5V$；

当 $D_x = FFH = 11110000$ 时，$240 = \dfrac{255}{5V} \times u_i$，得到 $u_i = 4.7V$；

（8）已知在逐次逼近型 A/D 转换器中的 10 位 D/A 转换器的最大输出电压 $u_{omax} = 14.322V$，时钟频率 $f_c = 1MHz$。当输入电压 $u_i = 9.45V$ 时，求电路此时转换输出的数字状态及完成转换所需要的时间。

解　（a）求转换的数字输出状态

因其 D/A 转换器的最大输出电压 u_{omax} 已知，而且知道此 DAC 为 10 位，故其最低位为"1"时输出为：

$$u_{omin} = \frac{U_{omax}}{2^n - 1} = \frac{14.322V}{2^{10} - 1} = 0.014V$$

故当输入电压 $u_i = 9.45V$ 时的数字输出状态为：

$$\frac{9.45V}{0.014V} = (675)_{10} = (1010100011)_2$$

即 $d_9 \sim d_0 = 1010100011$

（b）求完成此次转换所需的时间 t

由逐次渐近型 A/D 的过程可知，无论输入信号 u_i 的大小，其最后的数字输出状态都必须在第 $n+2$ 个时钟脉冲到后才能输出，所以转换时间与输入信号的大小无关，只与转换的位数有关，故有：

$$t = (n+2)\frac{1}{f_c} = (10+2) \times \frac{1}{1 \times 10^6} s = 12\mu s$$

（9）某 8 位 ADC 输入电压范围为 0~+10V，当输入电压为 4.48V 和 7.81V 时，其输出二进制数各是多少？该 ADC 能分辨的最小电压变化量为多少 mV？

解　因为 $N_2 = \dfrac{u_i}{V_{REF}} \cdot N = \dfrac{u_i}{V_{REF}} \cdot 2^n = \dfrac{u_i}{V_{REF}} \cdot 2^n$

所以，当输入电压为 4.48V 时，有：

$$N_2 = \frac{4.48}{10} \times 2^8 = 0.448 \times 256 \approx 114.7 \approx 115 （采用四舍五入法）$$

转换成二进制数为 01110011。

当输入电压为 7.81V 时，有：

$$N_2 = \frac{7.81}{10} \times 2^8 = 0.781 \times 256 \approx 199.9 \approx 200 (采用四舍五入法)$$

转换成二进制数为 11001000。

（10）倒 T 型电阻网络 D/A 转换器中，已知 $V_{REF} = -8V$，试计算当 d_3，d_2，d_1，d_0 每一位输入代码分别为 1 时在输出端产生的模拟电压。

解 由公式，$u_o = -\frac{V_{RER}}{2^4}(d_3 \cdot 2^3 + d_2 \cdot 2^2 + d_1 \cdot 2^1 + d_0 \cdot 2^0)$

$$= \frac{1}{2}(d_3 \times 2^3 + d_2 \times 2^2 + d_1 \times 2^1 + d_0 \times 2^0)$$

则当 d_3，d_2，d_1，d_0 每一位输入代码分别为 1 时在输出端产生的模拟电压分别为 4V，2V，1V，0.5V。

答案

填空题

（1）正比；之差

（2）A/D；D/A

（3）量化；编码

（4）最小输出模拟量；最小输入模拟量

选择题

（01）—（07）（BD）B A A B C A

第 10 章　变压器

10.1　基本要求

了解磁路的基本概念。

了解交流铁芯线圈电路的电磁关系。

理解变压器的工作原理。

了解变压器的基本结构、名牌数据和外特性。

掌握变压器的电压、电流及阻抗变换的关系。

10.2　学习指南

主要内容综述如下。

磁路的基本概念及基本物理量（B，H，μ）是本章的基础，应正确理解。了解磁性材料的特点、磁路计算的基本定律及计算方法是必要的。

变压器的原理是电磁感应技术，是借助于磁场来实现能量变换的装置。变压器广泛应用于电力系统、仪器仪表、家用电器等领域。例如：收音机的输入、输出变压器；大型电网用来升压降压的电力变压器等。

作为一种常用的电气设备，变压器空载、负载运行时的特点以及对电流、电压、阻抗的变换是本章的学习重点。了解变压器的铭牌数据和极性接法，对正确使用变压器是至关重要的。

（1）磁路的基本概念

① 磁感应强度（B）

$$B=\frac{\Phi}{S}$$

单位：T（特斯拉），$1\mathrm{T}=10^4\,\mathrm{Gs}$。

② 磁场强度（H）

$$\oint H\,\mathrm{d}l=\sum I$$

$$H=\frac{B}{\mu}$$

单位：A/m（安/米）。

③ 磁导率（μ）　磁导率 μ 是一个用来反映磁介质导磁能力的物理量。真空的磁导率用 μ_0 来表示。

$$\mu_0=4\pi\times10^{-7}\,\mathrm{H/m}$$

其他材料的磁导率 μ 和真空磁导率 μ_0 之比，称为该材料的相对磁导率 μ_{r}，即 $\mu_{\mathrm{r}}=\dfrac{\mu}{\mu_0}$。工程上常用 μ_{r} 比较各种材料间的导磁能力。

（2）磁性材料特性

① 高导磁性；

② 磁饱和性；

③ 磁滞性。

（3）磁路基本定律

① 磁路基尔霍夫定律

第一定律：$\oint_S B\mathrm{d}S=0$

第二定律：$\sum F=\sum Hl$

② 磁路欧姆定律

$$\Phi=\frac{F}{l/\mu S}=\frac{F}{R_\mathrm{m}}$$

R_m：磁阻。

（4）变压器工作原理

① 感应电动势

$$E_1=4.44fN_1\Phi_\mathrm{m}$$
$$E_2=4.44fN_2\Phi_\mathrm{m}$$

式中，E_1 为一次侧感应电动势，V；E_2 为二次侧感应电动势，V；f 为电源频率，Hz；Φ_m 为磁通量最大值，Wb；N_1 为一次侧绕组匝数；N_2 为二次侧绕组匝数。

② 理想变压器电压变换关系

$$\frac{U_1}{U_2}=\frac{E_1}{E_2}=\frac{N_1}{N_2}=n$$

③ 理想变压器电流变换关系

$$\frac{I_1}{I_2}=\frac{N_2}{N_1}=\frac{1}{n}$$

式中，I_1 为变压器一次侧电流，A；I_2 为变压器二次侧电流，A。

④ 理想变压器阻抗变换关系

$$\frac{Z_1}{Z_2}=n^2$$

式中，Z_1 为变压器一次侧阻抗，Ω；Z_2 为变压器二次阻抗，Ω。

（5）变压器名牌数据

① 一次侧额定电压 $U_{1\mathrm{N}}$；二次侧额定电压 $U_{2\mathrm{N}}$。

② 一次侧额定电流 $I_{1\mathrm{N}}$；二次侧额定电压 $I_{2\mathrm{N}}$。

③ 额定容量 S_N，$S_\mathrm{N}=U_{2\mathrm{N}}I_{2\mathrm{N}}\approx U_{1\mathrm{N}}I_{1\mathrm{N}}$（V·A）。

10.3 习题与解答

10.3.1 典型题

【例 10-1】有一线圈，其匝数 $N=1000$，绕在由铸钢制成的闭合铁芯上，铁芯的截面积 $S=20\mathrm{cm}^2$，铁芯的平均长度 $l=50\mathrm{cm}$，如要在铁芯中产生磁通 $\Phi=0.002\mathrm{Wb}$，试问线圈中应通入多大直流电流？

解 铁芯中的磁感应强度：$B=\dfrac{\Phi}{S}=\dfrac{0.002}{20\times10^{-4}}=1$（T），

从铸钢的磁化曲线数据表中查得：$B=1T$ 时，$H=924$（A/m）

励磁电流为：$I=\dfrac{Hl}{N}=\dfrac{924\times50\times10^{-2}}{1000}=0.462$（A）

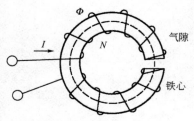

图 10-1　例 10-2 题图

【**例 10-2**】铸钢组成的环形磁路如图 10-1 所示，磁路含有一个长度为 $\delta=0.2cm$ 的空气隙，已知铁芯中心线长度 $l=6cm$，截面积 $S=4cm^2$，$N=500$ 匝，忽略气隙边缘效应，求在气隙中产生 5×10^{-4}Wb 磁通所需的电流。

解 已知由两种不同材料构成的串联磁路，$\delta=0.2cm$，$l=6cm$，得：

$$B_1=B_\delta=\frac{\Phi}{S}=\frac{5\times10^{-4}}{4\times10^{-4}}=1.25(T)$$

查铸钢基本磁化曲线表得：$H_1=1.43\times10^3$（A/m）

气隙中磁场强度：$$H_\delta=\frac{B_\delta}{\mu}=\frac{1.25}{4\pi\times10^{-7}}=9.95\times10^5(A/m)$$

$$H_\delta\delta=9.95\times10^5\times0.2\times10^{-2}=1.99\times10^3(A)$$

$$H_1l=1.43\times10^3\times0.06=85.8(A)$$

所以：$$NI=H_1\cdot l+H_\delta\cdot\delta=85.8+1.99\times10^3=2075.3(A)$$

$$I=\frac{2075.3}{500}=4.15(A)$$

【**例 10-3**】已知某变压器一次绕组电阻 $R_1=10\Omega$，当其空载时，原边加 220V 电压，问一次侧电流是否等于 22A？

解 变压器不仅有电压变换作用，也具有电流变换作用，一次、二次电流的关系是 $I_1\approx\dfrac{I_2}{n}$（n 为变比）。变压器空载时二次电流 $I_2=0$，所以一次电流 $I_1\approx0$（此时一次侧只有数值很小的空载励磁电流，用来产生主磁通）。

所以，$I_1=\dfrac{U_1}{R_1}=\dfrac{220}{10}=22A$，不正确，不能用此式计算变压器一次电流。

【**例 10-4**】电压为 220/110 V 的变压器，$N_1=2000$，$N_2=1000$。若想省些铜线，将匝数减为 200 和 100，是否也可以？

解 将 N_1 由 2000 匝减为 200 匝，根据 $U_1=4.44fN_1\Phi_m$，因为 U_1 不变，可知 N_1 减少，主磁通最大值 Φ_m 增加，磁路将处于严重的磁饱和状态，励磁电流必然增加。由于 Φ_m 增大，B_m 增大，铁损 $\Delta P_{Fe}\propto B_m^2$，铁损增大，将烧毁变压器。所以 $N_1=200$，$N_2=100$ 不可以。

【**例 10-5**】有一变压器，如图 10-2 所示，一次绕组的额定电压为 380V，匝数 N_1 为 760。二次绕组有两个，其空载电压分别为 127V 和 36V，试问它们的匝数 N_2 和 N_3 各为多少匝？

解 由 $\dfrac{U_1}{U_2}=\dfrac{N_1}{N_2}$，得 $N_2=\dfrac{U_2}{U_1}N_1=\dfrac{127}{380}\times760=254$

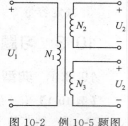

图 10-2　例 10-5 题图

由 $\dfrac{U_1}{U_3}=\dfrac{N_1}{N_3}$，得 $N_3=\dfrac{U_3}{U_1}N_1=\dfrac{36}{380}\times760=72$

【例 10-6】上例中，如将两个二次绕组分别接电阻性负载，并测得电流 $I_2=2.14\mathrm{A}$，$I_3=3\mathrm{A}$。试求一次绕组电流和一次、二次绕组的功率。

解 由：$N_1I_1\approx N_2I_2+N_3I_3$

得：$I_1\approx\dfrac{N_2I_2+N_3I_3}{N_1}=\dfrac{254\times2.14+72\times3}{760}=1\mathrm{A}$

一次、二次绕组的功率分别为：

$$P_1=U_1I_1=380\times1=380\mathrm{W}$$
$$P_2=U_2I_2=127\times2.14=271.78\mathrm{W}$$
$$P_3=U_3I_3=36\times3=108\mathrm{W}$$

显然：$P_1\approx P_2+P_3$

【例 10-7】在图 10-3 中，交流信号源的电动势 $E=120\mathrm{V}$，内阻 $R_0=800\Omega$，负载电阻 $R_L=8\Omega$。

(1) 当 R_L 折算到一次侧的等效电阻 $R_L'=R_0$ 时，求变压器的匝数比和信号源输出的功率；

(2) 当将负载直接与信号源连接时，信号源输出多大功率？

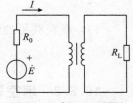

图 10-3 例 10-7 题图

解 (1) 由变压器的匝数比与阻抗之间的关系，得：

$$\left(\dfrac{N_1}{N_2}\right)^2=\dfrac{Z_1}{Z_2}=\dfrac{R_L'}{R_L}$$

$$n=\dfrac{N_1}{N_2}=\sqrt{\dfrac{Z_1}{Z_2}}=\sqrt{\dfrac{R_L'}{R_L}}=\sqrt{\dfrac{800}{8}}=10$$

信号源的输出功率为：

$$P=\left(\dfrac{E}{R_0+R_L'}\right)^2R_L'=\left(\dfrac{120}{800+800}\right)^2\times800=4.5\mathrm{W}$$

(2) 当将负载直接接在信号源上时，信号源的输出功率为：

$$P=\left(\dfrac{E}{R_0+R_L}\right)^2R_L=\left(\dfrac{120}{800+8}\right)^2\times8=0.176\mathrm{W}$$

【例 10-8】电源变压器一次侧额定电压为 220 V，二次侧有两个绕组，额定电压和额定电流分别为 440 V、0.5 A 和 110 V、2 A。求一次侧的额定电流和容量。

解 根据变压器容量的定义

$$S_N=U_{2N}I_{2N}$$
$$S_N=S_1+S_2$$
$$S_N=440\times0.5+110\times2=440(\mathrm{V\cdot A})$$

由：

$$S_N=U_{2N}I_{2N}\approx U_{1N}I_{1N}(\mathrm{V\cdot A})$$

一次侧额定电流：

$$I_{1N}=\dfrac{S_N}{U_{1N}}=\dfrac{440}{220}=2\mathrm{A}$$

【例 10-9】在图 10-4 所示的电路中，已知 $E=24\mathrm{V}$，$R_0=80\Omega$，$R_L=5\Omega$，求：(1) 当测得负载两端电压 $U_2=2.4\mathrm{V}$ 时的变比 n；(2) 负载获得的最大输出功率（阻抗匹配）时的变比 n；(3) 负载获得的最大功率。

解 (1) $U_1 = nU_2$

$$U_1 = \frac{E}{R_0 + n^2 R_L} \cdot n^2 R_L$$

即：$\dfrac{E}{R_0 + n^2 R_L} \cdot n^2 R_L = nU_2$

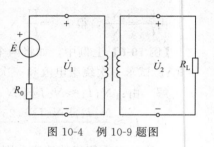

图 10-4 例 10-9 题图

代入数据得：$\dfrac{24}{80 + 5n^2} \cdot 5n^2 = 2.4n$，即 $n^2 - 10n +$

$16 = 0$，解得 $n_1 = 2$，$n_2 = 8$。

欲使一次侧电力较小，取 $n = 8$，否则取 $n = 2$。

（2）欲使负载获得最大输出功率，R_L 折算到一次侧的阻抗应与 R_0 相等，即：

$$R_0 = n^2 R_L$$

$$n = \sqrt{\frac{R_0}{R_L}} = \sqrt{\frac{80}{5}} = 4$$

（3）负载获得的最大功率：

$$P = \left(\frac{E}{R_0 + n^2 R_L}\right)^2 n^2 R_L = \left(\frac{24}{80 + 4^2 \times 5}\right)^2 \times 4^2 \times 5 = 1.8 \text{W}$$

10.3.2 填空题

（1）铁磁性物质的磁化曲线（   ）具有（   ）性、（   ）性和（   ）性的特点。

（2）以铁磁性物质作介质的磁路中，当磁场强度 H 作交变时，磁感应强度 B 不是沿（   ）反复运行，而是沿该铁磁性物质的（   ）反复运行。

（3）铁磁性物质的磁滞回线中，$H = 0$ 时的磁感应强度 B 称为（剩余磁感应强度），简称（   ），用（   ）表示；$B = 0$ 时的磁场强度 B 称为（   ），用（   ）表示。

（4）硬磁材料的特点是磁滞回线较（   ），回线面积较（   ），剩磁和矫顽磁力均较（   ）。在外界励磁电流为零时，仍能保持很强的（   ）。

（5）软磁材料的特点是磁滞回线较（   ），回线面积较（   ），磁导率较（   ），剩磁较（   ）。

（6）约束在（   ）及其（   ）所限定范围内的磁通路称为磁路。

（7）产生磁路中磁通的电流称为（   ）电流。

（8）安培环路定律：磁场强度 H 沿任意闭合路径 l 的线积分等于穿过该闭合路径所围面的（   ）代数和。其表达式为：（   ）。

（9）铁芯线圈的损耗包括（   ）损和（   ）损。

（10）铁芯线圈的铜损是指交变电流在线圈（   ）上产生的损耗，与线圈的（   ）和交变电流的（   ）有关。

（11）磁滞损耗是由于铁磁性物质（   ）特性而引起，与铁磁性物质（   ）和励磁电流的（   ）成正比。

（12）涡流损耗是（   ）在铁芯中流动产生的损耗，与（   ）和（   ）的平方成正比。

（13）涡流损耗虽然有害，但也有变害为利的应用。例如利用涡流的（   ）和加热食品的（   ）等。

（14）铁芯变压器理想化的条件：没有（   ）；没有（   ）；没有（   ）；铁芯材料

的磁导率 μ（　　），即产生磁通的（　　）趋于零。

（15）变压器空载运行时，一次线圈通过的电流即为（　　）电流。

（16）为了减小励磁电流 $\dot{I}_0$，可选用（　　）材料的硅钢片；（　　）一次线圈匝数 N_1；（　　）铁芯截面积 S；（　　）气隙和硅钢片间空隙等。$\dot{I}_0$ 越小，变压器（　　）越小，（　　）越高，越接近于（　　）特性。

（17）变压器额定容量定义为（　　）与（　　）的乘积。

（18）自耦变压器一、二次共用（　　），（　　）可以调节。使用时应特别注意：①一、二次绕组不可（　　）；②（　　）不能接反；③调压时必须从（　　）起调；使用完毕，必须回归（　　）。

（19）电压互感器特点是匝数比较（　　），用于测量（　　）。使用时，二次绕组不允许（　　），且其中一端必须接（　　）。

（20）电流互感器特点是匝数比很（　　），用于测量（　　）。使用时，二次绕组不允许（　　），且其中一端必须接地。

（21）钳形电流表是一种变形的（　　），用于在（　　）的情况下测量交流电路电流。

（22）电磁铁是利用铁芯线圈通电生成磁场，吸引（　　）动作，带动其他机械装置联动的一种电器。当电源断开时，（　　）消失，（　　）复位。

10.3.3　选择题

（1）一个铁芯线圈，接在直流电压不变的电源上，当铁芯的横截面积变大而磁路的平均长度不变时，励磁电流将（　　）。

A. 增大　　　　　　　　B. 减小　　　　　　　　C. 不变　　　　　　　　D. 不确定

（2）一个铁芯线圈，接在交流电压不变的电源上，当铁芯的横截面积变大而磁路的平均长度不变时，励磁电流将（　　）。

A. 增大　　　　　　　　B. 减小　　　　　　　　C. 不变　　　　　　　　D. 不确定

（3）交流铁芯线圈，如果励磁电压不变，而频率减半，铜损 P_{Cu} 将（　　）。

A. 增大　　　　　　　　B. 减小　　　　　　　　C. 不变　　　　　　　　D. 不确定

（4）两个直流铁芯线圈除了铁芯截面积不同（$S_1 = 2S_2$）外，其他参数都相同，若两者的磁感应强度相等，则两线圈的电流 I_1 和 I_2 的关系为（　　）。

A. $I_1 = 2I_2$　　　　　B. $I_1 = I_2$　　　　　C. $I_1 = 0.5I_2$　　　　D. 不确定

（5）两个交流铁芯线圈除了匝数不同（$N_1 = 2N_2$）外，其他参数都相同，若将这两个线圈接在同一交流电源上，则它们的电流 I_1 和 I_2 的关系为（　　）。

A. $I_1 > I_2$　　　　　B. $I_1 < I_2$　　　　　C. $I_1 = I_2$　　　　　D. 不确定

（6）两个完全相同的交流铁芯线圈，分别工作在电压相同而频率不同（$f_1 > f_2$）的两电源下，此时线圈磁通 Φ_1 和 Φ_2 的关系是（　　）。

A. $\Phi_1 > \Phi_2$　　　　B. $\Phi_1 < \Phi_2$　　　　C. $\Phi_1 = \Phi_2$　　　　D. 不确定

（7）两个完全相同的交流铁芯线圈，分别工作在电压相同而频率不同（$f_1 > f_2$）的两电源下，此时线圈的电流 I_1 和 I_2 的关系是（　　）。

A. $I_1 > I_2$　　　　　B. $I_1 < I_2$　　　　　C. $I_1 = I_2$　　　　　D. 不确定

（8）交流铁芯线圈中的功率损耗来源于（　　）。

A. 漏磁通　　　　　　B. 铁芯的磁导率 μ　　C. 铜损和铁损　　　　D. 不确定

(9) 输出变压器一次绕组匝数为 N_1，二次绕组有匝数为 N_2 和 N_3 的两个抽头。将 16Ω 的负载接匝数为 N_2 的抽头，或将 4Ω 的负载接匝数为 N_3 的抽头，它们换算到一次绕组的阻抗相等，均能达到阻抗匹配，则 $N_2:N_3$ 应为（　　）。

A. $4:1$　　　　　　B. $1:1$　　　　　　C. $1:2$　　　　　　D. $2:1$

(10) 一台额定容量为 100 kVA 的变压器，其额定视在功率应该（　　）。

A. 等于 100kVA　　　　　　　　　　　B. 大于 100kVA

C. 小于 100kVA　　　　　　　　　　　D. 等于 $100\sqrt{2}$ kVA

(11) 一变压器，负载是纯电阻，忽略变压器的漏磁损耗，输入功率为 P_1，输出功率为 P_2，有（　　）。

A. $P_1 > P_2$　　　　B. $P_1 < P_2$　　　　C. $P_1 = P_2$　　　　D. $P_1 \geqslant P_2$

(12) 一个负载 R_L 经理想变压器接到信号源上，已知信号源的内阻 $R_0 = 800\Omega$，变压器的变比 $K = 10$，若该负载折算到一次侧的阻值 R'_L 正好与 R_0 达到阻抗匹配，则负载 R_L 为（　　）。

A. 800Ω　　　　B. 0.8Ω　　　　C. 10Ω　　　　D. 8Ω

(13) 一个 $R_L = 8\Omega$ 的负载，经理想变压器接到信号源上。信号源的内阻 $R_0 = 800\Omega$，变压器一次绕组的匝数 $N_1 = 1000$，若要通过阻抗匹配使负载得到最大功率，则变压器二次绕组的匝数 N_2 应为（　　）。

A. 200　　　　　　B. 1000　　　　　　C. 500　　　　　　D. 100

(14) 某单相变压器如图 10-5 所示，两个一次绕组的额定电压均为 110V，二次绕组额定电压为 6.3V，若电源电压为 220V，则应将一次绕组的（　　）端相连接，其余两端接电源。

A. 2 和 3　　　　　　B. 1 和 3　　　　　　C. 2 和 4　　　　　　D. 1 和 4

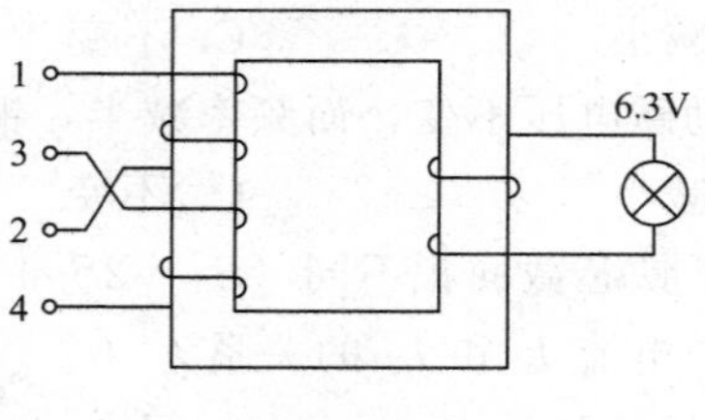

图 10-5

10.3.4　判断题

(1) 磁感应线是一种假想的概念，实际并不存在。　　　　　　　　　　　　　　（　　）

(2) 磁感应线是闭合回线，始于 N 极，终于 S 极。　　　　　　　　　　　　　（　　）

(3) 磁感应强度就是磁场强度。　　　　　　　　　　　　　　　　　　　　　　（　　）

(4) 磁感应强度就是磁通密度。　　　　　　　　　　　　　　　　　　　　　　（　　）

(5) 硬磁材料适宜于制作电机和变压器中的铁芯。　　　　　　　　　　　　　　（　　）

(6) 软磁材料适宜于制作永久磁铁。　　　　　　　　　　　　　　　　　　　　（　　）

(7) 磁感应强度 B 的变化滞后于磁场强度 H 的变化称为铁磁性物质的磁滞性。（　　）

(8) 电路中存在断路状态，磁路中没有断路状态。　　　　　　　　　　　　　　（　　）

（9）磁滞损耗与铁磁性物质磁滞回线面积成正比。　　　　　　　　　　（　　）

（10）铁芯线圈的涡流损耗与激励频率 f 和磁感应强度最大值 B_m 成正比。　（　　）

（11）变压器的空载电流就是励磁电流。　　　　　　　　　　　　　　　（　　）

（12）变压器的励磁电流就是磁化电流。　　　　　　　　　　　　　　　（　　）

（13）变压器有载运行时铁芯中的磁通 Φ 是由一次电流 $\dot{I}_1$ 和二次电流 $\dot{I}_2$ 共同产生的。
　　　　　　　　　　　　　　　　　　　　　　　　　　　　　　　　（　　）

（14）变压器有载运行时二次电流 $\dot{I}_2$ 产生的磁通会部分抵消一次电流 $\dot{I}_1$ 产生的磁通。
　　　　　　　　　　　　　　　　　　　　　　　　　　　　　　　　（　　）

（15）变压器额定容量定义为一次线圈额定电压 U_{1N} 与额定电流 I_{1N} 的乘积。（　　）

（16）将硅钢加工成片状是为了减小变压器的磁滞损耗。　　　　　　　　（　　）

（17）在钢中适量加入绝缘材料二氧化硅，炼成硅钢，是为了减小涡流损耗。（　　）

（18）自耦变压器只有一个绕组。　　　　　　　　　　　　　　　　　　（　　）

（19）单相自耦变压器，输入电压为 220V，输出电压可在 0～250V 之间调节。（　　）

（20）电压互感器二次绕组不允许开路，且其中一端必须接地。　　　　　（　　）

（21）电流互感器二次绕组不允许短路，且其中一端必须接地。　　　　　（　　）

（22）电流互感器匝数比很大，二次绕组只有一匝或几匝。　　　　　　　（　　）

（23）直流电磁铁的电磁吸力在吸合过程中基本不变。　　　　　　　　　（　　）

（24）交流电磁铁的电磁吸力是交变的，但其平均值在吸合过程中基本不变。（　　）

（25）交流电磁铁的吸力按电源频率颤动，引起很大噪声。　　　　　　　（　　）

（26）交流电磁铁在吸合过程中励磁电流基本不变。　　　　　　　　　　（　　）

10.3.5　基本题

（1）有一线圈，其匝数 $N=1000$，绕在由铸钢制成的闭合铁芯上，铁芯的截面积 $S=20\text{cm}^2$，铁芯的平均长度 $l=50\text{cm}$，如果要在铁芯中产生 $\Phi=0.002\text{ Wb}$ 的磁通，试问线圈中应通入多大的直流电流？

解　依题意，磁感应强度：

$$B=\frac{\Phi}{S}=\frac{0.002}{20\times10^{-4}}\text{T}=1\text{T}$$

查铸钢的磁化曲线，对应 $B=1\text{T}$ 的磁场强度 $H=0.7\times10^3\text{A/m}$。

所以，励磁电流：

$$I=\frac{Hl}{N}=\frac{0.7\times10^3\times50\times10^{-2}}{1000}\text{A}=0.35\text{A}$$

（2）如果上习题的铁芯中含有一长度为 $\delta=0.2\text{cm}$ 的空气隙（与铁芯柱垂直），由于空气隙较短，磁通的边缘扩散可忽略不计，试问线圈中的电流必须多大才可使铁芯中的磁感应强度保持不变？

解　依题意，磁感应强度应为 1T，且由于空气隙较短，磁通的边缘扩散忽略不计，则气隙中的 $B_\delta\approx B=1\text{T}$，

$$\sum Hl=Hl_{\text{Fe}}+H_0\delta$$

$$=Hl_{\text{Fe}}+\frac{B_0}{\mu_0}\delta$$

$$= 0.7 \times 10^3 \times (50 - 0.2) \times 10^{-2} + \frac{1}{4\pi \times 10^{-7}} \times 0.2 \times 10^{-2} \text{A}$$

$$= 1941 \text{A}$$

所以，励磁电流：

$$I = \frac{\sum Hl}{N} = \frac{1941}{1000} = 1.941 \text{A}$$

（3）为了求出铁芯线圈的铁损耗，先将它接在直流电源上，从而测得线圈的电阻为 1.75Ω；然后接在交流电源上，测得电压 $U = 120\text{V}$，功率 $P = 70\text{W}$，电流 $I = 2\text{A}$。试求铁损耗和线圈的功率因数。

解 依题意：

$$P = P_{\text{Fe}} + P_{\text{Cu}}$$

$$P_{\text{Cu}} = I^2 \cdot R = 2^2 \times 1.75 = 7\text{W}$$

$$P_{\text{Fe}} = P - P_{\text{Cu}} = 70 - 7 = 63\text{W}$$

功率因数：

$$\cos\varphi = \frac{P}{UI} = \frac{70}{120 \times 2} = 0.29$$

（4）有一交流铁芯线圈，接在 $f = 50\text{Hz}$ 的正弦电源上，在铁芯中得到磁通的最大值为 $\Phi_{\text{m}} = 2.25 \times 10^{-3} \text{Wb}$。现在此铁芯上再绕一个线圈，其匝数为 200。当此线圈开路时，求其两端电压。

解 原有线圈可视为原绕组，后绕绕组可视为副绕组，则通过副绕组的磁通的最大值亦为 $\Phi_{\text{m}} = 2.25 \times 10^{-3} \text{Wb}$，由 $U_{20} = 4.44 f N_2 \Phi_{\text{m}}$，得：

$$U_{20} = 4.44 \times 50 \times 200 \times 2.25 \times 10^{-3}$$

$$= 99.9\text{V}$$

（5）将一铁芯线圈接于电压 $U = 100\text{V}$、频率 $f = 50\text{Hz}$ 的正弦电源上，其电流 $I_1 = 5\text{A}$，$\cos\varphi_1 = 0.7$。若将此线圈中的铁芯抽出，再接于上述电源上，则线圈中电流 $I_2 = 10\text{A}$，$\cos\varphi_2 = 0.05$。试求此线圈在具有铁芯时的铜损耗和铁损耗。

解 铁芯线圈总损耗：$P = U_1 I_1 \cos\varphi_1 = 100 \times 5 \times 0.7 = 350\text{W}$

$$P = P_{\text{Fe}} + P_{\text{Cu}}; \quad P_{\text{Cu}} = I^2 R$$

由：$P_2 = U_2 I_2 \cos\varphi_2 = 100 \times 10 \times 0.05 = 50\text{W}$，$P_2$ 为空心线圈电阻消耗功率，所以：

$$R = \frac{P}{I^2} = \frac{50}{10^2} = 0.5\Omega$$

铁芯线圈的铜损耗和铁损耗：$P_{\text{Cu}} = I^2 R = 5^2 \times 0.5 = 12.5\text{W}$

$$P_{\text{Fe}} = P - P_{\text{Cu}} = 350 - 12.5 = 337.5\text{W}$$

（6）如果变压器一次绕组的匝数增加一倍，而所加电压不变，试问励磁电流将有何变化？

解 根据 $U_1 = 4.44 f N_1 \Phi_{\text{m}}$，若一次绕组的匝数增加一倍，而所加电压不变

则：

$$U_1 = 4.44 f (2 \times N_1) \Phi_{\text{m}} \times \frac{1}{2}$$

即：Φ_{m} 减小一半，B_{m} 减小一半，H_{m} 减小一半，设 $H'_{\text{m}} = \frac{1}{2} H_{\text{m}}$

则：
$$H'_{\mathrm{m}} \cdot l = \frac{1}{2} H_{\mathrm{m}} \cdot l = N'_1 \cdot I'_1 = 2N_1 \cdot I'_1$$

$$I'_1 = \frac{1}{4} \cdot \frac{H_{\mathrm{m}} l}{N_1} = \frac{1}{4} \cdot I_1$$

所以：若一次绕组的匝数增加一倍，而所加电压不变，励磁电流减小为原来的 $\frac{1}{4}$。

(7) 变压器的额定电压为 220V/110V，如果不慎将低压绕组接到 220V 电源上，试问励磁电流有何变化？后果如何？

解 根据 $U_1 = 4.44 f N_1 \Phi_{\mathrm{m}}$，$U_{20} \approx 4.44 f N_2 \Phi_{\mathrm{m}}$，若 $U_{20} \approx 220\mathrm{V}$，则 Φ_{m} 为原来的 2 倍，造成磁路饱和，励磁电流增大，烧毁低压绕组。

(8) 变压器铭牌上标出的额定容量是"千伏安"，而不是"千瓦"，为什么？额定容量是指什么？

解 变压器的额定容量是指其允许输出的视在功率 S_{N}，故用"千伏·安"表示，它等于额定电压和额定电流的乘积。

(9) 某变压器的额定频率为 60Hz，用于 50Hz 的交流电路中，能否正常工作？试问主磁通 Φ_{m}、励磁电流 I_0、铁损耗 ΔP_{Fe}、铜损耗 ΔP_{Cu} 及空载时二次侧电压 U_{20} 等各量与原来额定工作时比较有无变化？设电源电压不变。

解 根据 $U_1 = 4.44 f N_1 \Phi_{\mathrm{m}}$，电源电压 U_1 不变，频率由 60 Hz 降为 50Hz，主磁通 Φ_{m} 将增大，必然导致励磁电流 I_0 增大，铁损耗 ΔP_{Fe} 增大，铜损耗 ΔP_{Cu} 也增大，空载时二次侧电压 U_{20} 不变。

(10) 如果错误地把电源电压 220V 接到调压器的 4、5 两端 (图 10-6)，试分析会出现什么问题？

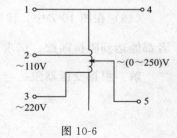

图 10-6

解 调压器的 4，5 端为输出端，将电源电压接在 4，5 端时，若滑动端在最上方，将造成电源短路；若滑动端不在最上方，则调压器绕组将过电压，而将其烧坏，接在原边的设备也将因过电压而损坏。

(11) 调压器用毕后为什么必须转到零位？

解 (a) 调压器手轮不在零位，可能引起电路过电压或过电流；

(b) 若不转到零位，下次使用时有可能使设备过电压。

(12) 有一单相照明变压器，容量为 10kVA，电压为 3300V/220 V。今欲在二次绕组接上 60W/220V 的白炽灯，如果要变压器在额定情况下运行，这种电灯可接多少个？并求一、二次绕组的额定电流。

解 由：
$$S_{\mathrm{N}} = U_{1\mathrm{N}} I_{1\mathrm{N}} = U_{2\mathrm{N}} I_{2\mathrm{N}}$$

$$I_{1\mathrm{N}} = \frac{S_{\mathrm{N}}}{U_{1\mathrm{N}}} = \frac{10 \times 10^3}{3300} = 3.03\mathrm{A}$$

$$I_{2\mathrm{N}} = \frac{S_{\mathrm{N}}}{U_{2\mathrm{N}}} = \frac{10 \times 10^3}{220} = 45.45\mathrm{A}$$

$$I = \frac{P}{U} = \frac{60}{220} = 0.273\mathrm{A}$$

$$n = \frac{I_{2\mathrm{N}}}{I} = \frac{45.45}{0.273} \approx 166$$

（13）有一台单相变压器，额定容量为 10 kVA，二次侧额定电压为 220V，要求变压器在额定负载下运行，接 220V/40W、功率因数为 0.44 的日光灯，可接多少只？设每灯镇流器的损耗为 8W。

解 变压器输出有功功率：$P=S_N\cos\varphi=10\times10^3\times0.44=4400W$

每盏日光灯消耗总有功功率： $P=40+8=48W$

$$n=\frac{4400}{48}=91$$

（14）有一台额定容量为 50kVA、额定电压为 3300V/220V 的变压器，试求当二次侧达到额定电流、输出功率为 39kW、功率因数为 0.8（滞后）时的电压 U_2。

解 由：$S_N=U_{2N}I_{2N}$

$$I_{2N}=\frac{S_N}{U_{2N}}=\frac{50000}{220}=227.27A$$

由： $$P=U_2I_2\cos\varphi$$

$$U_2=\frac{P}{I_2\cos\varphi}=\frac{39000}{227.27\times0.8}=214.5V$$

（15）有一台 100 kVA、10kV/0.4kV 的单相变压器，在额定负载下运行，已知铜损耗为 2270W，铁损耗为 546W，负载功率因数为 0.8。试求满载时变压器的效率。

解 变压器供负载消耗的有功功率：$P_2=UI\cos\varphi=S\cos\varphi=100\times0.8=80kW$

实际消耗总功率 $P=P_2+P_{Cu}+P_{Fe}=80+2.27+0.546=82.816kW$

$$\eta=\frac{P_2}{P}\times100\%=\frac{80}{82.816}\times100\%=96.6\%$$

（16）在图 10-7 中，输出变压器的二次绕组有抽头，以便接 8Ω 或 3.5Ω 的扬声器，两者都能达到阻抗匹配。试求二次绕组两部分匝数之比 $\dfrac{N_2}{N_3}$。

解 根据变压器阻抗与变比的关系得：

$$\left(\frac{N_1}{N_2+N_3}\right)^2=\frac{R_1}{R_2+R_3}$$

$$\left(\frac{N_1}{N_3}\right)^2=\frac{R_1}{R_3}$$

$$\left(\frac{N_2+N_3}{N_3}\right)^2=\frac{R_2+R_3}{R_3}=\frac{8}{3.5};\quad\frac{N_2}{N_3}=\sqrt{\frac{8}{3.5}}-1=0.51$$

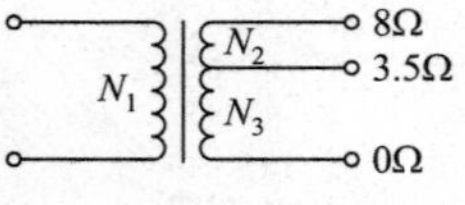

图 10-7

（17）如图 10-8 所示的变压器有两个相同的一次绕组，每个绕组的额定电压为 110V，二次绕组的电压为 6.3 V。

（a）试问当电源电压在 220V 和 110V 两种情况下，一次绕组的四个接线端应如何正确连接？在这两种情况下，二次绕组两端电压及其中电流有无改变？每个一次绕组中的电流有无改变（设负载一定）？

（b）在图 10-8 中，如果把接线端 2 和 4 相连，而把 1 和 3 接在 220 V 的电源上，试分析这时将发生什么情况？

解 （a）当电源电压为 220V 情况下，一次绕组的 2 端与 3 端短接，1 端和 4 端加 220V；若电源电压为 110V 情况下，一次绕组的 1 端与 3 端短接，2 端和 4 端短接，220V 由两个短接点接入。

因为每个一次绕组的电压为110V未变，所以负载不变时，每个一次绕组中的电流无改变。

（b）图中，若将2端和4端相连，而把1端和3端接在220V的电源上，这时将发生短路情况。因为两个相同的绕向一致的线圈，逆次连接，造成短路。

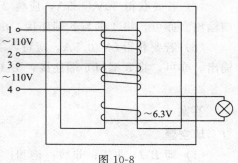

图10-8

（18）如图10-9所示为一电源变压器，一次绕组有550匝，接220V电压。二次绕组有两个：一个电压36V，负载36W；一个电压12V，负载24W。两个都是纯电阻负载。试求一次电流和两个二次绕组的匝数。

解 根据变压器原边，副边电压与匝数比的关系得：

$$\frac{N_1}{N_2}=\frac{U_1}{U_2}=\frac{220}{36}=\frac{550}{N_2}; N_2=90$$

$$\frac{N_1}{N_3}=\frac{U_1}{U_3}=\frac{220}{12}=\frac{550}{N_3}; N_3=30$$

$$I_2=\frac{P_2}{U_2}=\frac{36}{36}=1A, I_3=\frac{P_3}{U_3}=\frac{24}{12}=2A$$

由：

$$N_1 I_1 = N_2 I_2 + N_3 I_3$$

$$I_1=\frac{N_2 I_2 + N_3 I_3}{N_1}=\frac{90\times1+30\times2}{550}=0.27A$$

（19）如图10-10所示是一个有三个二次绕组的电源变压器，试问能得到多少种输出电压？

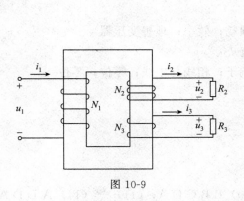

图10-9

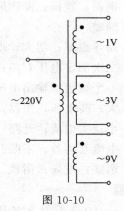

图10-10

解 因为三个二次绕组的电压不同，故不可以并联，所以，三个绕组依次进行顺接和逆接组合，共可产生：1V；3V；9V；4V；2V；10V；8V；12V；6V；13V；5V；11V和17V共13种输出电压。

（20）某电源变压器各绕组的极性以及额定电压和额定电流如图10-11所示，二次绕组应如何连接能获得以下各种输出？

（a）24V/1A；（b）12V/2A；（c）32V/0.5A；（d）8V/0.5A。

解 （a）若要获得24V/1A的输出，应将2端与3端连接，由1端和4端输出。

（b）若要获得12V/2A，应将1端与3端短接，2端和4端短接，由两个短接点输出。

（c）若要获得 32V/0.5A，应将 2 端与 5 端连接，由 1 端和 6 端输出。亦可，将 4 端与 5 端连接，由 3 端和 6 端输出。

（d）若要获得 8V/0.5A，应将 2 端与 6 端连接，由 1 端和 5 端输出。亦可，将 3 端与 5 端连接，由 4 端和 6 端输出。

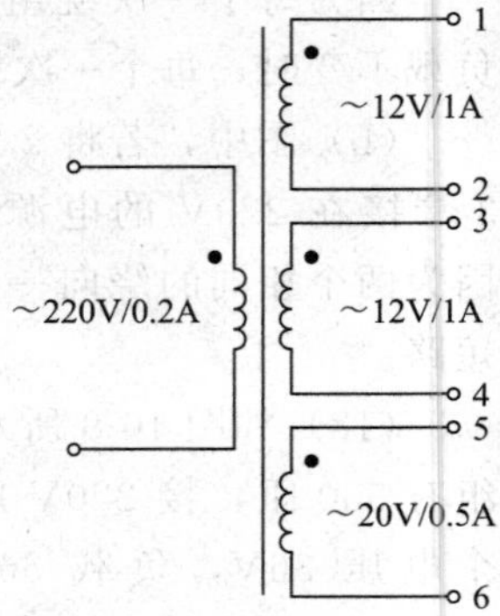

1
~12V/1A
2
3
~12V/1A
~220V/0.2A
4
5
~20V/0.5A
6

图 10-11

答案

填空题

（1）即 B-H 曲线；非线；饱和；磁滞

（2）起始磁化曲线；磁滞回线

（3）剩余磁感应强度；剩磁；B_r；矫顽磁力；H_c

（4）宽；大；大；剩磁

（5）窄；小；高；小

（6）铁芯；气隙

（7）励磁

（8）电流；$\oint_l H \mathrm{d}l = \sum I$

（9）铜；铁

（10）直流电阻；直流电阻；大小

（11）磁滞；磁滞回线面积；频率

（12）涡流；激励频率 f；磁感应强度的最大值 B_m

（13）中频炼钢炉；电磁炉

（14）铜损；铁损；漏磁通；趋于无穷大；磁化电流

（15）励磁

（16）高导磁率；增大；增大；减小；损耗；效率；理想变压器

（17）二次额定电压 U_{2N}；二次额定电流 I_{2N}

（18）一个绕组；输出电压；接错接线端子；相线与中线；零位；零位

（19）大；高电压；短路；地

（20）小；大电流；开路

（21）电流互感器；不断开电路

（22）衔铁；磁场；衔铁

选择题

（01）—（05）C B A B B；（06）—（10）B B C D A；（11）—（14）A D D A

判断题

（01）—（05）√ √ × √ ×；（06）—（10）× √ √ √ ×；

（11）—（15）√ × √ √ ×；（16）—（20）× √ √ √ ×；

（21）—（26）× × × √ × ×

第 11 章　交流电动机

11.1　基本要求

了解三相异步电动机的工作原理，理解其结构特点。
掌握机械特性及最大转矩，额定转矩的概念和计算。
掌握启动，反转方法，了解制动，调速方法。
理解三相交流异步电动机铭牌数据的意义。

11.2　学习指南

11.2.1　主要内容综述

（1）三相异步电动机的构造

三相异步电动机主要由定子和转子两部分构成。定子是静止部分，由铁芯和三相绕组组成，绕组的连接方式不同可以构成不同的极对数 p。转子是转动部分，分为笼型和绕线式两种。笼型转子自成一个闭合电路，绕线式转子则将接线端通过电刷引出电动机。

定子三相绕组通过三相电流后产生旋转磁场，旋转磁场与转子的相对运动使转子切割磁场产生感应电动势和电流，而转子电流又与旋转磁场作用产生电磁转矩，从而推动转子转动。以下是几个重要概念。

① 旋转磁场的转速为 $n_0=\dfrac{60f_1}{p}$，与电流频率 f_1 和极对数 p 有关。

② 旋转磁场的方向与三相电流的相序有关，改变相序可以改变旋转磁场的方向。

③ 转子感应电势 E_2 和电流 I_2 的大小及频率 f_2 均正比于转速差 $\Delta n=n_0-n$。转子与旋转磁场的转速差是产生电磁矩的必要条件，也是"异步"一词的由来。

④ 转速 n：异步 $n_0>n$，$n=（1-s）\dfrac{60f_1}{p}$，转差率 $s=\dfrac{n_0-n}{n_0}$。

⑤ 当转差率 $s=\dfrac{n_0-n}{n_0}=0$ 时，电磁转矩消失，所以转子的转速恒小于旋转磁场的转速。

（2）定子电路与转子电路中的电压-电流关系

① 电压平衡方程式　定子三相对称绕组，取其中一相。

$$\dot{U}_1=\dot{I}_1r_1+j\dot{I}_1x_1-\dot{E}\approx-\dot{E}=j4.44f_1N_1k_1\dot{\Phi}$$

转子短路，即：

$$\dot{U}_2=0$$

$$\dot{E}_2=-j4.44f_2N_2k_2\dot{\Phi}$$

$$\dot{E}_2=\dot{I}_2r_2+j\dot{I}_2X_2$$

式中，$\dot{\Phi}$ 为旋转磁场每极磁通。

转子电势和电流的大小与频率正比于转差 Δn，故 $f_2 = sf_1$，于是有：

$$E_2 = sE_1 = 4.44f_1N_2k_2\Phi s$$

$$X = 2\pi f_2 L_{\delta 2} = s \cdot 2\pi f_1 L_{\delta 2} = sX_{20}$$

$$I_2 = \frac{E_2}{\sqrt{r_2^2 + X_2^2}} = \frac{sE_{20}}{\sqrt{r_2^2 + (sX_{20})^2}}$$

$$\cos\varphi_2 = \frac{r_2}{\sqrt{r_2^2 + X_2^2}} = \frac{r_2}{\sqrt{r_2^2 + (sX_{20})^2}} \text{（转子电路功率因数）}$$

② 磁势平衡方程式

$$\dot{I}_1 N_1 k_1 + \dot{I}_2 N_2 k_2 \approx \dot{I}_{10} N_1 k_1$$

或

$$\dot{I}_1 = \dot{I}'_1 + \dot{I}_{10}$$

式中，$\dot{I}_{10}$ 为空载电流；$\dot{I}'_1 = -\dfrac{N_2 k_2}{N_1 k_1} \dot{I}_2$

③ 输入电功率 P_{IN}

$$P_{IN} = \sqrt{3} U_{IN} I_{IN} \cos\varphi_N$$

式中，U_{IN} 为额定线电压；I_{IN} 为额定线电流；$\cos\varphi_N$ 为电动机额定功率。

（3）转矩与功率

① 电磁转矩　由电磁力公式 $F = BIL$ 可导出 $T = K_T I_2 \Phi \cos\varphi_2$，将 I_2 及 $\cos\varphi_2$ 代入，得

$$T = \frac{K_T s r_2 U_1^2}{r_2^2 + (sX_{20})^2}$$

② 额定功率

$$P_N = \frac{T_N n_N}{9550} \text{（kW）}$$

③ 过载能力

$$\lambda_T = \frac{T_m}{T_N}$$

（4）能量转换关系

① 转矩平衡关系

$$T = T_0 + T_2 \approx T_2$$

② 功率平衡关系

$$P_1 = p_{Cu} + p_{Fe} + P_{jX} + P_2$$

$$\eta = \frac{P_2}{P_1}$$

（5）三相异步电动机的启动、反转，调速和制动

① 电动机启动有一个过程，启动初始瞬间（$n = 0$，$s = 1$）的电流和转矩。

一台电动机能否直接启动，有一定规定。小容量（二三十千瓦以下）的电动机一般都可以直接启动。

采用 Y-△ 换接或自耦变压器降压启动时，都只能减小启动电流，不能增大启动转矩；而绕线型电动机启动时在转子电路中接入适当的启动电阻后，就能同时减小启动电流和增大启动转矩。

绕线型电动机启动，只要在转子电路中接入大小适当的启动电阻，就可达到减小启动电

流的目的；同时，也提高了启动转矩。所以它常用于要求启动转矩较大的生产机械上，如卷扬机、锻压机、起重机及转炉等。

② 电动机转动的方向和磁场旋转的方向是相同的，而后者与通入定子绕组的三相电流的相序有关。因此，只要改变电流通入的相序，就是将同三相电源连接的三根导线中的任意两根的一端对调位置，旋转磁场和电动机的转动方向也就改变。

③ 三相异步电动机的调速

变频调速：可实现无级调速，但需要专用的变频电源。

变极调速：无需专用设备，但只能实现分级调速，且每相定子绕组要分成几段。对笼型电动机的调速，一直采用变极调速，但这种调速是有级的。近十多年来，大力研究笼型电动机的无级变频调速，并已较广地得到采用。

变转差率调速：类似于串阻启动，用于绕线式电动机，以实现平滑调速。

④ 三相异步电动机制动

能耗制动：是指用消耗转子的动能（转换为电能）来进行制动的。这种制动能量消耗小，制动平稳，但需要直流电源。

反接制动：将接到电源的三根导线中的任意两根的一端对调位置，使旋转磁场反向旋转，使转矩方向与电动机的转运方向相反，起到制动的作用。这种制动比较简单，效果较好，但能量消耗较大。

发电反馈制动：当转子的转速 n 超过旋转磁场的转速 n_0 时，电动机已转入发电机运行，把能量反馈到电网，实现发电反馈制动。

（6）三相异步电动机的铭牌数据

必须要看懂铭牌数据，了解各个数据的意义，根据三相绕组的始末端能正确连接成星形或三角形。且了解电动机的工作特性曲线和正确选择电动机的容量，防止"大马拉小车"，并力求缩短空载时间，以提高效率和功率因数。

铭牌上的电动机额定功率是指在额定运行时输出的机械功率 P_2，不是输入的电功率 P_1。

两者之比是电动机的效率：$\eta = \dfrac{P_2}{P_1}$。

11.2.2 重点难点解析

① 三相异步电动机的两个基本组成部分为定子（固定部分）和转子（旋转部分）。

② 欲使异步电动机旋转，必须有旋转的磁场和闭合的转子绕组，并且旋转的磁场和闭合的转子绕组的转速不同，这也是"异步"二字的含义；三相电源流过在空间互差一定角度按一定规律排列的三相绕组时，便会产生旋转磁场；旋转磁场的方向是由三相绕组中电源相序决定的；三相异步电动机旋转磁场的转速 n_0 与电动机磁极对数 p 有关。转差率 s 用来表示转子转速 n 与磁场转速 n_0 相差的程度的物理量。转差率是异步电动机的一个重要的物理量，异步电动机运行时，转速与同步转速一般很接近，转差率很小。

③ 电磁转矩 T 的大小与转子绕组中的电流 I 及旋转磁场的强弱有关。$T = K_T \Phi I_2 \cos\varphi_2$。转矩 T 还与定子每相电压 U_1 的平方成比例，所以当电源电压有所变动时，对转矩的影响很大。此外，转矩 T 还受转子电阻 R_2 的影响。三个转矩如下。

额定转矩 T_N，额定转矩 T_N 是异步电动机带额定负载时，转轴上的输出转矩。

最大转矩 T_m，T_m 又称为临界转矩，是电动机可能产生的最大电磁转矩。它反映了电动机的过载能力。

启动转矩 T_{st}，T_{st} 为电动机启动初始瞬间的转矩，即 $n=0$，$s=1$ 时的转矩。

④ 异步电动机有两种直接启动方法：直接启动和降压启动。直接启动简单、经济，应尽量采用；电机容量较大时应采用降压启动以限制启动电流，常用的降压启动方法有 Y-△ 降压启动、自耦变压器降压启动和定子串电阻降压启动等。

⑤ 电动机的铭牌数据用来标明电动机的额定值和主要技术规范，在使用中应遵守铭牌的规定。

11.3 习题与解答

11.3.1 典型题

【例 11-1】 在三相异步电动机启动初始瞬间，即 $s=1$ 时，为什么转子电流 I_2 大，而转子电路的功率因数小 $\cos\varphi_2$？

解 在刚启动时，由于旋转磁场对静止的转子有着很大的相对转速，磁通切割转子导条的速度很快，这时转子绕组中感应出的电动势和产生的转子电流都很大。但此时转子感抗 sX_{20} 也最大，所以转子电路的功率因数 $\cos\varphi_2$ 为最小。

【例 11-2】 Y280M-2 型三相异步电动机的额定数据如下：$P_N=90\text{kW}$，$n_N=2970\text{r/min}$，$f_1=50\text{Hz}$。试求额定转差率和转子电流的频率。

解 显然，该电动机是两个极的（一对磁级 $P=1$），同步转速为 $n_0=3000\text{r/min}$。于是得出：

$$s=\frac{n_0-n}{n_0}=\frac{3000-2970}{3000}=0.01$$

$$f_2=sf_1=0.01\times50=0.5\text{Hz}$$

【例 11-3】 三相异步电动机在正常运行时，如果转子突然被卡住而不有转动，试问这时电动机的电流有何改变？对电动机有何影响？

解 转子被卡住，即 $n=0$，这导致 E_2、I_2 和 I_1 都大大增加，电流可增加到额定电流的 $5\sim7$ 倍。若不及时排除，电动就会因发热而烧毁。

【例 11-4】 某三相异步电动机的额定转速为 1460r/min。当负载转矩为额定转矩的一半是地，电动机的转速约为多少？

解 由教材电动机机械特性曲线 $n=f(T)$ 中看出，ab 段近于直线。当 $n_N=1460\text{r/min}$ 时，$n_0=1500\text{r/min}$，$\Delta n=(1500-1460)=40\text{r/min}$；当负载转矩为额定转矩的一半时，转速约为 $n=1500-\dfrac{\Delta n}{2}=1480\text{r/min}$

【例 11-5】 三相笼型异步电动机在额定状态附近运行，当（1）负载增大；（2）电压升高；（3）频率增高时，试分别说明其转速和电流作何变化？

解 （1）由图 11-1 可见，当保持电动机电压为额定值 U_N，负载转矩由 T_1 增加到 T_2 时，工作点由 b 移至 d，转速略有降低。由图 11-2 可见，n 降低转子电流 I_2 因而增大，定子电流 I_1 也随着增大。

（2）如果电压较额定电压升高不多，铁芯中磁通增大不多，尚未到达磁饱和。这时，在一定负载转矩 T_1 下，电压由 U_N 升高到 U_2 时，工作点由 b 移至 a，转速升高，电流减小。

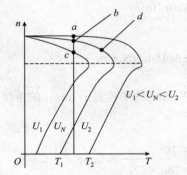

图 11-1 对应于不同电源电压 U_1 的
$n = f(T)$ 曲线（$R_2 =$ 常数）
例 5 题图

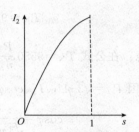

图 11-2 转子电流与转差率的
关系 $I_2 = f(s)$
例 11-5 题图

如果 U_2 较 U_1 高出较多，由 $U_1 \approx 4.44 f_1 N_1 \Phi$ 可知，磁通将增大而进入磁饱和区，致使励磁电流大大增加，电流大于额定电流，使绕组过热。同时，铁损也增大，引起铁芯过热。

（3）频率增高时：

① 由式 $n_0 = \dfrac{60 f_1}{p}$ 可知，$f_1 \uparrow \rightarrow n_0 \uparrow \rightarrow n \uparrow$

② 由式 $U_1 \approx 4.44 f_1 N_1 \Phi$ 可知，$f_1 \uparrow \rightarrow \Phi \downarrow$

又由式 $T = K_T \Phi I_2 \cos \varphi_2$ 可知，电动机在额定状态附近运行时，转差率 s 很小，s 对 $\cos \varphi_2$ 的影响也很小，由于 T 基本不变，$\Phi \downarrow \rightarrow I_2 \uparrow \rightarrow I_1 \uparrow$

所以电动机在额定状态附近运行频率增高时，转速增高，电流增大。

【例 11-6】 在电源电压不变的情况下，如果电动机的三角形连接误接成星形连接，或者是星形连接误接成三角形连接，其后果如何？

解 若将三角形连接的电动机误接成星形，则每相电压降为额定值的 $\dfrac{1}{\sqrt{3}}$，转矩降为原来的 $\dfrac{1}{\sqrt{3}}$。若负载转矩不变，则转速太大下降，甚至停转，于是电流太大，以致烘干电机。

若将星形误接成三角形，则每相电压增为额定值勤的 $\sqrt{3}$ 倍，磁通也增大 $\sqrt{3}$ 倍，引起磁路饱和和电流增大，同样可能烘干电动机。

【例 11-7】 一台四极三相异步电动机的额定功率为 30kW，额定电压为 380V，三角形连接，电源频率为 50Hz，在额定负载下运行时，其转差率为 0.2，效率为 90%，线电流为 57.5A，试求：（1）转子旋转磁场相对于转子的转速；（2）额定转矩；（3）电动机的功率因数。

解 （1）因 $p = 2$，$f_1 = 50 \text{Hz}$

所以，$n_0 = \dfrac{60 f_1}{p} = \dfrac{60 \times 50}{2} = 1500 \text{r/min}$

由 $s = \dfrac{n_0 - n}{n_0}$ 可得旋转磁场对转子的转速为

$$n_0 - n = s n_0 = 0.02 \times 1500 = 30 \text{r/min}$$

（2）额定转速：$n_N = n_0 - sn_0 = (1500-30) = 1470r/min$

故额定转矩为

$$T_N = 9550\frac{P_2}{n_N} = 9550 \times \frac{30}{1470} \approx 194.9N \cdot m$$

（注意：在公式 $T_N = 9550\dfrac{P_2}{n_N}$ 中，P_2 的单位是 kW，n_N 的单位是 r/min，的单位是 N·m）

（3）因 $P_2 = \sqrt{3}\eta U_{1N}I_{1N}\cos\varphi_N$

故

$$\cos\varphi = \frac{P_2}{\sqrt{3}\eta U_{1N}I_{1N}} = \frac{30 \times 10^3}{\sqrt{3} \times 0.9 \times 580 \times 57.5} \approx 0.88$$

11.3.2　填空题

（1）三相异步电动机额定功率为 2.2kW，额定转速为 1430r/min，其额定转矩 T_N = （　　），s_N = （　　）。

（2）三相异步电动机额定转速 $n_N = 1440r/min$，旋转磁场转速 n_0 = （　　），转差率 s_N = （　　），额定状态转子电流频率 f_2 = （　　）。

（3）三相异步电动机的调速方法有：（　　　）；（　　　）；（　　　）。

（4）三相异步电动机额定功率 $P_N = 30kW$，额定电压 $U_N = 380V$，△接法，T_{st}/T_N = 1.2。当负载转矩 $T_C = 0.3T_N$ 时应采用（　　　）启动；当负载转矩 $T_C = 0.6T_N$ 时应用（　　　）启动。

11.3.3　选择题

（1）三相异步电动机运行时输出功率大小取决于（　　）。

A. 定子电流大小　　　　　　　　　　B. 电源电压高低

C. 轴上阻力转矩大小　　　　　　　　D. 额定功率大小

（2）电网电压下降10%，电动机在恒转矩负载下工作，稳定后的状态为（　　）。

A. 转矩减小，转速下降，电流增大

B. 转矩不变，转速下降，电流增大

C. 转矩减小，转速不变，电流减小

D. 转矩不变，转速下降，电流减小

（3）三相异步电动机的转速总是（　　）

A. 与旋转磁场的转速相等　　　　　　B. 与旋转磁场转速无关

C. 低于旋转磁场的转速

（4）某一 50Hz 的三相异步电动机的额定转速为 2890r/min，则其转差率为（　　）。

A. 3.7%　　　　　　B. 0.038　　　　　　C. 2.5%

（5）某一 60Hz 的三相异步电动机，其额定转速为 1720r/min，则其额定转差率为（　　）。

A. 4.4%　　　　　　B. 4.6%　　　　　　C. 0.053

（6）如图 11-3 所示的三相笼型异步电动机中，（　　）与图（a）的转子转向相同。

A. 图（b）　　　　　　B. 图（c）　　　　　　C. 图（d）

（7）某三相异步电动机在额定运行时的转速为 1440r/min，电源频率为 50Hz，此时转子电流的频率为（　　）。

A. 50Hz　　　　　　B. 48Hz　　　　　　C. 2Hz

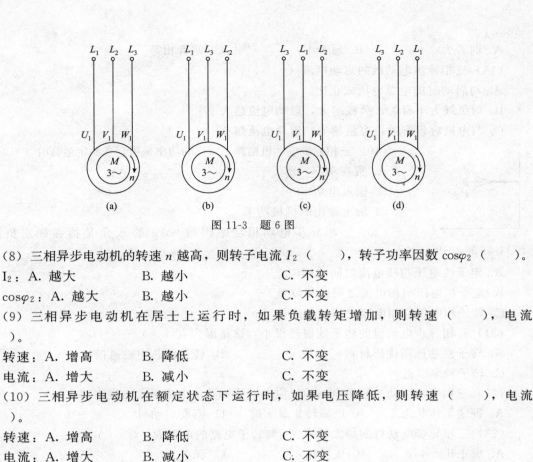

$$L_1 \quad L_2 \quad L_3 \qquad\qquad L_1 \quad L_3 \quad L_2 \qquad\qquad L_3 \quad L_1 \quad L_2 \qquad\qquad L_3 \quad L_2 \quad L_1$$

(a)　　　　　　(b)　　　　　　(c)　　　　　　(d)

图 11-3　题 6 图

(8) 三相异步电动机的转速 n 越高，则转子电流 I_2（　　），转子功率因数 $\cos\varphi_2$（　　）。

I_2：A. 越大　　　　　　B. 越小　　　　　　C. 不变

$\cos\varphi_2$：A. 越大　　　　　　B. 越小　　　　　　C. 不变

(9) 三相异步电动机在居士上运行时，如果负载转矩增加，则转速（　　），电流
（　　）。

转速：A. 增高　　　　　　B. 降低　　　　　　C. 不变

电流：A. 增大　　　　　　B. 减小　　　　　　C. 不变

(10) 三相异步电动机在额定状态下运行时，如果电压降低，则转速（　　），电流
（　　）。

转速：A. 增高　　　　　　B. 降低　　　　　　C. 不变

电流：A. 增大　　　　　　B. 减小　　　　　　C. 不变

(11) 三相异步电动机在额定状态下运行时，如果电源电压略有增高，则转速（　　），
电流（　　）。

转速：A. 增高　　　　　　B. 降低　　　　　　C. 不变

电流：A. 增大　　　　　　B. 减小　　　　　　C. 不变

(12) 三相异步电动机在正常运行时，如果电流频率降低（例如从 50Hz 降到 48Hz），
则转速（　　），电流（　　）。

转速：A. 增高　　　　　　B. 降低　　　　　　C. 不变

电流：A. 增大　　　　　　B. 减小　　　　　　C. 不变

(13) 三相异步电动机在正常运行时，如果电源频率升高，则转速（　　），电流
（　　）。

转速：A. 增高　　　　　　B. 降低　　　　　　C. 不变

电流：A. 增大　　　　　　B. 减小　　　　　　C. 不变

(14) 三相异步电动机在正常运行中如果有一根电源线断开，则（　　）。

A. 电动机立即停转　　　B. 电流立即减小　　　C. 电流大大增大

(15) 三相异步电动机的转矩 T 与定子每相电源电压 U_1（　　）。

A. 成正比　　　　　　B. 平方成比例　　　　　　C. 无关

(16) 三相异步电动机的启动转矩 T_{st} 与转子每相电阻 R_2 有关，R_2 越大时，则 T_{st}（　　）。

A. 越大　　　　　　B. 越小　　　　　　C. 不一定

(17) 三相异步电动机在满载时启动的启动电流与空载时启动的启动电流相比，（　　）。

A. 前者大　　　　　　　B. 前者小　　　　　　　C. 两者相等

（18）三相异步电动机的启动电流（　　）。

A. 与启动时的电源电压成正比

B. 与负载大小有关，负载越大，启动电流越大

C. 与电网容量有关，容量越大，启动电流越小

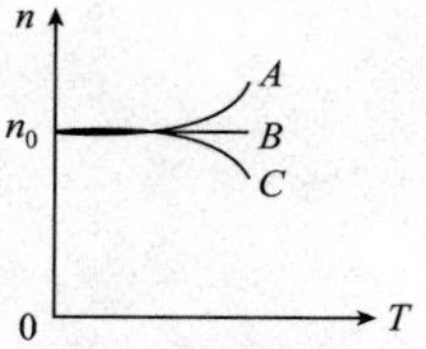

图 11-4　题 25 图

（19）三相异步电动机铭牌上所标的功率是指它在额定运行时（　　）。

A. 视在功率

B. 输入电功率

C. 轴上输出的机械功率

（20）三相异步电动机功率因数 $\cos\varphi$ 的 φ 角是指在额定负载下（　　）。

A. 定子线电压与线电流之间的相位差

B. 定子相电压与相电流之间的相位差

C. 转子相电压与相电流之间的相位差

（21）三相异步电动机的转子铁损耗很小，这是因为（　　）。

A. 转子铁芯选用优质材料　　　　　　　B. 转子铁芯中磁通很小

C. 转子频率很低

（22）三相异步电动机转子电路的感应电动势和感应电流最大出现在（　　）。

A. 额定工作状态下　　　B. 电磁转矩最大时　　　C. 刚要启动时

（23）三相异步电动机的最大转矩 T_m 与转子电路的电阻 R_2（　　）。

A. 成正比　　　　　　　B. 成反比　　　　　　　C. 无关

（24）在额定电压下运行的电动机负载增大时，其定子电流（　　）。

A. 将增大　　　　　　　B. 将减小　　　　　　　C. 不变

（25）如图 11-4 所示，三相异步电动机的机械特性是指（　　）。

（26）英雄模范三相异步电动机的旋转磁场 $n_1=1000\text{r/min}$，转差率 $s=0.03$，则电动机的转速 n 为（　　）

A. 1000r/min　　　　　B. 30r/min　　　　　　C. 970r/min

（27）当三异步电动机的电压降低为额定电压的 90% 时，则电动机的电磁转矩将（　　）。

A. 降低到额定转矩的 81%　　　　　　　B. 增加到额定转矩的 110%

C. 降低到额定转矩的 90%

（28）要使三相异步电动机由正转变为反转，可采用的（　　）。

A. 改变电动机的极对数　　　　　　　B. 改变电动机的转差率

C. 倒定子绕组所接的两个电源线

（29）某三相异步电动机的机械特性如图 11-5 所示，其过载能力为（　　）。

A. 1.2　　　　　　　　B. 1.5　　　　　　　　C. 1.25

（30）三相异步电动机的机械特性如图 11-4 所示，其额定转矩为（　　）。

A. 20N·m　　　　　　B. 24N·m　　　　　　C. 30N·m

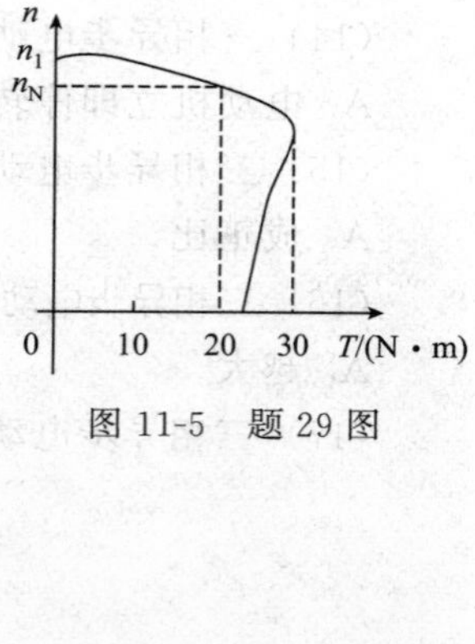

（31）采取适当措施降低三相电动机的启动电流是为了（　　）。

图 11-5　题 29 图

A. 防止电动机烧毁

B. 防止烧断保险丝

C. 防止电网电压波动太大

（32）Y132S-2 型三相同的极对数 p 为（　　）。

A. 2　　　　　　　　B. 1　　　　　　　　C. 4

（33）三相异步电动机的旋转磁场转速 $n_1 = 1500\text{r/min}$，则磁场极对数 p 为（　　）。

A. 2　　　　　　　　B. 3　　　　　　　　C. 4

11.3.4 判断题

（1）三相异步电动机，无论怎样使用，其转差率都在 0 至 1 之间。　　　　　　　（　　）

（2）三相异步电动机运行时，同步转速小于转子转速。　　　　　　　　　　　（　　）

（3）在三相感应电动机的三相定子线圈，输入三个同相的单相交流电，也能使电动机旋转。

（　　）

（4）一台异步电动机在运行中只要加上额定电压、频率不变，极对数不变，同步转速不变，所以转差率就不变。　　　　　　　　　　　　　　　　　　　　　　　　（　　）

（5）三相异步电动机的额定温升，是指电动机额定运行的额定温度。　　　　　（　　）

（6）三相异步电动机的同步转速与电源电压有关，而与电源频率无关。　　　　（　　）

11.3.5 基本题

（1）三相异步电动机在额定电压下运行，试分析当负载转矩 T_C 突然增大 10% 时，电动机的转速 n、转差率 s、转子电势 E_2、电流 I_2、转矩 T、定子电流 I_1、输入功率 P_1 的变化过程。

解　$T\uparrow$　$T_C f T_D$　$n\downarrow \rightarrow s\uparrow \rightarrow E_2\uparrow$

$I_2\uparrow \rightarrow T_D\uparrow T_D = T_C$　$P_2\uparrow$

（2）一台三相异步电动机，当用变频调速方法将电源频率调到 $f_1 = 40\text{Hz}$ 时，测得转速 $n = 1140\text{r/min}$。试求：磁极对数 p；旋转磁场转速 n_0；转差率 s；转子电流频率 f_2；转子旋转磁场对转子转速 n_2；定子旋转磁场对转子的转速 Δn_2；转子旋转磁场对定子的转速 n_2'；定子旋转磁场对转子旋转磁场的转速 n_0'。

解　$p = 2$；$n_0 = 1200\text{r/min}$；$s = 0.05$；$f_2 = 2\text{Hz}$；$n_2 = 60\text{r/min}$；$\Delta n = 60\text{r/min}$；$n_2' = 1200\text{r/min}$；$n_0' = 1200\text{r/min}$；$n_0' = 0$

（3）已知 Y180-6 型电动机的额定功率 $P_N = 16\text{kW}$，额定转差率 $s_N = 0.03$，电源频率 $f_1 = 50\text{Hz}$，求同步转速 n_0，额定转速 n_N，额定转矩 T_N。

解　$n_0 = 1000\text{r/min}$，$n_N = 970\text{r/min}$，$T_N = 147.7\text{N} \cdot \text{m}$

（4）已知 Y112M-4 型异步电动机的 $P_N = 4\text{kW}$，$U_N = 380\text{V}$，$n_N = 1440\text{r/min}$，$\cos\varphi = 0.82$，$\eta_N = 84.5\%$，设电源频率 $f_1 = 50\text{Hz}$，采用三角形接法。试计算额定电流 I_N，额定转矩 T_N，额定转差率 s_N。

解　$I = 8.77\text{A}$，$T = 26.5\text{N} \cdot \text{m}$，$s_N = 0.04$

（5）某三相异步电动机，$P_N = 30\text{kW}$，额定转速为 $n_N = 1470\text{r/min}$，$T_{max}/T_N = 2.2$，$T_{st}/T_N = 2.0$。计算额定转矩 T_N。

解　$T = 147.7\text{N} \cdot \text{m}$

（6）三相异步电动机额定值为 $P_N = 10\text{kW}$，$n_N = 1460\text{r/min}$，$U_N = 380\text{V}$，△形接法，

$\lambda_T = 2$，$\cos\varphi_N = 0.88$，$\eta_N = 0.88$，$I_{st}/I_N = 7.0$，$T_{st}/T_N = 1.3$，$f = 50\text{Hz}$。试求：磁极对数 p；转差率 s_N；额定电流 I 和启动电流 I_{st}；额定转矩 T_N、启动转矩 T_{st} 和最大转矩 T_m；若在接成 Y 形正常工作，则电源线电压应为多少？此时额定电流 I_N 和启动电流 I_{st} 各为多少？

解 $p = 2$；$s_N = 0.027$；$I_N = 19.6\text{A}$；$I_{st} \approx 137\text{A}$；$T_N = 65.4\text{N} \cdot \text{m}$；$T_{st} \approx 85\text{N} \cdot \text{m}$；$T_m \approx 131\text{N} \cdot \text{m}$；若 Y 形正常工作，电源线电压为 660V；此时 $I_N = 11.3\text{A}$；$I_{st} = 79.2\text{A}$

（7）三相绕线式异步电动机额定值为：$P_N = 10\text{kW}$，$n_N = 1420\text{r/min}$，$U_N = 220\text{V}/380\text{V}$，$f = 50\text{Hz}$，$\triangle/\text{Y}$ 形接法，$I_N = 37\text{A}/21.5\text{A}$，$\cos\varphi_N = 0.85$，转子开路电压 $U_{20} = 205\text{V}$（指线电压）。试求：额定输入功率 P_{IN}、效率 η_N、额定转矩 T_N、转差率 s_N；转子开路每相电势 E_{20}、额定时每相电势 E_{2N}、转子电流额定频率 f_{2N}。

解 $P_{IN} \approx 12\text{kW}$；$\eta_N = 0.83$；$T_N \approx 67.3\text{N} \cdot \text{m}$；$s_N \approx 0.053$；$E_{20} \approx 118\text{V}$；$E_{2N} \approx 6.3\text{V}$；$f_{2N} = 2.7\text{Hz}$

（8）三相异步电动机额定值为 $P_N = 1.5\text{kW}$，$n_N = 1410\text{r/min}$，$U_N = 380\text{V}$，$f = 50\text{Hz}$，Y 形接法，$\lambda_T = 2$，$\cos\varphi_N = 0.8$，$\eta_N = 0.78$，$I_{st}/I_N = 7.0$，$T_{st}/T_N = 1.8$，试求：I_N、T_N、s_N；若电源线电压为 220V，应采用何种接法？额定电流 $I_{N\triangle}$ 为多大？直接启动电流 $I_{st\triangle}$ 多少？T_{st} 和 T_m 有无变化？

解 $I_N = 3.64\text{A}$；$T_N \approx 10.2\text{N} \cdot \text{m}$；$s_N = 0.06$；$\triangle$接法；$I_{N\triangle} = 6.3\text{A}$；$I_{st\triangle} = 44.2\text{A}$；$T_{st}$ 和 T_m 无变化。

（9）三相异步电动机额定值为：$P_N = 2.8\text{kW}$，$n_N = 1450\text{r/min}$，$U_N = 220\text{V}/380\text{V}$，$f = 50\text{Hz}$，$\triangle/\text{Y}$ 形接法，$I_N = 10.9\text{A}/6.3\text{A}$，$\cos\varphi_N = 0.84$，转子开路电压 $U_{20} = 84$

（a）试求额定状态下 η_N，s_N，转子每相电势 E_{2N}，频率 f_{2N}；

（b）若转子额定电流 $I_{2N} = 22.5\text{A}$，过载能力 $\lambda_T = 2$，临界转差率 $s_m = 0.1$，求 R_2、X_{20}、T_m、I_{2st}，$\cos\varphi_{2N}$，$\cos\varphi_{20}$；

（c）要使 $T_{st} = T_m$，试问应串入多大启动电阻 R_{2st}？

解 （a）$\eta_N \approx 0.8$；$s_N = 0.033$；$E_{2N} \approx 1.62\text{V}$；$f_{2N} = 1.67\text{Hz}$

（b）$R_2 = 0.068\Omega$；$X_{20} = 0.682\Omega$；$T_m = 36.8\text{N} \cdot \text{m}$；$I_{2st} = 70.8\text{A}$；$\cos\varphi_{2N} = 0.95$；$\cos\varphi_{20} \approx 0.1$

（c）$R_{2st} \approx 0.614\Omega$

（10）有一台四级，$f = 50\text{Hz}$，$n_N = 1450\text{r/min}$，的三相异步电动机，转子电阻 $R_2 = 0.02\Omega$，感抗 $X_{20} = 0.08\Omega$，$E_1/E_{20} = 10$，当 $E_1 = 200\text{V}$ 时，试求：（a）电动机启动初始瞬间 $(n = 0, s = 1)$ 转子每相电路的电动势 E_{20}，电流 I_{20} 和功率因数 $\cos\varphi_{20}$；（b）额定转速时的 E_2，I_2 和 $\cos\varphi_2$。比较在上述两种情况下转子电路的各个物理量（电动势、频率、感抗、电流及功率因数）的大小。

解 （a）启动初始瞬间

$$E_{20} = \frac{E_1}{10} = \frac{200}{10} = 20\text{V}$$

$$I_{20} = \frac{E_{20}}{\sqrt{R_2^2 + X_{20}^2}} = \frac{20}{\sqrt{0.02^2 + 0.08^2}} = 243\text{A}$$

$$\cos\varphi_{20} = \frac{R_2}{\sqrt{R_2^2 + X_{20}^2}} = \frac{0.02}{\sqrt{0.02^2 + 0.08^2}} = 0.243$$

(b) 额定转速时

$$s_N = \frac{1500-1425}{1500} = 0.05$$

$$E_2 = SE_{20} = 0.05 \times 20 = 1V$$

$$I_2 = \frac{E_2}{\sqrt{R_2^2+(sX_{20})^2}} = \frac{1}{\sqrt{0.02^2+(0.05\times0.08)^2}} = 49A$$

$$\cos\varphi_2 = \frac{r_2}{\sqrt{R_2^2+(sX_{20})^2}} = \frac{0.02}{\sqrt{0.02^2+(0.05\times0.08)^2}} = 0.98$$

$$f_2 = sf_1 = 0.05 \times 50 = 2.5Hz$$

(11) 有台三相异步电动机,其额定转速为,电源频率。a. 启动瞬间;b. 转子转速为同步转速的 2/3 时;c. 转差率为 0.02 时三种情况下,试求:

① 定子旋转磁场对定子的转速 n_{1-1};

② 定子旋转磁场对转子的转速 n_{1-2};

③ 转子旋转磁场对转子的转速 n_{2-2};

④ 转子旋转磁场对定子的转速 n_{2-1};

⑤ 转子旋转磁场对定子旋转磁场的转速 n_{1-1}。

解 a. $n=0$, $s=1$

① $n_{1-1} = n_0 = \frac{60f_1}{p} = \frac{60\times50}{2} = 1500r/min$

② $n_{1-2} = n_0 - n = (1500-0) = 1500r/min$

③ $n_{2-2} = sn_0 = 1500r/min$

④ $n_{2-1} = n_0 = 1500r/min$

⑤ 0

b. $n = 2/3 \times 1500 = 1000r/min$, $s = (1500-1000)/1500 = 1/3$

① $n_{1-1} = n_0 = 1500r/min$

② $n_{1-2} = n_0 - n = (1500-1000) = 500r/min$

③ $n_{2-2} = sn_0 = 1/3 \times 1500 = 500r/min$

④ $n_{2-1} = n_0 = 1500r/min$

⑤ 0

c. $n_N = (1-s)n_0 = 0.98 \times 1500 = 1470r/min$, $s = 0.02$

① $n_{1-1} = n_0 = 1500r/min$

② $n_{1-2} = n_0 - n = (1500-1470) = 30r/min$

③ $n_{2-2} = sn_0 = 0.02 \times 1500 = 30r/min$

④ $n_{2-1} = n_0 = 1500r/min$

⑤ 0

(12) 已知 Y132S-4 型三相异步电动机的额定技术数据如下:

功率	转速	电压	效率	功率因数	I_{st}/I_N	T_{st}/T_N	T_{max}/T_N
5.5kW	1440r/min	380V	85.5%	0.84	7	2.2	2.2

电源频率为 50Hz。试求额定状态下的转差率 s_N,电流 I_N 和转矩 T_N,以及启动电流 I_{st},启动转矩 T_{st},最大转矩 T_{max}。

解 目前4～100kW的异步电动机都已设计为380V三角形连接，所以连接方式是知道的。

（a）因为
$$n_N = 1440 \text{r/min}$$

所以
$$n_0 = 1500 \text{r/min}$$

则磁极对数为
$$p = \frac{60 f_1}{n_0} = \frac{60 \times 50}{1500} = 2$$

额定转差率
$$s_N = \frac{n_0 - n}{n_0} = \frac{1500 - 1440}{1500} = 0.04$$

（b）额定电流指定子线电流，即
$$I_N = \frac{P_2}{\sqrt{3} U_N \eta \cos\varphi} = \frac{505 \times 10^3}{\sqrt{3} \times 380 \times 0.84 \times 0.855} = 11.6 \text{A}$$

（c）额定转矩
$$T_N = 9550 \frac{P_2}{n_N} = 9550 \times \frac{5.5}{1440} = 36.5 \text{N} \cdot \text{m}$$

（d）启动电流
$$I_{st} = \left(\frac{I_{st}}{I_N}\right) I_N = 7 \times 11.6 = 81.2 \text{A}$$

（e）启动转矩
$$T_{st} = \left(\frac{T_{st}}{T_N}\right) T_N = 2.2 \times 36.5 = 80.3 \text{N} \cdot \text{m}$$

（f）最大转矩
$$T_{max} = \left(\frac{T_{max}}{T_N}\right) T_N = 2.2 \times 36.5 = 80.3 \text{N} \cdot \text{m}$$

（13）某四极三相异步电动机的额定功率为3kW，额定电压为380V，三角形连接，频率为50Hz。在额定负载下运行时，其转差率为0.02，效率为90%，线电压为57.5A，并已知 $T_{st}/T_N = 1.2$，$I_{st}/I_N = 7$。如果采用自耦变压器降压启动，而使电动机的启动转矩为额定转矩的85%，试求：（a）自耦变压器的变比；（b）电动机的启动电流和线路上的启动电流各为多少？

解 电动机的额定转速
$$n_N = (1-s) n_0 = (1-0.02) \times 1500 = 1470 \text{r/min}$$

额定转矩
$$T_N = 9550 \frac{P_2}{n_N} = 9550 \times \frac{30}{1440} = 194.9 \text{N} \cdot \text{m}$$

（a）采用自耦变压器降压启动，而使启动转矩为额定转矩的85%，即
$$T''_{st} = 194.9 \times 85\% = 165.7 \text{N} \cdot \text{m}$$

而直接启动时
$$T_{st} = 1.2 T_N = 1.2 \times 194.9 = 233.9 \text{N} \cdot \text{m}$$

因走动转矩与电压的平方成正比，故变压器的变比为：
$$K = \sqrt{\frac{T_{st}}{T'_{st}}} = \sqrt{\frac{233.9}{165.7}} = 1.19$$

（b）电动机的启动电流即为启动时自耦变压器二次侧的电流

$$I'_{st} = \frac{I_{st}}{K} = \frac{7 \times 57.5}{1.19} = 338.2A$$

线路上的启动电流即为启动时自耦变压器二次侧的电流

$$I''_{st} = \frac{I'_{st}}{K} = \frac{338.2}{1.19} = 284.2A$$

（14）有一台三相异步电动机，其额定转速 $n = 2910r/min$，请计算电动机的磁极对数和额定负载时的转差率。

解 $p = 1$，$s = 3\%$

（15）有一台三相异步电动机，其铭牌数据如下表所示，请求电动机的转差率和额定转矩？

三　相　异　步　电　动　机		
型号　Y132M-4	功率　10kW	频率　50Hz
电压　380V	电流 20A	接法　△
转速　1440r/min	绝缘等级 B	工作方式　连续
年　月　编号		××电机厂

解 $s = 4\%$、$66.3N \cdot m$

（16）有一台三相异步电动机，其启动转矩为 $80N \cdot m$，额定转速为 $1440r/min$，过载系数为 3，求其额定转矩及额定功率？

解 $60.3N \cdot m$，$9kW$

（17）有一三相异步电动机，其额定数据如下表所示：

功率	转速	电压	效率	功率因数	I_{st}/I_N	T_{st}/T_N
45kW	1480r/min	380V	92.3%	0.88	7.0	1.9

（a）求额定电流 I_N、额定转差率 S_N、额定转矩 T_N、启动转矩 T_{st}；

（b）若负载转矩 $T_L = 510.2N \cdot m$，为了降低电机启动电流，试问该电机能否采 Y-△用换接启动。

解 （a）

$$I_N = \frac{P_N}{\sqrt{3} U_{10} \eta \cos\varphi} = \frac{45 \times 10^3}{\sqrt{3} \times 380 \times 0.923 \times 0.88} = 84.2A$$

$$S_N = \frac{n_0 - n}{n_0} = \frac{1500 - 1480}{1500} = 0.013$$

$$T_N = 9550 \frac{P_N}{n_N} = 9550 \times \frac{45}{1480} = 290.4N \cdot m$$

$$T_{st} = \left(\frac{T_{st}}{T_N}\right) T_N = 1.9 \times 290.4 = 551.8N \cdot m$$

$$\frac{1}{3} T_{st} = \frac{1}{3} \times 551.8 = 183.8N \cdot m$$

（b）
$$\frac{1}{3} T_{st} < T_L$$

所以，不能。

（18）有一台三相异步电动机，其技术数据如下：

P/kW	U_N/V	$n_N/(\mathrm{r/min})$	$\eta_N/\%$	I_N/A	$\cos\varphi$	I_{st}/I_N	T_{max}/T_N	T_{st}/T_N
3.0	220/380	1430	83.5	11.18/6.47	0.84	7.0	2.0	1.8

试求：

（a）磁极对数；

（b）在电源线电压为 220V 和 380V 两种情况下，定子绕组各应如何连接？

（c）额定转差率 s_N，额定转矩 T_N，最大转矩 T_{max}；

（d）直接启动电流 I_{st}，启动转矩 T_{st}；

（e）额定负载时，电动机的输入功率 P_{IN}。

解 （a）2

（b）略

（c）$s_N=0.0467$；$T_N=20\mathrm{N\cdot m}$；$T_{max}=40\mathrm{N\cdot m}$

（d）$I_{st}=78.26/45.29\mathrm{A}$；$T_{st}=36\mathrm{N\cdot m}$

（e）$P_{IN}=3.59\mathrm{kW}$

（19）有一台三相异步电动机，技术数据如下所示：

P/kW	U_N/V	$n_N/(\mathrm{r/min})$	$\eta_N/\%$	接法	$\cos\varphi$	I_{st}/I_N	T_{st}/T_N	f_1/Hz
11.0	380	1460	88.0	△	0.84	7.0	2.0	50

试求：

（a）T 和 I；

（b）用 Y-△启动时的启动电流和启动转矩；

（c）通过计算说明，当负载转矩为额定转矩的 70% 和 25% 时，能否采用 Y-△启动？

解 （a）$T_N=71.95\mathrm{N\cdot m}$；$I_N=22.6\mathrm{A}$

（b）52.7A；47.97N·m

（20）某台三相异步电动机的额定数据为 $P_N=3\mathrm{kW}$，$U_N=380\mathrm{V}$，$I_N=16.48\mathrm{A}$，$n_N=1430\mathrm{r/min}$，$\lambda_N=0.84$，$f=50\mathrm{Hz}$，$\dfrac{I_{st}}{I_N}=7$，$\dfrac{T_{st}}{T_N}=1.8$。求（a）启动转矩 T；（b）额定效率；（c）直接启动电流 I_{st}。

解 （a）△接法；（b）$n=960\mathrm{r/min}$，$P_2=15.08\mathrm{kW}$；（c）$\lambda=0.85$，$\eta=89.4\%$

（21）一台三相异步电动机的额定数据为：$P_N=40\mathrm{kW}$，△接法，$n_N=1470\mathrm{r/min}$，$U_N=380\mathrm{V}$，$\eta_N=0.9$，$\cos\varphi_N=0.9$，$\dfrac{T_{st}}{T_N}=1.2$。求（a）电动机的额定电流 I_N 和额定转差率 s_N；（b）额定转矩 T_N；（c）若要带 50% T_N 的负载启动，能否采用 Y-△降压法启动。

解 （a）$I_N=7.5\mathrm{A}$，$s_N=0.02$；（b）$T_N=259.86\mathrm{N\cdot m}$；（c）$T_{Yst}=0.4T<0.5T_N$，不能采用 Y-△降压法启动。

答案

填空题

（1）14.7N·m；0.047

（2）1500r/min；0.04；2Hz

（3）串接电阻或电抗法；Y-△接法；自耦变压器降压法

（4）闷车（停止）；堵车（停止）

选择题

（01）—（05）C B C A A；（06）—（10）B C（B A）（B A）（C B）；

（11）—（15）（A A）（B B）（A A）C B；（16）—（20）C C A C B；

（21）—（25）B C C A B；（26）—（30）C A C B A；

（31）—（33）C B A

判断题

（01）—（06）√ × × × × ×

第12章　电器控制电路

12.1　基本要求

了解在生产过程中要对电动机进行自动控制，使生产机械各部件的动作按顺序进行，保证生产过程和加工工艺合乎预定要求。

掌握常用控制电器和基本控制线路。如：电动机的启动、正反转电路。

12.2　学习指南

12.2.1　主要内容综述

（1）常用控制电器

① 组合开关　组合开关也称转换开关，常用于机床控制电路的电源开关，也用于小容量电动机的启/停控制或照明线路的开关控制。

② 按钮　按钮常用于接通、断开控制电路。按钮上的触点分为常开触点和常闭触点，由于按钮的结构特点，按钮只起发出"接通"和"断开"信号的作用。

③ 熔断器　熔断器主要作短路或过载保护用，串联在被保护的线路中。线路正常工作时如同一根导线，起通路作用；当线路短路或过载时熔断器熔断，起到保护线路上其他电器设备的作用。

④ 交流接触器　接触器是一种自动开关，是电气控制中主要的控制电器之一，它分为直流和交流两类。其中，交流接触器常用来接通和断开电动机或其他设备的主电路。

根据用途不同，接触器的触头分主触头和辅助触头两种。辅助触头通过的电流较小，常接在电动机的控制电路中；主触头能通过较大电流，常接在电动机的主电路中。

在选用接触器时，应注意它的额定电流、线圈电压及触头数量等。CJ10 系列接触器的主触头额定电流有 5A、10A、20A、40A、75A、120A 等数种。

⑤ 继电器　继电器和接触器的结构和工作原理大致相同。主要区别在于：接触器的主触点可以通过大电流；继电器的体积和触点容量小，触点数目多，且只能通过小电流。所以，继电器一般用于控制电路中。

⑥ 行程开关　行程开关结构与按钮类似，但其动作要由机械撞击，用作电路的限位保护、行程控制、自动切换等。

⑦ 空气断路器　空气断路器又称自动空气开关，是低压配电网络和电力拖动系统中非常重要的一种电器，它集控制和多种保护功能于一身。除了能完成接通和分断电路外，尚能对电路或电气设备发生的短路、过载及欠电压等进行保护，同时也可以用于不频繁地启动电动机。

（2）三相异步电动机的直接启动控制

① 点动控制　合上开关 Q，三相电源被引入控制电路，但电动机还不能启动。按下按钮 SB，接触器 KM 线圈通电，衔铁吸合，常开主触点接通，电动机定子接入三相电源启动运转。松开按钮 SB，接触器 KM 线圈断电，衔铁松开，常开主触点断开，电动机因断电而停转（图 12-1）。

② 直接启动控制　控制电路实现短路保护、过载保护和零压保护（图 12-2）。

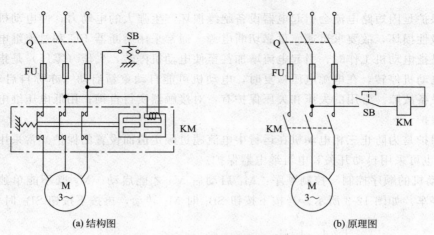

(a) 结构图   (b) 原理图

图 12-1　笼型电动机点启动控制线路

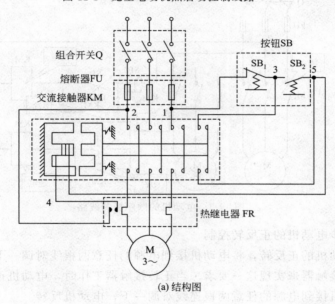

(a) 结构图

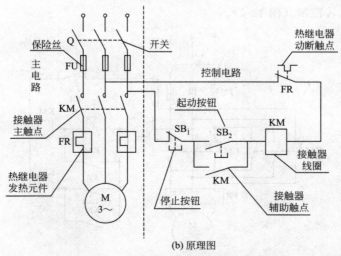

(b) 原理图

图 12-2　笼型电动机直接启动控制线路

223

短路保护是因短路电流会引起电器设备绝缘损坏产生强大的电动力，使电动机和电器设备产生机械性损坏，故要求迅速、可靠切断电源。通常采用熔断器 FU 和过流继电器等。

欠压是指电动机工作时，引起电流增加甚至使电动机停转，失压（零压）是指电源电压消失而使电动机停转，在电源电压恢复时，电动机可能自动重新启动（亦称自启动），易造成人身或设备故障。常用的失压和欠压保护有：对接触器实行自锁；用低电压继电器组成失压、欠压保护。

过载保护是为防止三相电动机在运行中电流超过额定值而设置的保护。常采用热继电器 FR 保护，也可采用自动开关和电流继电器保护。

③ 电动机的顺序控制　控制顺序：M_1 启动后 M_2 才能启动。M_2 既不能单独启动，也不能单独停车。如图 12-3 所示。当按下按钮 SB_1 时 M_1 转动，再按下按钮 SB_2 时 M_2 转动。

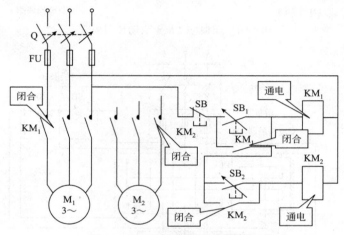

图 12-3　电动机的顺序控制线路

（3）三相异步电动机的正反转控制

为了实现电动机的正反转，将电动机接到电源的任意两根线对调一下，即可使电动机反转。需要用两个接触器来实现这一要求。当正转接触器工作时，电动机正转；当反转接触器工作时，将电动机接到电源的任意两根连线对调一下，电动机反转。

① 简单的正反转控制（图 12-4）。

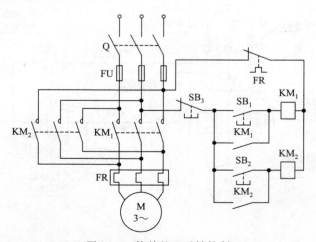

图 12-4　简单的正反转控制

② 带电气互锁的正反转控制电路（图 12-5）。

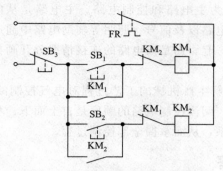

图 12-5 带电气互锁的正反转控制

③ 同时具有电气互锁和机械互锁的正反转控制电路（图 12-6）。

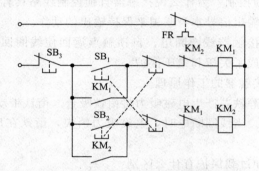

图 12-6 具有电气互锁和机械互锁的正反转控制

（4）行程控制

行程控制就是控制某些机械的行程，当运动部件到达一定行程位置时利用行程开关进行控制。行程开关（又称限位开关），是利用生产机械运动部件的碰撞使其触头动作来实现接通或分断控制电路，达到一定的控制目的。

行程开关按其结构可分为直动式、滚轮式、微动式和组合式。

（5）时间控制

时间控制，就是采用时间继电器进行延时控制。时间继电器也称为延时继电器，是一种用来实现触点延时接通或断开的控制电器。

时间继电器种类：空气阻尼式、电动式、晶体管式及直流电磁式等几大类。

时间继电器按延时方式可分为：通电延时型和断电延时型两种。

12.2.2 重点难点解析

① 控制电器是指在电路中起通断、保护、控制或调节作用的器件。继电器-接触器控制系统通常使用 500V 以下的低压控制电器。

② 异步电动机的直接启动和正反转控制电路时控制的基本环节，应掌握它们的工作原理和分析方法。

③ 搞清控制系统中各电机、电器的作用以及它们的控制关系。

④ 常用低压控制电器有组合开关、按钮、行程开关、接触器、继电器、空气开关、熔断器等。用这些电器组成的电动机的继电接触器控制系统，是目前广泛应用的自动控制方

式。可以实现电动机的单向运行、正反转控制、行程控制、时间控制等。

⑤ 电动机电路原理图分为主电路和控制电路。主电路是从电源到电动机的供电电路，其中通过较大的电流；控制电路以及信号、照明等辅助电路中通过的是小电流。电路图中同一电器的部件，一般不画在一起，而是按电路的连接情况分开画在不同的位置，但用同一的文字符号标注。

⑥ 阅读电路图时应先了解生产机械的工艺过程对电气控制的要求。在此基础上先阅读主电路，然后再读控制电路。阅读控制电路的顺序是自上而下、从左到右，应逐一弄清每个线路的工作原理及其相互关系，从而掌握全部控制过程。

12.3 习题与解答

12.3.1 典型题

【例 12-1】 什么是自锁控制？为什么说接触器自锁控制线路具有欠压和失压保护？

解 自锁电路是利用输出信号本身联锁来保持输出的动作。

当电源电压过低时，接触器线圈断电，自锁触点返回使线圈回路断开，电压再次升高时，线圈不能通电，即形成了欠压和失压保护。

【例 12-2】 简述交流接触器的工作原理。

解 当线圈通电后，静铁芯产生电磁吸力将衔铁吸合。衔铁带动触头系统动作，使常闭触头断开，常开触头闭合。当线圈断电时，电磁吸力消失，衔铁在反作用弹簧力的作用下，释放，触头系统随之复位。

【例 12-3】 短路保护和过载保护有什么区别？

解 短路时电路会产生很大的短路电流和电动力而使电气设备损坏。需要迅速切断电源。常用的短路保护元件有熔断器和自动开关。

电机允许短时过载，但长期过载运行会导致其绕组温升超过允许值，也要断电保护电机。常用的过载保护元件是热继电器。

【例 12-4】 电气原理图中以下图形表示什么元件，用文字说明。

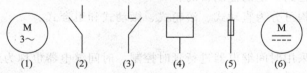

(1)　　(2)　　(3)　　(4)　　(5)　　(6)

解 （1）三相笼型异步电动机；（2）常开触点；（3）常闭触点；（4）线圈；（5）熔断器；（6）直流电动机。

【例 12-5】 下面电路（图 12-7）是三相异步电动机的什么控制电路，说明原理。

解 两地控制电路。甲地和乙地各有一个启动按钮和停止按钮，启动按钮的常开触点并联，停止按钮的常闭触点串联，则在两地都可启动或停止电动机。

【例 12-6】 设计一个三相异步电动机正-反-停的主电路和控制电路，并具有短路、过载保护。

解 如图 12-8。

【例 12-7】 分析正、停、反转电路的工作原理（图 12-9）。

解 当正转启动时，按下正转启动按钮 SB_2，KM_1 线圈通电吸合并自锁，电动机正向启动并旋转；当反转启动时，按下反转启动按钮 SB_3，KM_2 线圈通电吸合并自锁，电动机

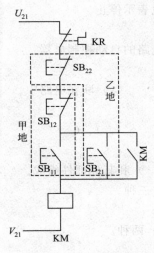

图 12-7 例 12-5 题图

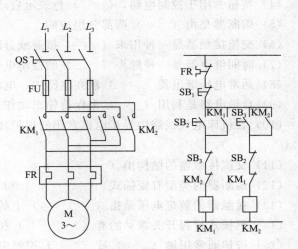

图 12-8 例 12-6 题图

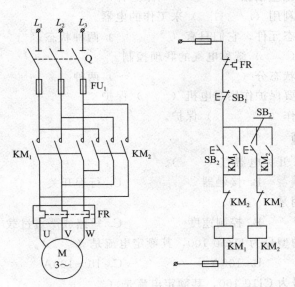

图 12-9 例 12-7 题图

便反向启动并旋转。在控制电路中将 KM_1、KM_2 正反转接触器的常闭辅助触头串接在对方线圈的电路中，形成相互制约的控制，若在按下正转启动按钮 SB_2，电动机已进入正转运行后，要使电动机转向改变，必须先按下停止按钮 SB_1，而后再按反向启动按钮。

12.3.2 填空题

（1）常用的低压电器是指工作电压在交流（ ）V 以下、直流（ ）V 以下的电器。

（2）选择低压断路器时，额定电压或额定电流应（ ）电路正常工作时的电压和电流。

（3）行程开关也称（ ）开关，可将（ ）信号转化为电信号，通过控制其他电器来控制运动部分的行程大小、运动方向或进行限位保护。

(4) 按钮常用于控制电路，（　　）色表示启动，（　　）色表示停止。

(5) 熔断器是由（　　）两部分组成的。

(6) 交流接触器是一种用来（　　）接通或分断（　　）电路的自动控制电器。

(7) 时间继电器是一种触头（　　）的控制电器。

(8) 通常电压继电器（　　）联在电路中，电流继电器（　　）联在电路中。

(9) 自锁电路是利用（　　）来保持输出动作。

(10) 在机床电气线路中异步电机常用的保护环节有（　　）、（　　）和（　　）。

(11) 交流接触器的结构由（　　）（　　）（　　）和其他部件组成。

(12) 熔断器的类型有瓷插式、（　　）和（　　）三种。

(13) 接触器的额定电压是指（　　）上的额定电压。

(14) 机械式行程开关常见的有（　　）和（　　）两种。

(15) 按钮通常用做（　　）或（　　）控制电路的开关。

(16) 熔断器的类型应根据（　　）来选择。

(17) 热继电器是利用（　　）来工作的电器。

(18) 继电器是两态元件，它们只有（　　）两种状态。

(19) （　　）和（　　）统称电气的联琐控制。

(20) 触头按原始状态分（　　）两种。

(21) 热继电器主要保护作用是电机（　　）保护。

(22) 熔断器主要作（　　）保护。

12.3.3　选择题

(1) 下列元件中，开关电器有（　　）。

A. 组合开关　　　　B. 接触器　　　　C. 行程开关　　　　D. 时间继电器

(2) 熔断器的作用是（　　）。

A. 控制行程　　　　B. 控制速度　　　　C. 短路或严重过载　　　　D. 弱磁保护

(3) 低压断路器的型号为 DZ10-100，其额定电流是（　　）。

A. 10A　　　　B. 100A　　　　C. 10～100A　　　　D. 大于 100A

(4) 接触器的型号为 CJ10-160，其额定电流是（　　）。

A. 10A　　　　B. 160A　　　　C. 10～160A　　　　D. 大于 160A

(5) 交流接触器的作用是（　　）。

A. 频繁通断主回路　　　　　　　　B. 频繁通断控制回路

C. 保护主回路　　　　　　　　　　D. 保护控制回路

(6) 热继电器中双金属片的弯曲作用是由于双金属片（　　）。

A. 温度效应不同　　　　　　　　　B. 强度不同

C. 膨胀系数不同　　　　　　　　　D. 所受压力不同

(7) 欲使接触器 KM_1 动作后接触器 KM_2 才能动作，需要（　　）。

A. 在 KM_1 的线圈回路中串入 KM_2 的常开触点

B. 在 KM_1 的线圈回路中串入 KM_2 的常闭触点

C. 在 KM_2 的线圈回路中串入 KM_1 的常开触点

D. 在 KM_2 的线圈回路中串入 KM_1 的常闭触点

（8）接触器的额定电流是指（　　　）。

A. 线圈的额定电流　　　　　　　　　　B. 主触头的额定电流

C. 辅助触头的额定电流　　　　　　　　D. 以上三者之和

（9）有型号相同，线圈额定电压均为 380V 的两只接触器，若串联后接入 380V 回路，则（　　　）。

A. 都不吸合　　　　　B. 有一只吸合　　　　C. 都吸合　　　　D. 不能确定

（10）交流接触器的衔铁被卡住不能吸合会造成（　　　）。

A. 线圈端电压增大　　　　　　　　　　B. 线圈阻抗增大

C. 线圈电流增大　　　　　　　　　　　D. 线圈电流减小

（11）电机正反转运行中的两接触器必须实现相互间（　　　）。

A. 联锁　　　　　　　B. 自锁　　　　　　　C. 禁止　　　　　D. 记忆

（12）交流接触器不释放，原因可能是（　　　）。

A. 线圈断电　　　　　　　　　　　　　B. 触点粘结

C. 复位弹簧拉长，失去弹性　　　　　　D. 衔铁失去磁性

（13）熔断器是（　　　）。

A. 保护电器　　　　　B. 开关电器　　　　　C. 继电器的一种　　　D. 主令电器

（14）下边控制电路（图 12-10）可实现（　　　）。

A. 三相异步电动机的正、停、反控制

B. 三相异步电动机的正、反、停控制

C. 三相异步电动机的正反转控制

（15）下边控制电路（图 12-11）可实现（　　　）。

A. 三相异步电动机的正、停、反控制

B. 三相异步电动机的正、反、停控制

C. 三相异步电动机的正反转控制

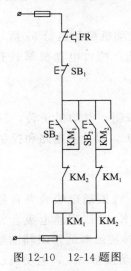

图 12-10　12-14 题图

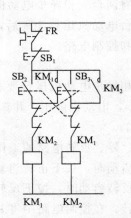

图 12-11　12-15 题图

12.3.4　判断题

（1）熔断器在电路中既可作短路保护，又可作过载保护。　　　　　　　　　　（　　　）

    (2) 热继电器在电路中既可作短路保护，又可作过载保护。   (   )

    (3) 接触器按主触点通过电流的种类分为直流和交流两种。   (   )

    (4) 继电器在任何电路中均可代替接触器使用。   (   )

    (5) 熔断器的额定电流大于或等于熔体的额定电流。   (   )

    (6) 中间继电器实质上是电压继电器的一种，只是触点多少不同。   (   )

    (7) 交流接触器通电后，如果铁芯吸合受阻，会导致线圈烧毁。   (   )

    (8) 低压断路器是开关电器，不具备过载、短路、失压保护。   (   )

    (9) 在正反转电路中，用复合按钮能够保证实现可靠联锁。   (   )

    (10) 在反接制动的控制线路中，必须采用以时间为变化参量进行控制。(   )

    (11) 低压断路器具有失压保护的功能。   (   )

    (12) 接触器的额定电流指的是线圈的电流。   (   )

    (13) 接触器的额定电压指的是线圈的电压。   (   )

12.3.5 基本题

(1) 简述交流接触器的工作原理。

解 当线圈通电后，静铁芯产生电磁吸力将衔铁吸合。衔铁带动触头系统动作，使常闭触头断开，常开触头闭合。当线圈断电时，电磁吸力消失，衔铁在反作用弹簧力的作用下，释放，触头系统随之复位。

(2) 短路保护和过载保护有什么区别？

解 短路时电路会产生很大的短路电流和电动力而使电气设备损坏。需要迅速切断电源。常用的短路保护元件有熔断器和自动开关。

电机允许短时过载，但长期过载运行会导致其绕组温升超过允许值，也要断电保护电机。常用的过载保护元件是热继电器。

(3) 电机启动时电流很大，为什么热继电器不会动作？

解 由于热继电器的热元件有热惯性，不会变形很快，电机启动时电流很大，而启动时间很短，大电流还不足以让热元件变形引起触点动作。

(4) 某机床有两台三相异步电动机，要求第一台电动机启动运行 5s 后，第二台电动机自行启动，第二台电动机运行 10s 后，两台电动机停止；两台电动机都具有短路、过载保护，设计主电路和控制电路。

解 图 12-12。

(5) 一台三相异步电动机运行要求为：按下启动按钮，电动机正转，5s 后，电动机自行反转，再过 10s，电动机停止，并具有短路、过载保护，设计主电路和控制电路。

解 图 12-13。

(6) 分析正、停、反转电路的工作原理。

解 当正转启动时，按下正转启动按钮 SB_2，KM_1 线圈通电吸合并自锁，电动机正向启动并旋转；当反转启动时，按下反转启动按钮 SB_3，KM_2 线圈通电吸合并自锁，电动机便反向启动并旋转。在控制电路中将 KM_1、KM_2 正反转接触器的常闭辅助触头串接在对方线圈的电路中，形成相互制约的控制，若在按下正转启动按钮 SB_2，电动机已进入正转运行后，要使电动机转向改变，必须先按下停止按钮 SB_1，而后再按反向启动按钮（图 12-14）。

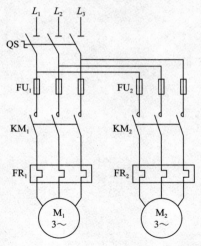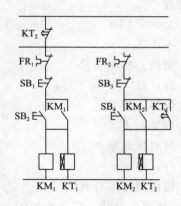

图 12-12　4 题图

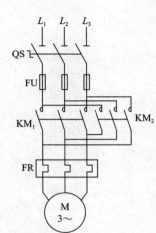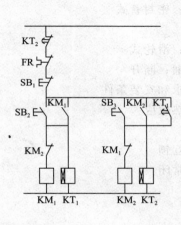

图 12-13　5 题图

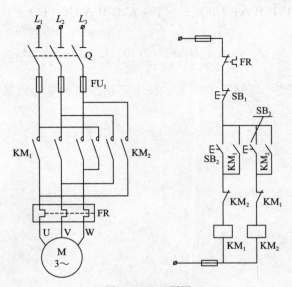

图 12-14　6 题图

答案

填空题

(1) 1200；1500

(2) 不小于

(3) 限位；机械位移

(4) 绿；红

(5) 熔体，熔管

(6) 频繁；主

(7) 延时接通断开

(8) 并；串

(9) 输出信号本身联锁

(10) 短路；过载；零压和欠压

(11) 电磁机构；触头系统；灭弧装置

(12) 螺旋式；密封管式

(13) 主触头

(14) 按钮式；滑轮式

(15) 短时接通；断开

(16) 线路要求和安装条件

(17) 电流的热效应

(18) 通和断

(19) 自锁；互锁

(20) 常开，常闭

(21) 过载

(22) 短路

选择题

(01) — (05) A C B B A；(06) — (10) C C B A C；(11) — (15) A B A A C

判断题

(01) — (05) × × √ × √；(06) — (10) √ √ × √ ×；

(11) — (13) √ × ×

参 考 文 献

[1] 许忠仁，穆克．电工与电子技术［M］．大连：大连理工大学出版社，2011.

[2] 秦增煌，姜三勇．电工学．第7版［M］．北京：高等教育出版社，2009.

[3] 张万顺，阮建国．电工学（少学时）学习辅导与习题解答［M］．北京：高等教育出版社，2007.

[4] 史仪凯．电工学（ⅠⅡⅢ）学习指导［M］．西安：西北工业大学出版社，2012.

[5] 姚建红，刘继承，付光杰，张忠伟．电工学简明教程知识要点与习题解析［M］．哈尔滨：哈尔滨工业大学出版社，2006.

[6] 王云泉，郑庆利．电工基础例题与习题［M］．上海：华东理工大学出版社，2006.

[7] 吴建国，张军颖．电工与电子技术学习指南［M］．武汉：华中科技大学出版社，2012.

[8] 刘光源．简明电工手册．第3版［M］．上海：上海科学技术出版社，2006.

[9] 孙克军，杨春稳．常用电机与变压器问答［M］．北京：机械工业出版社，2007.

[10] 张志良．电工基础学习指导与习题解答［M］．北京：机械工业出版社，2010.

[11] 蔡惟铮．电路基础与集成电子技术［M］．北京：中国水利水电出版社，2010.

[12] 陈勇，孟祥曦．电工电子技术．第7版［M］．北京：中国水利水电出版社，2010.

[13] 孙韬．电工学［M］．北京：高等教育出版社，2009.

[14] 汪建．电路原理［M］．北京：清华大学出版社，2010.

[15] 唐介，刘蕴红．电工学（第四版）学习辅导与习题解答［M］．北京：高等教育出版社，2014.

[16] 刘景夏．电路分析基础学习指导与解题［M］．北京：清华大学出版社，2014.

[17] 刘秀成，于歆杰，朱桂萍．电路原理试题选编．第3版［M］．北京：清华大学出版社，2014

[18] 公茂法．电路学习指导与典型题解［M］．北京：北京航空航天大学出版社，2013.

[19] 阎石．数字电子技术基础．北京：高等教育出版社，2006.

[20] 杨冶杰．数字电子技术学习指导与习题详解［M］．北京：中国石化出版社，2015.

[21] 徐维．数字逻辑系统与设计——学习指导及习题解析［M］．北京：科学出版社，2005.

[22] 龙忠琪，龙胜春．数字电路教研试题精选［M］．北京：科学出版社，2005.